Srikant Sharma
Raghvendar Singh
Kuljinder Kaur

Bioinformática sem limites: Tecnologia avançada em ciência de dados genómicos

Srikant Sharma
Raghvendar Singh
Kuljinder Kaur

Bioinformática sem limites: Tecnologia avançada em ciência de dados genómicos

Bioinformática

ScienciaScripts

Imprint
Any brand names and product names mentioned in this book are subject to trademark, brand or patent protection and are trademarks or registered trademarks of their respective holders. The use of brand names, product names, common names, trade names, product descriptions etc. even without a particular marking in this work is in no way to be construed to mean that such names may be regarded as unrestricted in respect of trademark and brand protection legislation and could thus be used by anyone.

Cover image: www.ingimage.com

This book is a translation from the original published under ISBN 978-620-8-22421-9.

Publisher:
Sciencia Scripts
is a trademark of
Dodo Books Indian Ocean Ltd. and OmniScriptum S.R.L publishing group

120 High Road, East Finchley, London, N2 9ED, United Kingdom
Str. Armeneasca 28/1, office 1, Chisinau MD-2012, Republic of Moldova, Europe
Printed at: see last page
ISBN: 978-620-8-31244-2

Conteúdo

Prefácio

Nas últimas décadas, o domínio da biologia sofreu uma transformação notável, evoluindo de uma disciplina predominantemente observacional para uma ciência altamente baseada em dados. Esta mudança foi impulsionada por avanços sem precedentes nas tecnologias genómicas, em especial na sequenciação de nova geração (NGS), que permitiram a rápida geração de grandes quantidades de dados biológicos. Estando nós na vanguarda desta revolução genómica, o desafio reside na extração de conhecimentos significativos deste dilúvio de informação. É aqui que a bioinformática desempenha um papel fundamental, fazendo a ponte entre os dados brutos e o conhecimento acionável.

***Bioinformatics Unleashed: Advanced Techniques in Genomic Data Science** tem como objetivo fornecer aos investigadores, estudantes e profissionais uma compreensão aprofundada das mais recentes metodologias e estratégias computacionais essenciais para navegar nas complexidades da análise de dados genómicos. Selecionámos meticulosamente uma coleção de técnicas avançadas que vão desde conceitos fundamentais como o alinhamento de sequências até modelos sofisticados de aprendizagem automática, garantindo que os nossos leitores desenvolvem tanto conhecimentos teóricos como competências práticas.*

Ao longo dos capítulos, aprofundamos as áreas críticas da bioinformática, incluindo:

- ***Sequenciação e montagem do genoma**: Exploramos técnicas de ponta para decifrar e construir genomas completos, destacando os avanços tecnológicos que revolucionaram este campo.*
- ***Extração de dados e aprendizagem automática**: Apresentamos abordagens para lidar e interpretar vastos conjuntos de dados biológicos, mostrando o poder dos métodos computacionais na identificação de padrões e na realização de previsões.*
- ***Genómica funcional**: Os nossos debates fornecem informações sobre a forma como os genes funcionam e interagem em contextos celulares, realçando a relevância da bioinformática na compreensão de sistemas biológicos complexos.*
- ***Medicina personalizada**: Examinamos a promessa de adaptar os cuidados de saúde com base em perfis genéticos individuais, ilustrando como a bioinformática está a transformar as práticas clínicas.*

À medida que o campo da ciência dos dados genómicos continua a evoluir, a colaboração interdisciplinar torna-se cada vez mais vital. Este livro enfatiza a integração de conhecimentos biológicos com métodos computacionais, apresentando exemplos e estudos de casos em que a bioinformática teve um impacto transformador na descoberta e inovação científicas. O nosso objetivo é não só servir como um guia completo para os recém-chegados a esta área, mas também fornecer informações valiosas para os profissionais experientes que procuram manter-se na vanguarda neste panorama em rápida mudança.

Estamos entusiasmados por partilhar estes avanços consigo e esperamos que este livro inspire a exploração e inovação contínuas no fascinante mundo da bioinformática. Ao embarcarmos juntos nesta viagem, encorajamo-lo a envolver-se com o material, a desafiar os pressupostos e a contribuir para o esforço coletivo de fazer avançar a ciência dos dados genómicos para o melhoramento da humanidade.

Autores
Shrikant Sharma
Raghvendar Singh
Kuljinder Kaur
Editor
Neha Sharma

Agradecimentos

Antes de mais, gostaríamos de expressar a nossa profunda gratidão a Deus por nos ter dado a força, a sabedoria e a perseverança necessárias para levar este livro a bom porto.

Sem a Sua orientação, nada disto teria sido possível.

Estamos profundamente gratos aos muitos investigadores, cientistas e autores cujos dados, descobertas e conhecimentos inestimáveis enriqueceram grandemente a *Bioinformatics Unleashed: Técnicas Avançadas em Ciência de Dados Genómicos*. Este livro assenta nos ombros do seu trabalho inovador em genómica, bioinformática e ciência de dados, e temos uma grande dívida para com a comunidade global colaborativa que ultrapassou os limites destes campos.

Para as nossas famílias, o vosso apoio inabalável, a vossa paciência e o vosso encorajamento ao longo desta jornada foram a nossa âncora. Estiveram connosco durante longas horas de investigação e escrita, e a vossa crença na nossa visão tem sido uma fonte de força e inspiração. Dedicamos este livro a vós.

Aos nossos colegas e mentores, a vossa orientação e colaboração foram inestimáveis. Estamos especialmente gratos pela partilha de conhecimentos, ideias e feedback que ajudaram a dar forma a este trabalho. Tornaram o processo perspicaz e gratificante, e sentimo-nos honrados por ter trabalhado ao lado de uma equipa tão talentosa e dedicada.

Gostaríamos também de reconhecer os criadores das ferramentas de bioinformática e das plataformas de software que foram utilizadas ao longo deste trabalho. A vossa inovação tornou a ciência dos dados genómicos mais acessível e aplicável, e as vossas contribuições foram vitais para o avanço deste domínio.

Finalmente, a todos os autores cujos conjuntos de dados, publicações e investigação foram referenciados neste livro, as vossas contribuições lançaram as bases deste projeto. Estamos imensamente gratos pela vossa dedicação à excelência científica e à colaboração aberta.

Autores

Resumo

Bioinformática sem limites: Advanced Techniques in Genomic Data Science explora a intersecção entre a biologia e a ciência computacional, abordando os desafios e as inovações na análise de dados genómicos. Como o volume de dados biológicos continua a expandir-se exponencialmente devido aos avanços nas tecnologias de sequenciação de nova geração, há uma necessidade premente de ferramentas e metodologias analíticas sofisticadas. Este livro visa dotar investigadores, estudantes e profissionais das mais recentes técnicas de análise de dados genómicos, desde algoritmos fundamentais a aplicações avançadas de aprendizagem automática.

O texto aborda várias áreas-chave, incluindo a sequenciação e montagem do genoma, a extração de dados, a genómica funcional e a medicina personalizada. Através de uma análise exaustiva dos conceitos teóricos e das aplicações práticas, realça a importância da colaboração interdisciplinar no aproveitamento da bioinformática para a descoberta científica. Além disso, o livro aborda as implicações éticas da investigação genómica e a necessidade de práticas robustas de gestão de dados. Ao proporcionar uma compreensão aprofundada das técnicas avançadas de bioinformática, esta obra constitui um recurso essencial para quem procura navegar nas complexidades da ciência dos dados genómicos e impulsionar a inovação neste domínio.

1. Introdução à bioinformática e à ciência dos dados genómicos

A bioinformática e a ciência dos dados genómicos são domínios interdisciplinares que integram a biologia, as ciências da computação e a análise de dados para estudar e interpretar dados biológicos, em especial conjuntos de dados em grande escala gerados por tecnologias de sequenciação genómica. Com o advento das técnicas de sequenciação de alto rendimento, estão a ser produzidas grandes quantidades de dados, o que exige o desenvolvimento de ferramentas computacionais e abordagens estatísticas para obter conhecimentos biológicos significativos.

1.1. Bioinformática: A bioinformática é um domínio multidisciplinar que funde a biologia, a informática, a matemática e a estatística para analisar e interpretar grandes quantidades de dados biológicos, principalmente dados genómicos e moleculares. Tornou-se uma pedra angular da investigação biológica moderna devido ao imenso volume de dados produzidos pelos avanços na sequenciação do ADN, na determinação da estrutura das proteínas e noutras tecnologias de elevado rendimento. Seguem-se os principais aspectos da bioinformática:

- **Análise de sequências de ADN/ARN:** Examinar sequências de nucleótidos para identificar genes, elementos reguladores e mutações. A análise de sequências de ADN e ARN é uma das tarefas fundamentais da bioinformática. Envolve o exame de sequências de nucleótidos (ADN ou ARN) para extrair informações biológicas significativas, tais como genes, elementos reguladores, mutações, etc. A análise de sequências ajuda a compreender a função dos genes e o seu papel em vários processos biológicos. Seguem-se os principais aspectos da análise de sequências de ADN/ARN:
- **Previsão da estrutura das proteínas:** Utilização de algoritmos para prever a estrutura 3D das proteínas, que é fundamental para compreender a função. A previsão da estrutura das proteínas é um aspeto crucial da bioinformática que tem como objetivo determinar a estrutura tridimensional (3D) de uma proteína a partir da sua sequência de aminoácidos. Compreender a estrutura das proteínas é fundamental para decifrar a sua função, interações e envolvimento em processos biológicos. As proteínas são frequentemente referidas como os "cavalos de batalha" da célula, e a sua estrutura determina a forma como interagem com outras moléculas.
- **Genómica comparativa:** Comparação de genomas de diferentes espécies para compreender as relações evolutivas. A genómica comparativa é a área da biologia que compara os genomas de diferentes organismos para compreender a estrutura, a função e as relações evolutivas entre espécies. Ao analisar as semelhanças e diferenças nas sequências de ADN de várias espécies, os cientistas podem descobrir como os genomas evoluem, identificar genes conservados ou elementos reguladores e explorar a base genética de diferentes caraterísticas e doenças.
- **Análise da expressão genética:** Analisar os dados do transcriptoma (como o RNA-Seq) para estudar a atividade dos genes em diferentes condições ou tecidos. A análise da expressão genética é o estudo da forma como os genes são transcritos para produzir ARN e, por sua vez, proteínas, em diferentes condições. É fundamental para compreender como os genes regulam os processos biológicos, como o desenvolvimento, a diferenciação celular, a resposta a estímulos e a progressão da doença. Ao quantificar os níveis de ARNm (a transcrição) produzidos a partir do ADN, a análise da expressão genética permite saber quais os genes que estão activos, quando, onde e em que medida.

As principais ferramentas da bioinformática incluem algoritmos para o alinhamento de sequências (por exemplo, BLAST), bases de dados para armazenar dados biológicos (por exemplo, GenBank) e software para a previsão da estrutura das proteínas (por exemplo, SWISS-MODEL).

2. Ciência dos dados genómicos: A ciência dos dados genómicos é a aplicação de técnicas de ciência dos dados à análise de dados genómicos. Centra-se na análise de dados em grande escala, incluindo: A ciência dos dados genómicos é um domínio interdisciplinar em rápido crescimento que funde a genómica, a ciência dos dados e a biologia computacional. Envolve a análise de conjuntos de dados grandes e complexos gerados a partir de tecnologias de sequenciação do genoma, como a sequenciação de nova geração (NGS), para extrair conhecimentos biológicos significativos. Este domínio utiliza ferramentas computacionais, métodos estatísticos e algoritmos de aprendizagem automática para interpretar dados genómicos, compreender a variação genética e ligar a informação genómica à função biológica, à evolução e às doenças.

- **Sequenciação de elevado rendimento (HTS):** Tecnologias como a sequenciação de nova geração (NGS) produzem conjuntos de dados maciços que exigem métodos computacionais eficientes para o seu processamento. A sequenciação de alto rendimento (HTS) refere-se a tecnologias modernas de sequenciação de ADN que permitem a sequenciação rápida de genomas, exomas ou transcriptomas inteiros a uma velocidade muito superior e a um custo inferior ao dos métodos tradicionais, como a sequenciação Sanger. A HTS, também conhecida como Sequenciação de Nova Geração (NGS), revolucionou a genómica ao permitir a geração de conjuntos de dados maciços que podem ser utilizados para uma vasta gama de aplicações, desde a investigação fundamental até ao diagnóstico clínico.

- **Chamada de variantes:** Identificação de variações nas sequências genómicas, tais como SNPs (polimorfismos de nucleótido único), inserções, deleções e variantes estruturais. A identificação de variantes é o processo de identificação de diferenças entre a sequência de ADN de um indivíduo e um genoma de referência. Estas diferenças, denominadas variantes genéticas, incluem polimorfismos de nucleótido único (SNP), inserções e deleções (indels) e variantes estruturais. A identificação de variantes é uma etapa fundamental na análise de dados de sequenciação, em particular na sequenciação do genoma completo (WGS), na sequenciação do exoma completo (WES) e na sequenciação orientada.
- **Estudos de associação do genoma (GWAS):** São utilizados métodos estatísticos para associar variantes genéticas específicas a doenças ou caraterísticas. Os estudos de associação de todo o genoma (GWAS) são uma abordagem poderosa utilizada para identificar variantes genéticas associadas a caraterísticas ou doenças complexas, analisando os genomas de grandes populações. Ao analisar polimorfismos de nucleótido único (SNP) em todo o genoma, os GWAS têm como objetivo encontrar marcadores genéticos que estejam estatisticamente associados a fenótipos específicos, como a suscetibilidade a doenças, a altura ou outras caraterísticas complexas.
- **Aprendizagem automática em genómica:** Os algoritmos de aprendizagem automática são cada vez mais utilizados para prever a função dos genes, os elementos reguladores e a suscetibilidade a doenças com base em dados genómicos complexos. A aprendizagem automática (ML) tornou-se uma ferramenta inestimável na genómica, permitindo aos investigadores analisar dados biológicos complexos e extrair padrões significativos que seriam difíceis ou impossíveis de identificar utilizando métodos estatísticos tradicionais. As técnicas de ML são aplicadas em vários aspectos da genómica, incluindo a análise da expressão genética, a identificação de variantes, a anotação do genoma e a previsão de funções biológicas.

4. Aplicações:

- **Medicina de precisão:** Utilização de dados genómicos para adaptar os tratamentos médicos a cada doente com base na sua constituição genética. A medicina de precisão é uma abordagem inovadora dos cuidados de saúde que adapta o tratamento médico às caraterísticas individuais de cada doente. Utiliza informações sobre a composição genética, o ambiente e o estilo de vida de uma pessoa para proporcionar terapias mais eficazes e direcionadas. Esta abordagem contrasta com o modelo tradicional de medicina de "tamanho único", em que os tratamentos são desenvolvidos com base na resposta média de uma população.
- **Agricultura:** Melhorar o rendimento das culturas e a resistência às doenças através da edição genómica e da análise dos genomas das plantas. A agricultura de precisão (AP) é um conceito inovador de gestão agrícola que utiliza a tecnologia da informação e várias fontes de dados para otimizar a gestão das culturas ao nível do terreno no que diz respeito à agricultura. Através da utilização de tecnologias modernas, a agricultura de precisão tem como objetivo aumentar o rendimento das culturas, reduzir o impacto ambiental e melhorar a eficiência das explorações agrícolas.
- **Biologia evolutiva:** Compreender a história evolutiva das espécies através da genómica comparativa. A biologia evolutiva é um subcampo da biologia que estuda os processos e padrões da evolução biológica, que é a mudança nos traços hereditários das populações biológicas ao longo de sucessivas gerações. Este domínio abrange as origens das espécies, a sua diversificação, a adaptação aos ambientes e os mecanismos que conduzem a estas alterações.
- **Saúde pública:** Rastreio de agentes patogénicos e estudo da propagação de doenças infecciosas utilizando a genómica. A saúde pública é um domínio multidisciplinar que se centra na proteção e melhoria da saúde das populações através da educação, da investigação e da promoção de estilos de vida saudáveis. Engloba uma vasta gama de actividades destinadas a prevenir doenças, prolongar a vida e promover a saúde através de esforços organizados da sociedade, organizações, comunidades e indivíduos.

5. Desafios:

- **Armazenamento e gestão de dados:** O grande volume de dados genómicos exige bases de dados robustas e soluções de armazenamento em nuvem. O armazenamento e a gestão de dados referem-se aos processos e tecnologias utilizados para armazenar, organizar e recuperar dados de forma eficiente e segura. Uma vez que os dados continuam a crescer exponencialmente, tanto em volume como em complexidade, a gestão eficaz dos dados tornou-se crítica para as empresas, organizações e indivíduos.

- **Integração de dados:** Combinação de conjuntos de dados heterogéneos de diferentes fontes (por exemplo, genómica, transcriptómica, proteómica) para uma análise abrangente.

A integração de dados em bioinformática refere-se à combinação de dados de várias fontes e formatos para criar uma visão unificada que facilite a análise e a interpretação da informação biológica. Dadas as vastas quantidades de dados gerados em genómica, proteómica, transcriptómica e outros campos ómicos, a integração eficaz de dados é crucial para extrair conhecimentos significativos e conduzir a descobertas na investigação biológica.

- **Ética e privacidade:** Gerir as questões éticas que envolvem a utilização de informação genética pessoal, como a privacidade dos dados e o consentimento. O domínio da bioinformática funde a biologia, a informática e a tecnologia da informação, conduzindo a avanços significativos na compreensão dos dados biológicos, em particular dos dados genómicos. No entanto, este progresso levanta importantes preocupações éticas e de privacidade, especialmente no que diz respeito à recolha, armazenamento e partilha de dados.

6. Competências e ferramentas:

- **Linguagens de programação:** Python, R e Perl são normalmente utilizadas em bioinformática para a manipulação e análise de dados. As linguagens de programação desempenham um papel crucial na bioinformática, permitindo aos investigadores desenvolver algoritmos, manipular grandes conjuntos de dados e visualizar informações biológicas.
- **Métodos estatísticos:** A familiaridade com as técnicas estatísticas é essencial para a análise de dados genómicos. Os métodos estatísticos são fundamentais em bioinformática para analisar e interpretar dados biológicos. Estes métodos ajudam os investigadores a dar sentido a conjuntos de dados complexos, a identificar padrões significativos e a tirar conclusões fiáveis. De seguida, apresentam-se alguns dos principais métodos estatísticos utilizados em bioinformática:
- **Bases de dados biológicas:** O conhecimento de bases de dados como Ensembl, UCSC Genome Browser e NCBI é crucial. As bases de dados biológicas são colecções organizadas de informação biológica que facilitam o armazenamento, a recuperação e a análise de vários tipos de dados biológicos. São recursos essenciais em bioinformática, fornecendo aos investigadores acesso a grandes quantidades de dados sobre genes, proteínas, vias e muito mais. Aqui está uma visão geral dos principais tipos de bases de dados biológicas, exemplos e suas aplicações.
- **Controlo de versões:** Ferramentas como o Git para gerir código e pipelines de análise de dados são cada vez mais importantes. O controlo de versões é um sistema que acompanha as alterações a ficheiros e diretórios ao longo do tempo, permitindo aos utilizadores gerir modificações, colaborar em projectos e manter um histórico do seu trabalho. Na bioinformática, onde são comuns grandes conjuntos de dados, scripts e projectos de colaboração, o controlo de versões é essencial para garantir a reprodutibilidade, acompanhar as alterações e facilitar a colaboração entre investigadores.

Este domínio é altamente dinâmico e está a evoluir rapidamente, impulsionado pelos avanços nas tecnologias de sequenciação e nas metodologias computacionais. A interação entre a biologia e a ciência dos dados já revolucionou muitos aspectos da investigação e da medicina, e o seu potencial futuro é imenso.

1.1 Bioinformática: Passado, presente e futuro

A bioinformática é um domínio interdisciplinar que combina a biologia, a informática e a matemática para analisar e interpretar dados biológicos. Tem evoluído significativamente ao longo dos anos, transformando a forma como a investigação biológica é conduzida e abrindo caminho para novas descobertas. Esta visão geral explora o passado, o presente e o futuro da bioinformática.

1. O passado da bioinformática

a. Origens (anos 1960 - 1980)

- **Início da atividade:**

o As raízes da bioinformática remontam aos anos 60, quando os investigadores começaram a utilizar computadores para gerir e analisar dados biológicos.

o Os esforços iniciais centraram-se no desenvolvimento de algoritmos para o alinhamento de sequências e a previsão da estrutura das proteínas.

- **Principais desenvolvimentos:**

o **Algoritmo FASTA (1985):** Desenvolvido por William Pearson e David Lipman, este algoritmo revolucionou o alinhamento de sequências, acelerando significativamente o processo.

o **Introdução das bases de dados biológicas:** O aparecimento das primeiras bases de dados biológicas, como o

GenBank (1982) e a base de dados do Laboratório Europeu de Biologia Molecular (EMBL), facilitou o armazenamento e a recuperação de sequências de nucleótidos.

b. O Projeto Genoma Humano (1990-2003)

- **Iniciativa Milestone:**

o O Projeto Genoma Humano (PGH) foi um esforço de colaboração internacional destinado a sequenciar e mapear todo o genoma humano.

o Concluído em 2003, o HGP forneceu uma grande quantidade de dados genómicos e sublinhou a necessidade de ferramentas bioinformáticas sofisticadas para gerir e analisar grandes conjuntos de dados.

- **Impacto:**

o O HGP catalisou o desenvolvimento de numerosos recursos, ferramentas e metodologias de bioinformática, solidificando a importância deste domínio na biologia moderna.

2. O presente da bioinformática

a. Paisagem atual

- **Explosão de dados:**

o O advento das tecnologias de sequenciação de alto rendimento (por exemplo, sequenciação de nova geração) gerou uma quantidade sem precedentes de dados genómicos.

o A bioinformática tornou-se essencial para analisar conjuntos de dados complexos, incluindo dados genómicos, transcriptómicos, proteómicos e metabolómicos.

- **Principais áreas de concentração:**

o **Análise de dados genómicos:** Técnicas de identificação de variantes, montagem do genoma e anotação.

o **Transcriptómica:** Análise de dados de RNA-Seq para estudar padrões de expressão de genes.

o **Proteómica:** Técnicas de previsão da estrutura das proteínas, identificação e análise de interações.

o **Genómica comparativa:** Analisar e comparar genomas entre espécies para identificar relações evolutivas.

b. Ferramentas e tecnologias

- **Software e bases de dados de bioinformática:**

o Várias ferramentas (p. ex., BLAST, Bowtie, Bioconductor) e bases de dados (p. ex., NCBI, Ensembl) tornaram-se parte integrante da investigação bioinformática.

- **Aprendizagem automática e IA:**

o A incorporação de técnicas de aprendizagem automática e de inteligência artificial permitiu a análise avançada de dados, o reconhecimento de padrões e a modelação preditiva em bioinformática.

- **Plataformas de colaboração:**

o As soluções e plataformas baseadas na nuvem, como o GitHub, facilitam a colaboração entre investigadores, melhorando o acesso a ferramentas e conjuntos de dados de bioinformática.

3. O futuro da bioinformática

a. Tendências emergentes

- **Integração de dados multi-ómicos:**

o A investigação futura em bioinformática centrar-se-á cada vez mais na integração de dados de várias disciplinas ómicas (genómica, proteómica, metabolómica) para proporcionar uma compreensão holística dos sistemas biológicos.

- **Medicina personalizada:**

o A bioinformática desempenhará um papel crucial no desenvolvimento da medicina de precisão, permitindo a adaptação dos tratamentos com base em perfis genéticos individuais.

- **Biologia Sintética:**

o O domínio continuará a explorar aplicações de biologia sintética, em que as ferramentas de bioinformática são utilizadas para conceber e construir novas partes, dispositivos e sistemas biológicos.

b. Avanços tecnológicos

- **Avanços em tecnologias de alto rendimento:**

o As inovações nas tecnologias de sequenciação continuarão a melhorar a aquisição de dados, permitindo análises genómicas em tempo real e reduzindo os custos.

- **Big Data e computação em nuvem:**

o O futuro assistirá a uma maior dependência da análise de grandes volumes de dados e da computação em nuvem para gerir e analisar os enormes volumes de dados biológicos gerados.

- **Inteligência Artificial e Aprendizagem Automática:**

o A utilização da IA e da aprendizagem automática tornar-se-á mais predominante na bioinformática, impulsionando o desenvolvimento de algoritmos sofisticados para a análise, interpretação e visualização de dados.

c. Implicações éticas e sociais

- **Privacidade e segurança dos dados:**
  - o Como a bioinformática incorpora cada vez mais informações genéticas sensíveis, será fundamental garantir a privacidade e a segurança dos dados.
- **Considerações éticas:**
  - o As implicações éticas da utilização de dados genómicos, particularmente na medicina personalizada e nos testes genéticos, exigirão debates e enquadramentos contínuos para práticas de investigação responsáveis.

A bioinformática sofreu uma evolução notável desde os seus primórdios até à sua atual proeminência na investigação biológica. À medida que o campo continua a avançar, desempenhará um papel fundamental na compreensão de processos biológicos complexos e na transformação dos cuidados de saúde através da medicina personalizada. A integração de novas tecnologias, a colaboração interdisciplinar e as considerações éticas irão moldar o futuro panorama da bioinformática, tornando-a uma área de investigação excitante e vital.

1.2. Evolução da bioinformática

A bioinformática sofreu uma evolução significativa, transformando-se de um domínio de nicho numa pedra angular da biologia e da biotecnologia modernas. Inicialmente, nas décadas de 1970 e 1980, a bioinformática preocupava-se principalmente com a organização e gestão de dados biológicos, nomeadamente sequências de ADN. O advento das tecnologias de sequenciação de ADN de primeira geração, como a sequenciação Sanger, gerou volumes de dados relativamente pequenos em comparação com os padrões actuais. Este facto levou ao desenvolvimento de ferramentas bioinformáticas fundamentais, como os algoritmos de alinhamento de sequências e bases de dados como o GenBank, que permitiram aos investigadores armazenar e comparar sequências de ADN de forma eficiente.

A década de 1990 marcou um ponto de viragem com o Projeto Genoma Humano, um esforço global monumental para cartografar todo o genoma humano. Este projeto não só produziu uma quantidade de dados sem precedentes, como também sublinhou a necessidade de ferramentas computacionais mais sofisticadas. Durante este período, a bioinformática evoluiu para incorporar algoritmos avançados, técnicas de extração de dados e métodos estatísticos, o que levou ao nascimento da genómica computacional. Ferramentas como o BLAST (Basic Local Alignment Search Tool) revolucionaram este domínio ao permitirem a comparação rápida de sequências genéticas entre espécies, impulsionando avanços na biologia evolutiva, na identificação de genes e no diagnóstico molecular.

Com a conclusão do Projeto Genoma Humano em 2003 e o advento das tecnologias de sequenciação de nova geração (NGS), a bioinformática entrou numa nova era. A NGS reduziu drasticamente o custo e o tempo necessários para a sequenciação, gerando conjuntos de dados maciços que exigiram uma infraestrutura computacional ainda mais robusta. Esta era assistiu ao aparecimento da análise de grandes volumes de dados, da aprendizagem automática e da computação em nuvem na bioinformática. A bioinformática começou a desempenhar um papel crucial não só na genómica, mas também na transcriptómica, na proteómica e na metabolómica, expandindo o seu âmbito para abranger todas as ciências "ómicas". Os investigadores podiam agora analisar a expressão genética, as estruturas proteicas e as vias metabólicas a uma escala sem precedentes, permitindo uma compreensão mais abrangente dos sistemas biológicos.

A integração da bioinformática com outros domínios, como a nanotecnologia, a medicina personalizada e a biologia sintética, na década de 2010, impulsionou ainda mais o seu crescimento. Os avanços na IA e na aprendizagem automática permitiram a modelação preditiva de doenças, a descoberta de medicamentos e planos de tratamento personalizados com base na composição genética de um indivíduo. Atualmente, a bioinformática é essencial para interpretar grandes quantidades de dados biológicos, impulsionando inovações nos cuidados de saúde, na agricultura, nas ciências ambientais e na biotecnologia. Olhando para o futuro, o domínio está preparado para evoluir ainda mais com o desenvolvimento contínuo da computação quântica, a investigação orientada para a IA e o reforço da colaboração interdisciplinar. A bioinformática continua a evoluir em resposta à crescente complexidade dos dados biológicos, tornando-se uma ferramenta vital para a resolução de alguns dos desafios mais prementes da ciência e da medicina.

1.3. Papel na ciência moderna

A nanobiotecnologia e a bioinformática estão a desempenhar um papel transformador na ciência moderna, fundindo dois domínios anteriormente distintos - a nanotecnologia e a biologia computacional - num quadro coeso para enfrentar alguns dos desafios mais prementes da medicina, da biologia e da tecnologia. A nanobiotecnologia, com a sua capacidade de manipular materiais à nanoescala, abriu novas fronteiras no domínio da administração de medicamentos, do diagnóstico e da engenharia de tecidos. Os materiais à escala nanométrica, como as nanopartículas, os nanotubos e os pontos quânticos, oferecem uma precisão sem precedentes na deteção de doenças a nível celular e molecular, permitindo inovações como os sistemas de administração de medicamentos orientados que minimizam os efeitos secundários e aumentam a eficácia terapêutica. Os biossensores, reforçados pela nanotecnologia, tornaram-se ferramentas essenciais no diagnóstico médico e na monitorização ambiental, com maior sensibilidade e especificidade na deteção de biomoléculas e agentes patogénicos.

Entretanto, a bioinformática fornece a espinha dorsal computacional necessária para gerir e interpretar os enormes conjuntos de dados gerados pelas modernas técnicas biotecnológicas, como a genómica, a proteómica e a transcriptómica. A convergência da bioinformática e da nanobiotecnologia é particularmente evidente na medicina personalizada, em que a integração de dados genómicos com a nanomedicina permite tratamentos adaptados com base na constituição genética de um indivíduo. Os algoritmos de bioinformática e as técnicas de aprendizagem automática são utilizados para analisar dados biológicos, prever interações moleculares e modelar sistemas complexos, acelerando a descoberta e o desenvolvimento de medicamentos. Além disso, esta convergência facilita a rápida identificação de biomarcadores de doenças, a conceção de nanomateriais inteligentes e a monitorização em tempo real de intervenções terapêuticas.

Em resumo, a sinergia entre a nanobiotecnologia e a bioinformática está a impulsionar a inovação em várias disciplinas, desde a biologia molecular à ciência dos materiais. Está a remodelar a forma como abordamos os cuidados de saúde, a proteção ambiental e a investigação biotecnológica, promovendo um futuro em que a precisão, a eficiência e a personalização na ciência e na medicina se tornam a norma. Esta convergência representa não só uma intersecção de dois domínios, mas também o nascimento de um novo paradigma científico que tem o potencial de revolucionar tanto a compreensão teórica como as aplicações práticas da ciência moderna.

A bioinformática e a ciência dos dados genómicos estão a transformar a investigação biológica, mas também enfrentam desafios e oportunidades significativos. Um dos principais desafios é o vasto e crescente volume de dados genómicos. Com os avanços na sequenciação de nova geração (NGS), são rapidamente gerados conjuntos de dados maciços, que exigem ferramentas e algoritmos computacionais sofisticados para armazenamento, processamento e análise. Esta explosão de dados ultrapassou a nossa capacidade de os analisar eficientemente, criando estrangulamentos em áreas como o alinhamento de sequências, a montagem de genomas e a anotação funcional. Além disso, existe uma necessidade premente de formatos de dados mais normalizados e de interoperabilidade entre bases de dados para garantir uma integração e partilha de dados sem falhas entre plataformas. A privacidade e a segurança dos dados genómicos também colocam desafios éticos e legais, especialmente em aplicações clínicas, em que a confidencialidade dos dados dos doentes é fundamental.

Apesar destes desafios, a bioinformática apresenta inúmeras oportunidades, nomeadamente no domínio da medicina personalizada. A ciência dos dados genómicos tem o potencial de adaptar os tratamentos com base na composição genética de um indivíduo, conduzindo a terapias mais eficazes e à descoberta de medicamentos. A integração da aprendizagem automática e da inteligência artificial (IA) com a bioinformática é outra fronteira empolgante, permitindo a modelação preditiva e acelerando a obtenção de conhecimentos a partir de conjuntos de dados genómicos complexos. Os métodos baseados na IA estão a ser cada vez mais utilizados para prever o risco de doença, compreender as estruturas das proteínas e identificar biomarcadores para o diagnóstico precoce.

Além disso, a colaboração entre disciplinas está a promover a inovação. Os avanços na computação em nuvem e na computação de alto desempenho (HPC) oferecem soluções escaláveis para a análise de dados em grande escala. A bioinformática está também a desempenhar um papel crucial na agricultura, nos estudos ambientais e na biologia evolutiva, onde os dados genómicos ajudam a compreender a biodiversidade e os esforços de conservação. À medida que as ferramentas da ciência dos dados continuam a evoluir, há uma ênfase crescente no desenvolvimento de software de fonte aberta e de bases de dados públicas, democratizando o acesso dos investigadores de todo o mundo aos recursos genómicos. De um modo geral, embora o campo enfrente obstáculos consideráveis na gestão da complexidade dos dados e na garantia de uma utilização ética, o futuro da bioinformática e da ciência dos dados genómicos é promissor, impulsionando a inovação nos cuidados de saúde, na investigação e não só. **1.5. Visão geral da ciência dos dados genómicos**

A ciência dos dados genómicos é um domínio interdisciplinar que funde a genómica, a bioinformática e a ciência dos dados para analisar e interpretar grandes quantidades de dados genómicos. Desempenha um papel fundamental na compreensão da estrutura, função e evolução dos genomas e é essencial para o avanço da medicina personalizada, investigação de doenças e várias outras aplicações biológicas.

Aspectos fundamentais da ciência dos dados genómicos

- **Geração de dados**: A base da ciência dos dados genómicos reside na geração de dados genómicos, principalmente através de tecnologias de elevado rendimento como a sequenciação de nova geração (NGS). Estas tecnologias permitem a sequenciação de genomas, exomas e transcriptomas inteiros a uma velocidade sem precedentes e a um custo inferior. Com os avanços contínuos na sequenciação, são produzidos conjuntos de dados maciços, o que leva a uma explosão de informação genómica em bruto.
- **Gestão de dados**: Os dados genómicos são vastos e complexos, o que torna o seu armazenamento e gestão um grande desafio. São necessários sistemas de gestão de dados eficazes para armazenar, organizar e tornar os dados acessíveis para análise posterior. As plataformas de computação em nuvem e as bases de dados de elevado desempenho, como o Genomic Data Commons (GDC) ou o European Nucleotide Archive (ENA), são amplamente utilizadas para armazenar este enorme volume de informação. Garantir a interoperabilidade e a normalização dos formatos de dados é crucial para a partilha e a integração de informações em diferentes plataformas de investigação.
- **Análise de dados**: O núcleo da ciência dos dados genómicos reside nos métodos computacionais e estatísticos utilizados para interpretar os dados genómicos. Os algoritmos de bioinformática são concebidos para tarefas como o alinhamento de sequências, a identificação de variantes, a montagem do genoma e a anotação funcional de genes. As técnicas de aprendizagem automática e de inteligência artificial (IA) são cada vez mais utilizadas para analisar padrões em dados genómicos, prever variantes genéticas associadas a doenças e identificar potenciais alvos terapêuticos. Os estudos de associação de todo o genoma (GWAS), por exemplo, utilizam dados genómicos em grande escala para descobrir ligações entre variantes genéticas e fenótipos, particularmente em relação a doenças como o cancro, a diabetes e as doenças cardiovasculares.
- **Visualização e Interpretação**: A visualização de dados genómicos de uma forma intuitiva e interpretável é essencial para os investigadores tirarem conclusões significativas. Ferramentas como os navegadores de genomas (por exemplo, UCSC Genome Browser, Ensembl) e software para análise da expressão genética (por exemplo, ferramentas de visualização de RNA-seq) permitem aos cientistas explorar e interpretar conjuntos de dados complexos. A visualização de dados permite a deteção de variações estruturais, mutações genéticas e regiões reguladoras, contribuindo para uma compreensão mais profunda da função dos genes e dos mecanismos das doenças.
- **Aplicações na medicina**: Uma das aplicações mais promissoras da ciência dos dados genómicos é a medicina personalizada e de precisão. Ao analisar a informação genética de um indivíduo, os prestadores de cuidados de saúde podem adaptar os tratamentos à constituição genética específica dos doentes, conduzindo a terapias mais eficazes. Por exemplo, a caraterização genómica de tumores pode identificar mutações específicas que podem ser alvo de terapias personalizadas contra o cancro. A farmacogenómica, que estuda a forma como os genes afectam a resposta de uma pessoa aos medicamentos, também beneficia dos dados genómicos, ajudando a prevenir reacções adversas aos medicamentos e a melhorar a sua eficácia.
- **Considerações éticas, jurídicas e sociais**: O tratamento de dados genómicos sensíveis implica a responsabilidade de abordar questões éticas e legais. As preocupações com a privacidade em torno do armazenamento e da partilha de informações genéticas pessoais, especialmente em contextos clínicos, exigem medidas regulamentares rigorosas. Iniciativas como o Regulamento Geral de Proteção de Dados (GDPR) na Europa e a HIPAA nos EUA desempenham um papel importante na garantia da privacidade dos dados. Além disso, estão em curso debates sobre o acesso equitativo às tecnologias genómicas e as implicações das tecnologias de edição de genes, como a CRISPR.
- **Desafios**: Apesar do seu potencial transformador, a ciência dos dados genómicos enfrenta vários desafios. O principal desafio é a complexidade computacional envolvida no processamento e análise de conjuntos de dados genómicos em grande escala. A necessidade de profissionais qualificados que compreendam tanto conceitos biológicos como computacionais é outro obstáculo. Além disso, as preocupações éticas relacionadas com a privacidade dos dados, o consentimento e a utilização de informações genéticas em contextos médicos e não médicos são também obstáculos que têm de ser resolvidos à medida que o domínio cresce.

Oportunidades e direcções futuras

A ciência dos dados genómicos está em constante evolução, oferecendo inúmeras oportunidades para avanços em vários domínios:

- **Medicina personalizada**: A capacidade de analisar dados genéticos a nível individual está a abrir caminho a diagnósticos mais precisos e a tratamentos adaptados à constituição genética dos doentes.

- **Descoberta de medicamentos**: A ciência dos dados genómicos desempenha um papel crucial na identificação de novos alvos de medicamentos, acelerando o processo de descoberta de medicamentos e desenvolvendo terapias mais eficazes.
- **Genómica das populações**: Os estudos genómicos em grande escala em diferentes populações estão a melhorar a nossa compreensão da diversidade genética, da evolução e da suscetibilidade a doenças em vários grupos demográficos.
- **Integração da IA e da aprendizagem automática**: A utilização da IA e da aprendizagem automática para automatizar a análise e a interpretação dos dados genómicos é uma área-chave de crescimento, permitindo previsões mais precisas dos riscos genéticos e dos resultados das doenças.

Em resumo, a ciência dos dados genómicos é um domínio dinâmico que integra a genómica e a ciência dos dados para abordar questões biológicas complexas. Tem um grande potencial para revolucionar os cuidados de saúde, a agricultura e os estudos evolutivos, mas exige também uma análise cuidadosa das questões éticas, da gestão dos dados e do desenvolvimento de ferramentas analíticas sofisticadas.

1.6. A genómica na bioinformática

A genómica em bioinformática refere-se à intersecção de dados genómicos e técnicas computacionais utilizadas para analisar e interpretar a informação codificada no genoma de um organismo. A bioinformática desempenha um papel crucial na genómica, especialmente na gestão, processamento e análise de dados genéticos em grande escala. Eis uma visão geral da relação entre a genómica e a bioinformática:

Áreas-chave em genómica no âmbito da bioinformática:

1. **Sequenciação e montagem do genoma**:

a. A sequenciação do genoma envolve a determinação da sequência exacta de nucleótidos (A, T, C, G) no ADN. Isto gera grandes quantidades de dados, que as ferramentas de bioinformática ajudam a reunir e a dar sentido.

b. Após a sequenciação, os algoritmos de bioinformática ajudam a reunir os fragmentos curtos de ADN em sequências contíguas mais longas, acabando por reconstruir o genoma completo.

2. **Genómica funcional**:

a. Este ramo da genómica centra-se na compreensão do papel dos genes e das suas funções. As ferramentas bioinformáticas ajudam a anotar os genomas, a identificar as regiões codificadoras e a prever as funções dos genes.

b. A genómica funcional também envolve o estudo dos padrões de expressão dos genes utilizando a transcriptómica, em que a bioinformática desempenha um papel fundamental na análise dos dados de sequenciação do ARN (RNA-Seq) para compreender a atividade dos genes.

3. **Genómica comparativa**:

a. A genómica comparativa envolve a comparação dos genomas de diferentes espécies para compreender as relações evolutivas, a função dos genes e a estrutura do genoma.

b. As ferramentas bioinformáticas ajudam a alinhar sequências genómicas, a identificar regiões conservadas e a estudar variações entre diferentes organismos.

4. **Chamada de Variantes e Variações Genómicas**:

a. A identificação de variantes genéticas, como os polimorfismos de nucleótido único (SNP) e as inserções/deleções (indels), é importante para compreender a diversidade genética e as associações de doenças.

b. Os pipelines bioinformáticos analisam os dados de sequência para identificar variantes, filtrar o ruído e anotar o significado biológico dessas variações.

5. **Metagenómica**:

a. A metagenómica envolve o estudo do material genético de amostras ambientais para analisar as comunidades microbianas.

b. A bioinformática é essencial na montagem, anotação e análise de sequências metagenómicas, que são frequentemente fragmentadas e complexas.

6. **Ontologia de genes e análise de vias**:

a. As ferramentas bioinformáticas facilitam a interpretação dos dados genómicos, ligando os genes a processos biológicos, componentes celulares e funções moleculares.

b. A análise de vias ajuda a mapear genes para vias metabólicas ou de sinalização, fornecendo informações sobre mecanismos celulares e potenciais alvos para a descoberta de medicamentos.

7. **Epigenómica**:

a. A epigenómica centra-se no estudo das modificações epigenéticas, como a metilação do ADN e as modificações das histonas, que afectam a expressão genética sem alterar a sequência do ADN.

b. A bioinformática é utilizada para analisar dados epigenómicos e descobrir como estas modificações regulam a expressão genética e contribuem para as doenças.

8. **Medicina de precisão e farmacogenómica:**

a. A bioinformática desempenha um papel crucial na medicina personalizada, analisando dados genómicos para adaptar os tratamentos à composição genética de um indivíduo.

b. A farmacogenómica utiliza a bioinformática para estudar a forma como as variações genéticas afectam a resposta aos medicamentos, conduzindo a terapias mais precisas e eficazes.

Ferramentas de bioinformática em genómica:

a. **BLAST (Basic Local Alignment Search Tool)**: Compara sequências de nucleótidos ou de proteínas com bases de dados de sequências e identifica semelhanças.

b. **Bowtie/BWA**: Ferramentas para alinhar leituras curtas de sequências de ADN com um genoma de referência.

c. **GATK (Genome Analysis Toolkit)**: Um conjunto de ferramentas para a descoberta de variantes em dados de sequenciação de elevado rendimento.

d. **FASTQC**: Utilizado para avaliar a qualidade dos dados de sequenciação.

e. **MAFFT/MUSCLE**: Ferramentas de alinhamento de sequências múltiplas para genómica comparativa.

f. **PLINK**: Um conjunto de ferramentas para estudos de associação de todo o genoma (GWAS) e genética populacional.

Desafios em Genómica e Bioinformática:

- **Volume de dados**: A sequenciação genómica gera enormes quantidades de dados, exigindo técnicas eficientes de armazenamento, processamento e análise.
- **Integração de dados**: A combinação de dados genómicos com outras informações biológicas (proteómica, transcriptómica, epigenómica) é complexa.
- **Interpretação**: A tradução dos dados genómicos em conhecimentos biológicos significativos, especialmente em termos de função dos genes, regulação e associação com doenças, continua a ser um desafio.

Direcções futuras:

- **Genómica de célula única**: Compreender o genoma ao nível das células individuais, com a bioinformática a lidar com a imensa complexidade dos dados de uma única célula.
- **Inteligência artificial e aprendizagem automática**: Estes são cada vez mais aplicados para analisar dados genómicos, prever riscos de doenças e otimizar a descoberta de medicamentos.
- **Sequenciação de leitura longa**: As melhorias nas tecnologias de sequenciação, como a PacBio e a Oxford Nanopore, fornecem informações genómicas mais precisas, levando as ferramentas de bioinformática a lidar com dados mais longos e mais complexos.

Em suma, a bioinformática é indispensável na genómica para a análise e interpretação dos dados e para o avanço da nossa compreensão da biologia a nível molecular.

1.7. Grandes volumes de dados em biologia

Os grandes volumes de dados em biologia referem-se aos conjuntos de dados maciços e complexos gerados pela investigação biológica moderna, particularmente em áreas como a genómica, a proteómica, a metabolómica e a biologia de sistemas. O advento de tecnologias de elevado rendimento, como a sequenciação de nova geração (NGS), a espetrometria de massa e as técnicas avançadas de imagiologia, transformou a biologia num domínio de utilização intensiva de dados. A análise de grandes volumes de dados em biologia envolve a gestão, o processamento e a extração de conhecimentos significativos a partir destes enormes conjuntos de dados.

Os principais aspectos e aplicações de Big Data em biologia:

1. **Genómica e transcriptómica:**

- **Dados genómicos**: Os avanços nas tecnologias de sequenciação geram grandes quantidades de dados genómicos. Por exemplo, a sequenciação de um genoma humano produz várias centenas de gigabytes de dados em bruto. O armazenamento, a análise e a comparação de genomas de diferentes organismos ou populações conduziram ao surgimento da Big Data na genómica.
- **Transcriptómica**: A sequenciação do ARN (RNA-Seq) é utilizada para estudar a expressão dos genes em diferentes condições, produzindo grandes conjuntos de dados que exigem abordagens estatísticas e computacionais complexas para a sua análise.
- **Genómica populacional**: Os estudos de associação de todo o genoma (GWAS) envolvem a análise de

dados genómicos de milhares a milhões de indivíduos, correlacionando variantes genéticas com caraterísticas ou doenças.

2. **Proteómica e Metabolómica:**

- **Proteómica**: A espetrometria de massa gera dados de proteínas em grande escala para estudar a composição, a estrutura e a função das proteínas nas células. O proteoma é altamente dinâmico e a vasta quantidade de dados gerados exige ferramentas de Big Data para a sua interpretação.
- **Metabolómica**: Este domínio envolve o estudo em grande escala de pequenas moléculas (metabolitos) em sistemas biológicos. As técnicas de Big Data ajudam a detetar e analisar padrões nas vias metabólicas.

3. **Biologia de sistemas:**

- **Biologia de redes**: Na biologia de sistemas, as redes biológicas (como as redes de regulação de genes, as redes de interação proteína-proteína e as redes metabólicas) são construídas e analisadas. Estas redes são enormes e complexas, o que torna a análise de Big Data essencial para compreender como diferentes componentes biológicos interagem a nível de sistemas.
- **Modelação multiescala**: Os sistemas biológicos são analisados em diferentes escalas (níveis molecular, celular, tecidular e do organismo). Este facto gera conjuntos de dados multiescala, exigindo abordagens computacionais integradas para ligar estas escalas e interpretar as suas relações.

4. **Saúde e medicina personalizada:**

- **Medicina de precisão**: A Big Data está a revolucionar os cuidados de saúde ao integrar a genómica, os dados clínicos e os factores ambientais para adaptar o tratamento médico aos indivíduos. Ao analisar conjuntos de dados maciços de genomas de pacientes, biomarcadores e resultados de tratamentos, os médicos podem prever riscos de doenças e otimizar terapias para pacientes individuais.
- **Registos de saúde electrónicos (RSE)**: Os registos de saúde electrónicos contêm conjuntos de dados maciços de históricos de doentes, resultados de testes, receitas e imagiologia. A integração de EHRs com dados genómicos permite a modelação preditiva e abordagens de cuidados de saúde personalizados.
- **Farmacogenómica**: Este campo utiliza a análise de Big Data para compreender como as variações genéticas influenciam a resposta de um indivíduo aos medicamentos, ajudando a desenvolver medicamentos mais eficazes e personalizados.

5. **Bioinformática e integração de dados:**

- Os megadados em biologia implicam frequentemente a integração de diversos tipos de dados, tais como dados genómicos, transcriptómicos, proteómicos e fenotípicos, bem como dados clínicos e ambientais. Esta abordagem integrativa permite uma compreensão mais abrangente dos sistemas biológicos.
- **Armazenamento e processamento de dados**: Os dados biológicos não são apenas volumosos, mas também heterogéneos e complexos. A computação em nuvem, as estruturas de computação distribuída (como Hadoop e Spark) e as bases de dados avançadas (NoSQL, bases de dados de grafos) são cruciais para armazenar e processar estes dados.

6. **IA, aprendizagem automática e aprendizagem profunda em biologia:**

- **Modelos de IA/ML**: A aprendizagem automática (ML) e a inteligência artificial (IA) são utilizadas para explorar conjuntos de dados biológicos em busca de padrões, correlações e previsões. Isto é particularmente útil na descoberta de medicamentos, na genómica e no diagnóstico médico.
- **Aprendizagem profunda**: As redes neuronais e os modelos de aprendizagem profunda podem analisar grandes conjuntos de dados biológicos, como dados de imagem de microscopia ou dados genómicos, para identificar padrões complexos que não são facilmente detectáveis através de métodos tradicionais. Os modelos de aprendizagem profunda são atualmente utilizados em áreas como a previsão da estrutura das proteínas (por exemplo, AlphaFold) e a classificação de doenças a partir de imagens médicas.

7. **Metagenómica e dados ambientais:**

- **Metagenómica**: Envolve a sequenciação de material genético a partir de amostras ambientais, conduzindo a conjuntos de dados maciços. As ferramentas de Big Data são utilizadas para analisar e catalogar a diversidade microbiana em ambientes como os oceanos, o solo e o microbioma intestinal humano.
- **Ecologia e monitorização ambiental**: As ferramentas de Big Data ajudam no processamento de dados ecológicos em grande escala, desde imagens de satélite até ao rastreio de espécies. Estes dados são utilizados para estudar a biodiversidade, a saúde dos ecossistemas e o impacto das alterações climáticas.

8. **Desafios da biologia de grandes volumes de dados:**

- **Armazenamento e gestão de dados**: O armazenamento e a gestão de conjuntos de dados maciços, especialmente de dados genómicos, requerem infra-estruturas avançadas. As soluções de armazenamento de dados, como a computação em nuvem e os sistemas distribuídos, são essenciais para o tratamento destes vastos conjuntos de dados.

- **Privacidade dos dados**: No domínio dos cuidados de saúde e da genómica, o tratamento de informações sensíveis, como os dados dos doentes ou as informações genéticas, suscita preocupações éticas e de privacidade significativas.
- **Normalização e integração de dados**: Os dados biológicos provêm de diferentes fontes e formatos, e a integração destes conjuntos de dados exige uma normalização para garantir a compatibilidade e a interoperabilidade.
- **Recursos computacionais**: A análise de grandes volumes de dados requer uma potência computacional significativa. A computação de alto desempenho (HPC), o processamento paralelo e as plataformas de computação em nuvem são frequentemente utilizados para lidar com as enormes exigências computacionais.
- **Desenvolvimento de algoritmos**: A conceção de algoritmos eficientes para o processamento, armazenamento e interpretação em tempo real de grandes volumes de dados é um desafio constante. As comunidades da bioinformática e da biologia computacional estão constantemente a desenvolver novos métodos para o tratamento de dados biológicos em grande escala.

9. Aplicações de Big Data em Biologia:

- **Descoberta de medicamentos**: Ao analisar grandes conjuntos de dados biológicos, os investigadores podem identificar potenciais alvos de medicamentos, prever a eficácia dos compostos e conceber estratégias terapêuticas mais eficazes.
- **Genómica do cancro**: Os grandes volumes de dados são essenciais na investigação do cancro para analisar grandes conjuntos de dados de genomas, transcriptomas e proteomas do cancro, a fim de descobrir mutações, genes determinantes e alvos terapêuticos.
- **Genética das populações**: Os megadados permitem aos cientistas estudar a variação genética ao nível da população, levando a descobertas sobre a evolução humana, a migração e a base genética de caraterísticas complexas.
- **Biologia sintética**: Os grandes volumes de dados são utilizados para conceber sistemas biológicos, otimizar vias metabólicas e conceber organismos para aplicações biotecnológicas.

Direcções futuras:

- **Democratização dos dados**: Tornar os grandes volumes de dados biológicos mais acessíveis aos investigadores de todo o mundo através de bases de dados públicas e de plataformas de computação em nuvem reforçará a colaboração e a descoberta.
- **Análise de dados em tempo real**: Com os avanços na capacidade computacional, o processamento em tempo real de Big Data biológicos para aplicações como diagnósticos, monitorização e tratamentos personalizados está a tornar-se uma realidade.
- **Integração multiómica**: O futuro dos grandes volumes de dados em biologia reside na integração de diferentes tipos de dados ómicos (genómica, transcriptómica, proteómica, metabolómica) para obter uma compreensão abrangente dos sistemas biológicos.

Em conclusão, os grandes volumes de dados transformaram a biologia numa disciplina computacional e baseada em dados. A integração da bioinformática, da aprendizagem automática e da computação de alto desempenho permite que os investigadores extraiam conhecimentos significativos de vastos conjuntos de dados, fazendo avançar a nossa compreensão da vida e melhorando os resultados dos cuidados de saúde.

1.8. Importância das abordagens computacionais

As abordagens computacionais são essenciais na ciência e tecnologia modernas, particularmente em domínios como a biologia, a química, a física e a engenharia. Estas abordagens envolvem a utilização de modelos matemáticos, simulações, algoritmos e ferramentas de software para analisar sistemas complexos e resolver problemas que são demasiado difíceis ou morosos para serem resolvidos apenas através de métodos experimentais tradicionais.

As principais razões pelas quais as abordagens computacionais são importantes em vários domínios:

1. Tratamento de conjuntos de dados grandes e complexos:

- Em muitos domínios, como a genómica, a astronomia e as ciências climáticas, as experiências e observações geram conjuntos de dados maciços. As abordagens computacionais são vitais para o processamento, análise e extração de informações úteis destes conjuntos de dados grandes e complexos.
- Em biologia, por exemplo, os dados de projectos de sequenciação de genomas podem ser imensos e são necessárias ferramentas computacionais para gerir, alinhar e analisar os dados de sequenciação para compreender as funções dos genes e os mecanismos das doenças.

2. **Simulação de sistemas complexos:**

- Os modelos computacionais permitem aos cientistas simular e estudar sistemas complexos que são difíceis ou impossíveis de experimentar diretamente. Por exemplo, em física e engenharia, a dinâmica de fluidos computacional (CFD) é utilizada para simular o comportamento de fluidos em diferentes ambientes.
- Em biologia, os modelos computacionais são utilizados para simular interações moleculares, processos celulares ou mesmo ecossistemas inteiros. Por exemplo, as simulações de dinâmica molecular ajudam a estudar a dobragem de proteínas e as interações entre fármacos a nível atómico, o que seria extremamente difícil de observar experimentalmente.

3. **Eficiência e redução de custos:**

- A realização de experiências físicas pode ser dispendiosa, demorada e exigir muitos recursos. As abordagens computacionais podem reduzir a necessidade de experiências físicas, permitindo o teste virtual e a otimização de modelos ou protótipos antes de os construir no mundo real.
- Na descoberta de medicamentos, as abordagens computacionais, como o rastreio virtual e a acoplagem molecular, podem identificar rapidamente candidatos promissores a medicamentos a partir de grandes bibliotecas químicas, poupando tempo e custos significativos em comparação com os métodos laboratoriais tradicionais.

4. **Melhorar a precisão e a exatidão:**

- As ferramentas e os algoritmos computacionais podem aumentar a precisão e o rigor da análise de dados. Em áreas como a medicina de precisão, as abordagens computacionais são utilizadas para analisar dados genéticos, clínicos e ambientais, ajudando a adaptar os tratamentos a cada paciente com base na sua composição genética única.
- Os algoritmos de aprendizagem automática em biologia computacional ajudam a identificar padrões e correlações em dados de elevada dimensão que seriam difíceis de discernir manualmente.

5. **Poder de previsão:**

- Um dos pontos fortes mais significativos das abordagens computacionais é a sua capacidade de prever o comportamento de sistemas complexos com base em modelos. Em domínios como a epidemiologia, os modelos computacionais são utilizados para prever a propagação de doenças e avaliar o impacto das intervenções.
- Na ciência do clima, as abordagens computacionais são utilizadas para simular cenários climáticos futuros e prever alterações nos padrões meteorológicos, ajudando a informar as decisões políticas relacionadas com as alterações climáticas.

Na biologia sintética, os modelos computacionais são utilizados para conceber novos sistemas biológicos e prever o comportamento dos organismos projectados em várias condições.

6. **Otimização e tomada de decisões:**

- As abordagens computacionais permitem a otimização de sistemas e processos. Por exemplo, na engenharia, os algoritmos de otimização são utilizados para conceber estruturas que minimizem os materiais e maximizem a resistência e a segurança.
- Na investigação operacional e na gestão da cadeia de fornecimento, os métodos computacionais ajudam as organizações a tomar decisões baseadas em dados para otimizar recursos, logística e fluxos de trabalho.

7. **Integração de dados e análise multiescala:**

- Muitos domínios da ciência e da engenharia implicam a integração de dados de diferentes fontes e escalas. As abordagens computacionais permitem a análise multiescala, permitindo aos investigadores ligar fenómenos de pequena escala (como as interações moleculares) a sistemas de grande escala (como a saúde da população).
- Em biologia, os modelos computacionais integram dados de diferentes campos ómicos (genómica, proteómica, metabolómica) para proporcionar uma visão holística dos sistemas biológicos e compreender o seu funcionamento a vários níveis.

8. **Avanço da Inteligência Artificial e da Aprendizagem Automática:**

- As abordagens computacionais estão no centro da inteligência artificial (IA) e da aprendizagem automática (AM), domínios que registaram um rápido avanço nos últimos anos. Estas tecnologias baseiam-se em modelos computacionais para aprender com os dados, reconhecer padrões e tomar decisões.
- A IA e o ML têm sido transformadores em domínios como os cuidados de saúde, onde são utilizados para desenvolver ferramentas de diagnóstico, prever os resultados dos doentes e analisar imagens médicas. Nas finanças, são utilizados para deteção de fraudes, negociação algorítmica e gestão de riscos.

9. Resolução de problemas intratáveis:

- Muitos problemas científicos são demasiado complexos para serem resolvidos analiticamente, o que significa que as técnicas matemáticas tradicionais podem não ser suficientes. As abordagens computacionais permitem aos investigadores encontrar soluções aproximadas para problemas que, de outra forma, não poderiam ser resolvidos com exatidão.
- Por exemplo, na química quântica, é impossível resolver analiticamente a equação de Schrodinger para grandes moléculas, mas os métodos computacionais podem fornecer soluções aproximadas, permitindo o estudo de propriedades e reacções químicas.

10. Automatização e escalabilidade:

- As abordagens computacionais permitem a automatização de tarefas repetitivas e morosas. Por exemplo, na bioinformática, podem ser criados pipelines para automatizar a análise de dados de sequenciação, acelerando significativamente o processo.
- As ferramentas computacionais também se adaptam bem a problemas maiores. Uma vez concebido um modelo ou algoritmo, este pode frequentemente ser aplicado a conjuntos de dados ainda maiores ou a cenários mais complexos, apenas com pequenas alterações.

11. Reforçar a colaboração e a investigação interdisciplinar:

- Muitos domínios de investigação modernos, especialmente em biologia, medicina e ciências ambientais, são interdisciplinares, exigindo a colaboração entre diferentes domínios. As abordagens computacionais proporcionam um quadro comum em que especialistas de diferentes domínios podem colaborar e partilhar dados.
- As ferramentas informáticas permitem a integração de diversos tipos de dados e métodos, permitindo que investigadores de diferentes disciplinas contribuam com os seus conhecimentos e trabalhem em conjunto em problemas complexos.

12. Monitorização e controlo em tempo real:

- As abordagens computacionais permitem a monitorização e o controlo de sistemas em tempo real. Em domínios como a robótica e a engenharia, os algoritmos podem ser utilizados para controlar processos em tempo real, optimizando o desempenho e minimizando os erros.
- Nos cuidados de saúde, as abordagens computacionais ajudam a monitorizar os doentes em tempo real através de dispositivos e sensores portáteis, permitindo intervenções atempadas e planos de tratamento personalizados.

Exemplos de abordagens computacionais:

- **Simulações de dinâmica molecular**: São utilizadas para modelar os movimentos físicos de átomos e moléculas ao longo do tempo, ajudando os cientistas a compreender processos biológicos como a dobragem de proteínas, a ligação de fármacos e as interações moleculares.
- **Dinâmica de fluidos computacional (CFD)**: Amplamente utilizado em engenharia para modelar o fluxo de fluidos e gases, ajudando na conceção de aeronaves, automóveis e previsão meteorológica.

13. **Algoritmos de aprendizagem automática**: Aplicados em vários campos para fazer previsões, reconhecer padrões e otimizar processos. Na biologia, a aprendizagem automática é utilizada para a previsão de genes, análise da estrutura das proteínas e análise de imagens médicas.

14. **Análise de elementos finitos (FEA)**: Utilizada na engenharia estrutural e na ciência dos materiais para prever a forma como as estruturas responderão a forças, tensões e outros efeitos físicos.

As abordagens computacionais tornaram-se indispensáveis na resolução de problemas científicos e de engenharia modernos. Fornecem ferramentas poderosas para gerir dados, melhorar a eficiência, aumentar a precisão e permitir previsões que, de outro modo, seriam impossíveis. Com o crescimento contínuo da investigação com grande volume de dados, as abordagens computacionais continuarão a impulsionar a inovação e a descoberta em todos os domínios.

Técnicas avançadas de análise de dados genómicos

As técnicas avançadas de análise de dados genómicos envolvem métodos sofisticados para extrair informações significativas de conjuntos de dados genómicos vastos e complexos. Estas técnicas são essenciais para fazer avançar a nossa compreensão da genética, da expressão genética, dos mecanismos de doença, da biologia evolutiva e da medicina personalizada. Com o advento das tecnologias de sequenciação de elevado rendimento, como a sequenciação de nova geração (NGS), a quantidade de dados genómicos explodiu, exigindo o desenvolvimento de métodos computacionais avançados para tratar, analisar e interpretar estes dados. Seguem-se algumas das principais técnicas avançadas utilizadas na análise de dados genómicos:

Alinhamento e montagem de sequências:

15. **Alinhamento de sequências múltiplas (MSA)**: Esta técnica alinha múltiplas sequências (ADN, ARN ou proteína) para identificar regiões conservadas, variantes de sequência e relações evolutivas. Ferramentas como MAFFT, Clustal Omega e MUSCLE são amplamente utilizadas para alinhar sequências, ajudando os investigadores a estudar semelhanças e elementos funcionais em diferentes genomas.

16. **Montagem do genoma**: Para genomas recentemente sequenciados, as leituras brutas geradas a partir de tecnologias de sequenciação têm de ser montadas em sequências contíguas (contigs). Algoritmos avançados como a **montagem de novo** (por exemplo, SPAdes, Canu) são utilizados quando não está disponível um genoma de referência. Em alternativa, **a montagem guiada por referência** utiliza genomas existentes como modelos para montar novos genomas. Técnicas como a **sequenciação de leitura longa (PacBio, Nanopore)** ajudam a ultrapassar os desafios das regiões repetitivas do genoma, melhorando a precisão da montagem.

Chamada de Variantes e Deteção de Variações Estruturais:

17. **Polimorfismo de nucleótido único (SNP) e deteção de pequenos indels**: A identificação de variantes é uma etapa crucial na identificação de diferenças genéticas entre indivíduos ou populações. Algoritmos como o GATK (Genome Analysis Toolkit), FreeBayes e SAMtools são utilizados para detetar SNPs e pequenas inserções/deleções (indels) a partir de dados de sequenciação alinhados. Estas ferramentas utilizam modelos estatísticos para distinguir as verdadeiras variantes genéticas dos erros de sequenciação.

18. **Deteção de variantes estruturais**: As variantes estruturais (SVs) incluem alterações genómicas maiores, como duplicações, deleções, inversões e translocações. Ferramentas como LUMPY, DELLY e Manta são utilizadas para detetar SVs a partir de dados de sequenciação. As tecnologias de sequenciação de leitura longa também ajudam a resolver variantes estruturais complexas que são difíceis de detetar utilizando a sequenciação de leitura curta.

Expressão dos genes e análise transcriptómica:

19. **Análise de dados RNA-Seq**: A sequenciação de RNA (RNA-Seq) gera grandes quantidades de dados sobre os níveis de expressão dos genes. Ferramentas de análise avançadas como STAR, HISAT2 e kallisto são utilizadas para alinhar leituras de RNA-Seq com genomas de referência, quantificar a expressão genética e identificar genes diferencialmente expressos (DEGs) entre condições ou populações. Ferramentas como DESeq2, edgeR e limma são depois utilizadas para a análise da expressão diferencial, oferecendo métodos estatísticos robustos para identificar alterações significativas na expressão dos genes.

20. **Análise de splicing alternativo**: Os dados de RNA-Seq podem ser utilizados para estudar eventos de splicing alternativo, em que diferentes combinações de exões são unidas para produzir diversas isoformas de transcrição. Ferramentas como MISO, rMATS e SUPPA ajudam a detetar e quantificar eventos de splicing alternativo, revelando informações sobre a forma como as variações de splicing contribuem para a doença.

Análise de dados epigenómicos:

21. **Análise da metilação do ADN**: As modificações epigenómicas, como a metilação do ADN, desempenham um papel fundamental na regulação dos genes. **A sequenciação por bissulfito** é um método utilizado para mapear padrões de metilação no genoma. Ferramentas como o Bismark e o BS-Seeker são utilizadas para alinhar leituras de sequenciação tratadas com bissulfito e identificar citosinas metiladas. Os algoritmos avançados ajudam a quantificar os níveis de metilação e a identificar regiões diferencialmente metiladas (DMR) associadas a doenças ou a fases de desenvolvimento.

22. **Modificação das histonas e acessibilidade da cromatina**: Técnicas como **ChIP-Seq** (Chromatin Immunoprecipitation Sequencing) e **ATAC-Seq** (Assay for Transposase-Accessible Chromatin Sequencing) são utilizadas para estudar as modificações das histonas e a acessibilidade da cromatina, respetivamente. Ferramentas como o MACS2 são utilizadas para identificar regiões enriquecidas de modificações das histonas a partir de dados ChIP-Seq, enquanto as ferramentas de análise ATAC-Seq (por exemplo, F-Seq,

Homer) revelam regiões de cromatina aberta potencialmente activas na regulação dos genes.

Genómica e transcriptómica de uma única célula:

23. RNA-Seq de célula única (scRNA-Seq): As tecnologias de sequenciação de célula única revolucionaram a genómica, permitindo aos investigadores estudar a expressão genética com a resolução de células individuais. Ferramentas como Seurat, Monocle e Scanpy são utilizadas para analisar dados de scRNA-Seq, permitindo a identificação de tipos de células, heterogeneidade celular e trajectórias de desenvolvimento. Estas ferramentas utilizam algoritmos de agrupamento avançados e técnicas de redução da dimensionalidade (como t-SNE e UMAP) para visualizar e interpretar dados de células individuais.

24. ATAC-Seq de célula única: O ATAC-Seq de célula única permite aos investigadores estudar a acessibilidade da cromatina ao nível da célula única, revelando como a estrutura da cromatina influencia a expressão genética. Ferramentas como ArchR e Signac fornecem estruturas para processar, analisar e integrar dados ATAC-Seq de célula única.

Metagenómica e análise do microbioma:

25. Perfil da comunidade microbiana: A metagenómica envolve o estudo de material genético recuperado diretamente de amostras ambientais, como o solo ou microbiomas humanos. Ferramentas como QIIME2, MetaPhlAn e Kraken2 são amplamente utilizadas para a caraterização taxonómica de comunidades microbianas. Estas ferramentas utilizam genes marcadores (como o 16S rRNA) ou sequenciação shotgun de todo o genoma para identificar espécies microbianas e estimar as suas abundâncias relativas.

26. Metagenómica funcional: Para além da caraterização taxonómica, os dados metagenómicos podem ser utilizados para inferir as capacidades funcionais das comunidades microbianas. Ferramentas como o HUMAnN2 e o PICRUSt prevêem vias funcionais (por exemplo, vias metabólicas) a partir de dados metagenómicos, fornecendo informações sobre os papéis funcionais do microbiota na saúde, na doença ou nos processos ambientais.

Genómica populacional e estudos de associação do genoma (GWAS):

27. Genómica de populações: As técnicas avançadas de genómica populacional são utilizadas para estudar a diversidade genética dentro e entre populações. Ferramentas como PLINK, VCFtools e ADMIXTURE permitem aos investigadores efetuar análises estatísticas de dados genómicos à escala da população, identificando padrões de variação genética, estrutura populacional e ancestralidade. Estas técnicas são essenciais para compreender a evolução humana, a migração e a base genética de caraterísticas complexas.

28. GWAS: Os estudos de associação de todo o genoma (GWAS) utilizam técnicas estatísticas para identificar variantes genéticas associadas a caraterísticas ou doenças complexas através da análise de todo o genoma. As ferramentas avançadas de GWAS, como BOLT-LMM, SAIGE e GCTA, utilizam modelos lineares mistos para ter em conta a estrutura da população e o parentesco, melhorando a capacidade de detetar associações verdadeiras em conjuntos de dados de grande escala.

8. Filogenómica e Genómica Comparativa:

- **Análise filogenética**: A genómica comparativa envolve frequentemente a construção de árvores filogenéticas para estudar as relações evolutivas entre espécies ou indivíduos. Ferramentas como RAxML, BEAST e PhyML são utilizadas para construir árvores filogenéticas a partir de dados genómicos. Estas ferramentas utilizam algoritmos avançados (por exemplo, verosimilhança máxima, inferência bayesiana) para estimar as relações evolutivas e datar os eventos de divergência.
- **Genómica comparativa**: A genómica comparativa compara os genomas de várias espécies para identificar elementos conservados, duplicações de genes e inovações evolutivas. Ferramentas como o OrthoFinder e o Cactus são utilizadas para alinhamentos de genomas e identificação de ortólogos, permitindo aos investigadores seguir a evolução dos genes e estudar a conservação funcional.

Aprendizagem profunda e IA na Genómica:

- **Modelos de aprendizagem profunda**: A aprendizagem automática, e especialmente a aprendizagem profunda, tem-se tornado cada vez mais importante na análise de dados genómicos. Técnicas como as redes neurais convolucionais (CNN) e as redes neurais recorrentes (RNN) são aplicadas a tarefas como a previsão dos efeitos das variantes genéticas na função dos genes (por exemplo, DeepSEA, DeepVariant) e a identificação de elementos reguladores a partir de sequências genómicas. Os modelos de aprendizagem profunda também podem ser utilizados para classificar doenças com base em perfis de expressão genética ou outras caraterísticas genómicas.
- **IA para previsão genómica**: A IA e os modelos de aprendizagem automática são também utilizados para prever caraterísticas complexas a partir de dados genómicos. Por exemplo, **as pontuações de risco poligénico (PRS)** são calculadas utilizando métodos estatísticos e de aprendizagem automática para prever a

suscetibilidade de um indivíduo a doenças com base no seu perfil genético.

Integração de dados multi-microscópicos:

- **Genómica integrativa**: As abordagens multiómicas envolvem a integração de dados de diferentes camadas de informação biológica, como a genómica, a transcriptómica, a proteómica e a epigenómica. Ferramentas como iCluster, MOFA (Multi-Omics Fator Analysis) e MOGSA permitem a integração de diversos conjuntos de dados ómicos, proporcionando uma compreensão mais abrangente dos sistemas biológicos em estudo.
- **Análise de vias e redes**: Ferramentas avançadas de análise de vias, como o Ingenuity Pathway Analysis (IPA) e o Cytoscape, permitem aos investigadores interpretar dados multiómicos no contexto de vias e redes biológicas conhecidas. As abordagens baseadas em redes, como as redes de co-expressão de genes ou as redes de interação proteína-proteína, ajudam a identificar os principais reguladores e vias envolvidos na doença ou no desenvolvimento.

As técnicas avançadas de análise de dados genómicos são essenciais para libertar todo o potencial das tecnologias de sequenciação de elevado rendimento e dos conjuntos de dados genómicos em grande escala. Estas técnicas, que vão desde o alinhamento de sequências e a identificação de variantes até à integração multiómica e às previsões baseadas em IA, permitem aos investigadores obter conhecimentos mais profundos sobre a função dos genes, a evolução, os mecanismos das doenças e a medicina personalizada. Como os dados genómicos continuam a aumentar em escala e complexidade, o desenvolvimento e a aplicação destas ferramentas computacionais avançadas continuarão a ser cruciais para o avanço da investigação genómica e das suas aplicações nos cuidados de saúde e na biologia. 4o

2.1. Montagem e anotação do genoma

A montagem e a anotação do genoma são dois processos fundamentais da genómica que envolvem a reconstrução da sequência de ADN de um organismo e a identificação dos elementos funcionais dessa sequência. Estes processos são fundamentais para compreender o projeto genético de um organismo e para fazer avançar a investigação em áreas como a evolução, a biologia das doenças, a agricultura e a biologia sintética.

1. Montagem do genoma

A montagem do genoma é o processo de juntar fragmentos curtos de sequências de ADN (leituras) em sequências mais longas e contínuas, ou **contigs**. Este passo é necessário porque as tecnologias de sequenciação, mesmo as de elevado rendimento, só conseguem ler secções relativamente pequenas do genoma de cada vez. A montagem do genoma tem como objetivo criar uma representação completa do genoma de um organismo a partir destas leituras curtas.

Tipos de montagem do genoma:

- **Montagem de novo**: Este processo envolve a construção do genoma sem qualquer sequência de referência prévia. É normalmente utilizado para sequenciar organismos novos ou pouco estudados. O processo de montagem começa do zero, o que significa que as leituras são alinhadas umas com as outras com base em sequências sobrepostas para formar contigs e scaffolds.
- **Montagem guiada por referência**: Se estiver disponível um genoma de referência (para a mesma espécie ou para uma espécie estreitamente relacionada), este método alinha as novas leituras com essa referência para orientar a montagem. Esta abordagem é geralmente mais rápida e mais exacta do que a montagem de novo, mas pode perder sequências novas não presentes na referência.

Etapas da montagem do genoma:

- **Leituras de sequenciação**: O primeiro passo é gerar as leituras de sequências brutas utilizando tecnologias como a Illumina (leituras curtas), PacBio ou Oxford Nanopore (leituras longas). Cada uma destas tecnologias tem pontos fortes diferentes, como a elevada precisão das leituras curtas e a capacidade de capturar regiões repetitivas longas nas leituras longas.
- **Pré-processamento de leituras**: As leituras em bruto devem ser pré-processadas para remover dados de baixa qualidade, sequências de adaptadores e erros de sequenciação. São normalmente utilizadas ferramentas como o **FASTQC** para controlo de qualidade e o **Trimmomatic** ou o **Cutadapt** para corte.
- **Deteção de sobreposição de leituras**: Na montagem de novo, as ferramentas de software identificam sobreposições entre leituras. As sobreposições longas sugerem que as leituras provêm de regiões vizinhas do genoma. Este passo é computacionalmente intensivo devido ao grande volume de leituras.
- **Formação de contigs**: As leituras sobrepostas são unidas para formar contigs, que são trechos contínuos de DNA. No entanto, os contigs podem ainda ser interrompidos por lacunas, sequências repetitivas ou regiões de elevada variabilidade.

- **Scaffolding**: Os contigs são organizados em estruturas maiores denominadas **scaffolds**, utilizando informações como leituras de extremidade emparelhada ou dados de leitura longa. Os scaffolds podem ainda conter lacunas, mas estas lacunas representam regiões não sequenciadas em vez de sequências mal montadas.
- **Preenchimento de lacunas e polimento**: As lacunas no scaffold são preenchidas utilizando dados adicionais de leituras longas ou leituras de pares de parceiros. Ferramentas de polimento como o **Pilon** e o **Racon** podem ser utilizadas para melhorar a precisão do genoma montado, corrigindo pequenos erros como indels ou erros de base.

Desafios na montagem do genoma:

- **Sequências repetitivas**: As regiões de ADN repetitivo são comuns em muitos genomas (tais como elementos transponíveis e ADN satélite) e podem dificultar a montagem correta das sequências, uma vez que as leituras destas regiões podem ser alinhadas por engano em várias localizações.
- **Heterozigotia**: Em organismos diplóides (com dois conjuntos de cromossomas), as regiões heterozigóticas, onde as duas cópias dos cromossomas diferem, podem complicar a montagem, uma vez que pode ser difícil distinguir se as diferenças são do mesmo cromossoma ou de cromossomas diferentes.
- **Tamanho e complexidade do genoma**: Os genomas de grandes dimensões (como os genomas das plantas) ou os genomas altamente complexos com muitas duplicações ou poliploidia (vários conjuntos de cromossomas) colocam desafios significativos à montagem.

Ferramentas para a montagem de genomas:

- **SPAdes**: Popular para a montagem de genomas bacterianos e pequenos genomas.
- **Canu**: Concebido para a montagem de dados de leitura longa da PacBio ou da Oxford Nanopore.
- **Flye**: Especificamente optimizado para a montagem de leituras longas das tecnologias Oxford Nanopore.
- **SOAPdenovo**: Um montador rápido para grandes genomas, amplamente utilizado em projectos de montagem de novo.
- **HiCanu e FALCON**: Para a montagem de genomas de alta qualidade a partir de dados de leitura longa.

2. Anotação do genoma

Uma vez montado o genoma, **a anotação** é o processo de identificação e rotulagem dos elementos funcionais do genoma, tais como genes, regiões reguladoras, sequências repetidas e ARN não codificantes. A anotação do genoma dá significado biológico aos dados brutos da sequência.

Tipos de anotação do genoma:

- **Anotação estrutural**: Envolve a identificação de elementos genómicos, tais como: o **Genes**: Encontrar a localização de genes codificadores de proteínas, códons de início e de paragem, exões, intrões e regiões não traduzidas (UTRs).

o **Genes de ARN não codificantes**: Identificação de regiões que codificam tRNA, rRNA, microRNAs e outros RNAs não codificantes.

o **Elementos transponíveis**: Regiões de marcação que contêm sequências repetitivas e elementos transponíveis que podem desempenhar papéis na estrutura e evolução do genoma.

o **Elementos reguladores**: Identificação de regiões promotoras, potenciadores e outros elementos cis-reguladores que controlam a expressão dos genes.

- **Anotação funcional**: Atribui significado biológico aos elementos identificados. Envolve:

o **Ontologia dos genes (GO)**: Atribuição de termos GO aos genes, que descrevem a sua função molecular, processo biológico e componente celular.

o **Previsão da função das proteínas**: Prever a função das proteínas com base na semelhança com proteínas conhecidas em bases de dados como UniProt ou Pfam.

o **Análise de vias**: Atribuição de genes a vias biológicas conhecidas (tais como vias metabólicas ou de sinalização) utilizando bases de dados como KEGG e Reactome.

Etapas da anotação do genoma:

- **Mascaramento de repetições**: O primeiro passo é mascarar os elementos repetitivos, uma vez que estes podem interferir com os algoritmos de previsão de genes. Ferramentas como **RepeatMasker** ou **RepeatModeler** são utilizadas para identificar e mascarar estes elementos.
- **Previsão de genes**: A previsão da localização dos genes é efectuada utilizando métodos ab initio ou abordagens baseadas em provas:

a. **Previsão de genes ab initio**: Utiliza modelos matemáticos para prever genes com base apenas na sequência de ADN. Ferramentas como **Augustus** e **GeneMark** analisam padrões de sequência, como quadros de leitura aberta (ORFs), locais de emenda e uso de códons, para prever a localização de genes.

b. **Anotação baseada em evidências**: Incorpora dados experimentais, como leituras de RNA-Seq ou etiquetas de sequências expressas (ESTs), para apoiar as previsões de genes. Ferramentas como **MAKER** e **EvidentialGene** combinam previsões ab initio com dados experimentais para obter anotações mais exactas.

- **Anotação funcional**: Uma vez previstos os genes, estes são comparados com sequências conhecidas em bases de dados para inferir a sua função. Ferramentas como **BLAST**, **InterProScan** e **HMMER** são utilizadas para procurar homologia com genes conhecidos ou domínios de proteínas.
- **Anotação de RNA**: Os RNAs não-codificantes, incluindo tRNA e microRNA, são anotados usando ferramentas especializadas como **tRNAscan-SE** e **miRDeep**.

Bases de dados para anotação de genomas:

- **Ensembl**: Uma base de dados abrangente de anotação de genomas que fornece genomas anotados para uma vasta gama de espécies.
- **RefSeq**: A Base de Dados de Sequências de Referência fornece dados genómicos com curadoria para várias espécies.
- **UniProt**: Uma base de dados de sequências de proteínas que é frequentemente utilizada para anotação funcional de proteínas previstas.
- **Pfam**: Uma base de dados de famílias de proteínas utilizada para identificar e classificar domínios de proteínas durante a anotação funcional.

Desafios na anotação de genomas:

- **Montagens incompletas ou fragmentadas**: Montagens imprecisas podem levar a genes ausentes ou mal anotados, especialmente se regiões importantes estiverem localizadas em regiões repetitivas ou mal montadas.
- **Pseudogénios e duplicações de genes**: Pode ser difícil distinguir entre genes funcionais e pseudogénios, ou entre cópias de genes resultantes de eventos de duplicação.
- **Regiões não-codificantes**: Muitas regiões biologicamente significativas, como os potenciadores ou os ARN reguladores, podem ser difíceis de anotar devido à falta de conservação da sequência ou de caraterísticas claramente definidas.
- **Incerteza funcional**: Mesmo após a anotação estrutural, muitos genes podem não ter uma função conhecida ou podem ser atribuídos a funções putativas com base numa homologia fraca, tornando a anotação funcional incompleta.

Ferramentas para anotação de genomas:

- **Augustus**: Software de previsão de genes ab initio que integra dados de RNA-Seq e de homologia de proteínas.
- **MAKER**: Um pipeline de anotação do genoma que combina previsões ab initio com provas de transcrições e proteínas.
- **EVM (Evidence Modeler)**: Combina previsões de genes de diferentes fontes e atribui anotações de consenso.
- **tRNAscan-SE**: Utilizado para anotar genes de RNA de transferência (tRNA) em genomas.

Integração da montagem e anotação do genoma

A montagem e a anotação do genoma estão estreitamente interligadas. A qualidade da montagem afecta diretamente a precisão da anotação. Uma montagem incompleta ou incorrecta pode resultar em genes mal anotados ou elementos funcionais em falta. Além disso, os resultados da anotação podem informar as rondas subsequentes de montagem do genoma, especialmente quando se utilizam abordagens baseadas em provas que incorporam dados de RNA-Seq.

Para produzir uma sequência genómica de alta qualidade, são frequentemente efectuadas rondas iterativas de montagem e anotação. As tecnologias de sequenciação de leitura longa, como a PacBio e a Oxford Nanopore, melhoraram drasticamente os processos de montagem e anotação, resolvendo regiões complexas e fornecendo uma imagem mais completa do genoma.

A montagem e a anotação do genoma são passos cruciais para compreender a arquitetura genética dos organismos. Enquanto a montagem do genoma reconstrói a sequência física do ADN, a anotação dá-lhe um contexto biológico, identificando genes e outros elementos funcionais. Os avanços nas tecnologias de sequenciação e nos métodos computacionais melhoraram muito ambos os processos, permitindo o estudo de genomas complexos e fornecendo uma base para a investigação biomédica, estudos evolutivos e domínios aplicados como a agricultura e a biotecnologia.

2.2. Técnicas de montagem do genoma de novo

A montagem do genoma de novo é um processo bioinformático crucial que constrói um genoma a partir do zero, sem a ajuda de um genoma de referência. Esta técnica é vital para a sequenciação de novos organismos ou de genomas que sejam significativamente diferentes de qualquer espécie conhecida. A montagem de novo tem por objetivo reconstruir o genoma juntando fragmentos curtos de ADN (chamados leituras) gerados por tecnologias de sequenciação. medida que a sequenciação de alto rendimento continua a evoluir, o processo de montagem tem de enfrentar os desafios inerentes ao volume e à complexidade dos dados genómicos.

Tradicionalmente, as plataformas de sequenciação de leitura curta, como a Illumina, produzem leituras de alta qualidade, mas são limitadas em comprimento, normalmente cerca de 150-300 pares de bases. Este facto constitui um desafio para a montagem de genomas com caraterísticas complexas, tais como regiões repetitivas longas. Consequentemente, os montadores de leituras curtas, como o SPAdes e o Velvet, têm muitas vezes dificuldade em montar regiões altamente repetitivas e podem produzir montagens fragmentadas. Para resolver este problema, são utilizadas técnicas de scaffolding, em que são utilizadas leituras de extremidade emparelhada ou de pares de pares para ligar contigs em scaffolds maiores. No entanto, podem ainda subsistir lacunas e a sua resolução requer dados de sequenciação adicionais ou tecnologias de leitura longa.

O advento das tecnologias de sequenciação de leitura longa, como a Pacific Biosciences (PacBio) e a Oxford Nanopore Technologies (ONT), revolucionou a montagem do genoma de novo. Estas plataformas geram leituras com vários quilobases de comprimento, permitindo a montagem de sequências maiores e mais contíguas, que podem abranger regiões repetitivas e variantes estruturais. Ferramentas como o Canu, o Flye e o FALCON foram concebidas especificamente para a montagem de dados de leitura longa, melhorando a integridade das montagens do genoma através da produção de menos contigs e de andaimes maiores. Os montadores de leitura longa são particularmente poderosos para resolver caraterísticas genómicas complexas, como elementos transponíveis, heterocromatina e grandes inserções ou deleções.

A combinação de tecnologias de leitura curta e de leitura longa, frequentemente designada por montagem híbrida, constituiu um grande avanço na montagem do genoma. Nesta abordagem, a elevada precisão das leituras curtas complementa as leituras mais longas, mas propensas a erros, geradas pelas plataformas de leitura longa. Os montadores híbridos, como o MaSuRCA e o DBG2OLC, utilizam as leituras curtas de alta precisão para corrigir os erros nos dados de leitura longa, produzindo, em última análise, montagens de genoma altamente precisas e contíguas.

Além disso, após o processo de montagem, são utilizadas ferramentas de polimento avançadas, como o Pilon, para refinar o genoma, corrigindo quaisquer erros ao nível da base ou erros de montagem.

Outro avanço fundamental na montagem do genoma de novo é a utilização de sequenciação Hi-C e de tecnologias de leitura ligada (como a 10x Genomics). Os dados Hi-C captam a organização tridimensional dos cromossomas, fornecendo informações de contacto de longo alcance entre diferentes partes do genoma. Esta informação ajuda a estruturar contigs e a ordená-los em conjuntos à escala do cromossoma, melhorando a exatidão e a integridade do genoma final. As tecnologias de leitura ligada também ajudam a resolver regiões complexas do genoma, preservando a informação sobre quais as leituras que tiveram origem no mesmo fragmento longo de ADN, permitindo uma melhor contiguidade e faseamento da montagem.

Apesar dos avanços tecnológicos, a montagem de um genoma de novo enfrenta vários desafios, particularmente em genomas grandes e complexos como os de plantas ou organismos poliplóides. As regiões repetitivas, as duplicações segmentares e os elevados níveis de heterozigotia complicam a montagem, resultando por vezes em genomas fragmentados ou incompletos. Para ultrapassar estes problemas, várias estratégias, incluindo o mapeamento ótico e a captura da conformação cromossómica (Hi-C), são integradas nos dados de sequenciação tradicionais para fornecer camadas adicionais de informação estrutural.

1. Tecnologias de sequenciação

a. Sequenciação de leitura curta

As tecnologias de sequenciação de leituras curtas, como as produzidas pela Illumina, geram leituras de alta qualidade que variam normalmente entre 50 e 300 pares de bases. Os principais desafios associados às leituras curtas incluem:

- **Regiões complexas**: As leituras curtas podem ter dificuldade em abranger regiões repetitivas ou variantes estruturais, levando a montagens fragmentadas.
- **Ferramentas de montagem**: Os montadores comuns para leituras curtas incluem:

o **SPAdes**: Especificamente concebidos para genomas unicelulares e pequenos, eficazes para genomas bacterianos.

o **Velvet**: Um assembler antigo e muito utilizado para leituras curtas, concebido para uma utilização eficiente da memória.

o **ABySS**: Um assembler de novo optimizado para dados de sequenciação de alto rendimento, capaz de processamento paralelo.

b. Sequenciação de leitura longa

As tecnologias de sequenciação de leitura longa, como as da Pacific Biosciences (PacBio) e da Oxford Nanopore Technologies (ONT), produzem leituras que podem ter vários quilobases de comprimento. Esta capacidade permite a montagem de genomas complexos, uma vez que as leituras longas podem abranger regiões repetitivas e resolver variações estruturais.

- **Vantagens**: As leituras longas permitem uma maior contiguidade nos conjuntos e uma melhor resolução de estruturas genómicas complexas.
- **Ferramentas de montagem**: Os montadores comuns para leituras longas incluem:

o **Canu**: Optimizado para dados PacBio, concentrando-se na produção de assemblies de alta qualidade a partir de leituras longas com ruído.

o **Flye**: Concebido para a montagem rápida de leituras longas, particularmente eficaz com dados ONT.

o **FALCON**: Um montador que combina leituras longas da PacBio com outros dados de sequenciação para produzir assemblagens de genoma de alta qualidade.

2. Abordagens de montagem

a. Assembleia De Novo

A montagem de novo constrói uma sequência genómica a partir do zero utilizando apenas as leituras de sequenciação, sem um genoma de referência. Este processo envolve várias etapas fundamentais:

1. **Deteção de sobreposição de leituras**: Os algoritmos identificam regiões de sobreposição entre leituras, formando contigs. Isto pode ser efectuado utilizando métodos de consenso de sobreposição (OLC) ou abordagens de gráficos de Bruijn.
2. **Construção de contigs**: As leituras sobrepostas são fundidas em sequências mais longas designadas por contigs, que representam trechos contínuos do genoma.
3. **Scaffolding**: As leituras de pares de extremidades emparelhadas ou de pares de companheiros são utilizadas para ligar os contigs em andaimes maiores. Este passo é crucial para melhorar a continuidade da montagem.
4. **Preenchimento de lacunas**: Dados adicionais, tais como leituras longas, podem ser utilizados para preencher lacunas nos andaimes e melhorar a qualidade geral da montagem.
5. **Polimento**: As ferramentas de correção de erros, como o Pilon ou o Racon, são utilizadas para aperfeiçoar a montagem, corrigindo os erros de montagem e melhorando a precisão.

b. Montagem híbrida

A montagem híbrida combina dados de sequenciação de leitura curta e longa para capitalizar os pontos fortes de cada tecnologia. Esta abordagem envolve normalmente:

- **Montagem inicial com leituras longas**: Uma montagem preliminar é construída usando leituras longas para criar um rascunho do genoma.
- **Correção de erros com leituras curtas**: As leituras curtas são alinhadas com o conjunto de leituras longas para corrigir erros e refinar a sequência.
- **Ferramentas**: Os montadores como o **MaSuRCA** e o **HybridSPAdes** utilizam leituras curtas e longas para melhorar a qualidade da montagem.

3. Técnicas adicionais

a. Mapeamento ótico

O mapeamento ótico fornece um método complementar para melhorar a montagem, gerando um mapa físico do genoma. Esta técnica capta a disposição espacial das moléculas de ADN e pode ajudar a estruturar os contigs, fornecendo informações estruturais adicionais.

b. Sequenciação Hi-C

A sequenciação Hi-C capta a estrutura tridimensional dos cromossomas, fornecendo informações sobre as interações entre regiões distantes do genoma. Estes dados podem ser utilizados para ligar contigs em andaimes maiores e melhorar a montagem global através da captura de relações de longo alcance.

4. Desafios da montagem de novo

Apesar dos avanços, a montagem do genoma de novo continua a ser um desafio devido a:

- **Sequências repetitivas**: As regiões altamente repetitivas podem causar ambiguidades no alinhamento de leituras, conduzindo a genomas fragmentados ou mal montados.

- **Complexidade do genoma**: Os organismos com genomas complexos, como as plantas poliplóides, apresentam desafios adicionais para a montagem devido ao aumento da redundância genómica.
- **Heterozigotia**: Em organismos diplóides, a presença de diferentes alelos pode complicar a montagem e resultar em ambiguidade durante o alinhamento de leituras.

A montagem do genoma de novo progrediu significativamente, passando de montagens fragmentadas e propensas a erros para reconstruções de genomas altamente contíguas e ao nível dos cromossomas. A integração da sequenciação de leitura longa, de abordagens híbridas e de técnicas avançadas de montagem de andaimes tornou possível abordar genomas complexos com elevada precisão. medida que as tecnologias de sequenciação continuam a evoluir e as ferramentas computacionais se tornam mais refinadas, a montagem de genomas, mesmo de organismos altamente complexos, tornar-se-á cada vez mais fiável e rentável. Estes desenvolvimentos têm implicações profundas para a investigação em genómica, biologia evolutiva e medicina de precisão, oferecendo conhecimentos mais profundos sobre a arquitetura genética de espécies familiares e previamente desconhecidas.

2.3. Anotação do genoma e algoritmos de previsão de genes

A anotação do genoma é o processo de identificação e marcação de todos os elementos funcionais de um genoma, tais como genes, sequências reguladoras e outras caraterísticas. Envolve tanto a anotação estrutural como a funcional. A anotação estrutural centra-se na procura de elementos como regiões codificadoras, exões, intrões e limites dos genes, enquanto a anotação funcional atribui um significado biológico a essas regiões, como a determinação das funções dos genes, produtos proteicos e papéis nas vias. Para anotar um genoma, os investigadores baseiam-se em bases de dados existentes, na homologia com genes conhecidos e em dados experimentais. O objetivo é produzir um mapa exaustivo e preciso de todas as partes funcionais do genoma.

Um dos principais componentes da anotação do genoma é a identificação dos genes codificadores de proteínas. Para o efeito, é utilizada uma combinação de algoritmos de previsão ab initio (a partir dos primeiros princípios) e métodos baseados em provas. Os métodos baseados em provas baseiam-se em dados experimentais, como a sequenciação de ARN (RNA-Seq) ou genomas previamente anotados. Os métodos ab initio, por outro lado, utilizam modelos estatísticos para prever as estruturas dos genes com base apenas na sequência do genoma. As ferramentas de software comuns utilizadas para a anotação do genoma incluem o Ensembl, o RefSeq do NCBI e o MAKER, cada um dos quais integra várias fontes de dados para produzir anotações de elevada qualidade.

Metodologia de anotação do genoma

A anotação do genoma envolve várias etapas que combinam abordagens experimentais e computacionais para identificar elementos funcionais num genoma, incluindo genes, regiões reguladoras e sequências não codificantes. Seguem-se as principais etapas da metodologia de anotação do genoma:

1. Pré-processamento e controlo de qualidade dos dados sequenciados

Antes de se poder iniciar a anotação do genoma, os dados de sequenciação brutos obtidos a partir de tecnologias de sequenciação (como a sequenciação de nova geração) têm de ser pré-processados. Este processo inclui a limpeza e a montagem de leituras curtas em sequências mais longas e contíguas, denominadas contigs, seguidas de scaffolding para ligar os contigs numa sequência completa do genoma. As medidas de controlo de qualidade, como a remoção de sequências de baixa qualidade, a identificação e correção de erros de sequenciação e o preenchimento de lacunas, garantem que os dados utilizados na anotação são exactos e completos.

2. Anotação estrutural (Previsão de genes)

A anotação estrutural é o processo de identificação da localização dos genes e de outros elementos funcionais no genoma. Este processo inclui os seguintes passos:

Previsão de genes:

A previsão de genes envolve a utilização de algoritmos computacionais (métodos ab initio, baseados em evidências ou híbridos) para prever a localização dos genes. Os métodos ab initio, como o GENSCAN, Augustus ou GeneMark, utilizam modelos estatísticos para identificar regiões de codificação com base em caraterísticas conhecidas, como códons de início/paragem, limites intrão-exão e outros padrões. Os métodos baseados em evidências integram dados transcriptómicos como o RNA-Seq para refinar a previsão de modelos de genes.

Identificação de outros elementos genómicos:

Para além dos genes codificadores, são identificadas outras caraterísticas estruturais, tais como:

a) Promotores e regiões reguladoras, que controlam a expressão dos genes.

b) RNAs não-codificantes (por exemplo, miRNAs, tRNAs, rRNAs) que têm papéis funcionais sem codificar proteínas.

c) Sequências de repetição, transposões e outros elementos estruturais do genoma.

3. **Anotação funcional**

A anotação funcional atribui um significado biológico às sequências genéticas previstas e a outros elementos genómicos. Isto envolve os seguintes passos:

Previsão da função dos genes:

A anotação funcional começa frequentemente com pesquisas de semelhança de sequências utilizando ferramentas como o BLAST (Basic Local Alignment Search Tool). Ao comparar o genoma recentemente sequenciado com genomas de referência bem anotados, podem ser identificados genes homólogos e atribuídas funções prováveis com base no pressuposto de que sequências semelhantes desempenham frequentemente papéis semelhantes. As bases de dados funcionais, como UniProt, Pfam e Gene Ontology (GO), fornecem dados funcionais adicionais.

Identificação do domínio funcional:

Os genes codificadores de proteínas são analisados para identificar domínios funcionais, motivos de sequência conservados nas proteínas que correspondem a funções específicas (por exemplo, domínios de cinase, motivos de ligação ao ADN). Ferramentas como o InterProScan ou o Pfam ajudam a atribuir funções às proteínas previstas, identificando estes domínios conservados.

Mapeamento e integração de percursos:

A anotação funcional inclui também a ligação dos genes a vias e redes biológicas. Ferramentas como a KEGG (Kyoto Encyclopedia of Genes and Genomes) e o Reactome permitem o mapeamento de vias, possibilitando a compreensão do modo como os genes interagem em sistemas biológicos mais vastos (por exemplo, vias metabólicas, cascatas de sinalização).

4. **Curadoria e validação manual**

Embora muitos processos de anotação sejam automatizados, é muitas vezes necessária experiência humana para a curadoria manual, especialmente em genomas complexos ou quando as previsões computacionais são incertas. A curadoria manual envolve a revisão das anotações automatizadas para verificar os modelos de genes e as atribuições funcionais, particularmente para genes que possam ter sido anotados incorretamente devido à duplicação de genes, splicing alternativo ou outros factores complicadores.

Validação experimental:

Em alguns casos, são utilizadas técnicas experimentais como a reação em cadeia da polimerase com transcrição reversa (RT-PCR), a espetrometria de massa ou o RNA-Seq para validar as previsões de genes e confirmar a expressão dos genes previstos. Este passo ajuda a melhorar a exatidão das anotações.

5. **Refinamento e actualizações de anotações**

As anotações do genoma não são estáticas; à medida que novos dados experimentais ficam disponíveis e os algoritmos de previsão de genes melhoram, as anotações são continuamente actualizadas e aperfeiçoadas. As rondas iterativas de re-anotação, especialmente para organismos modelo com investigação extensiva, conduzem a representações mais exactas do genoma.

Envolvimento na comunidade:

As bases de dados genómicas públicas, como a Ensembl, a RefSeq do NCBI e o UCSC Genome Browser, permitem o envolvimento da comunidade, onde os investigadores podem apresentar novas anotações, sugerir correcções ou atualizar informações funcionais com base nas suas descobertas.

6. **Visualização e integração de bases de dados**

Uma vez concluída a anotação do genoma, os dados são integrados em bases de dados acessíveis ao público. Estas bases de dados fornecem ferramentas de visualização que permitem aos investigadores explorar o genoma, examinar modelos de genes e consultar anotações funcionais. Algumas das bases de dados mais utilizadas incluem:

- **Ensembl**
- **Navegador de genomas da UCSC**
- **Bases de dados de genes e genomas do NCBI**

O genoma é apresentado graficamente, com genes anotados e outras caraterísticas claramente assinaladas, permitindo um fácil acesso e interpretação por parte de investigadores de todo o mundo.

A anotação de genomas é um processo altamente interdisciplinar que combina bioinformática, biologia molecular e métodos computacionais para transformar sequências genómicas brutas em dados biologicamente significativos. É um domínio dinâmico, com avanços contínuos que melhoram a exatidão e a profundidade das anotações. Ao identificar genes, atribuir funções e ligar os dados genómicos a contextos biológicos mais amplos, a anotação do genoma é essencial para fazer avançar a nossa compreensão da genética, da evolução e dos mecanismos das doenças.

Algoritmos de previsão de genes

Os algoritmos de previsão de genes são ferramentas computacionais concebidas para identificar potenciais genes num genoma através da análise da sua sequência. Estes algoritmos podem prever tanto genes codificadores de proteínas como genes de ARN não codificante. Funcionam através da identificação de caraterísticas da sequência que distinguem os genes das regiões não codificantes. Por exemplo, em genomas eucarióticos, podem procurar sinais como códons de arranque, códons de paragem, locais de emenda, regiões promotoras e quadros de leitura abertos (ORFs). Nos genomas procarióticos, a previsão de genes tende a ser mais simples, uma vez que os genes estão normalmente organizados em sequências contínuas sem intrões.

A previsão de genes pode ser dividida em duas abordagens principais: métodos ab initio e métodos baseados em provas. A previsão ab initio de genes baseia-se em caraterísticas intrínsecas da sequência. Algoritmos como o GENSCAN e o AUGUSTUS utilizam modelos de aprendizagem automática para prever a localização dos genes com base em caraterísticas como a utilização de códons, o conteúdo de GC e os padrões de sítios de emenda. Estes modelos são treinados em genes conhecidos e depois aplicados a novos genomas para prever genes desconhecidos.

Por outro lado, os métodos baseados em evidências, como o GeneMark e o FGENESH, incorporam dados externos, como sequências de transcritos (por exemplo, RNA-Seq) ou homologia de proteínas para refinar as previsões. Estes métodos melhoram a exatidão alinhando dados experimentais ou sequências de proteínas conhecidas com o genoma para confirmar a localização dos genes previstos. Os pipelines modernos combinam frequentemente ambas as abordagens, com previsões baseadas em provas que servem para refinar os modelos ab initio, conduzindo a anotações genómicas mais exactas e abrangentes.

Os algoritmos de previsão de genes são ferramentas computacionais utilizadas para identificar a localização dos genes num genoma, particularmente em genomas recentemente sequenciados, onde os limites dos genes ainda não são conhecidos. Estes algoritmos têm como objetivo determinar os pontos de início e fim dos genes, bem como a estrutura dos exões, intrões e regiões não traduzidas (UTRs). A previsão de genes é uma tarefa difícil devido à complexidade dos genomas, especialmente nos eucariotas, onde a estrutura dos genes é mais complexa devido a splicing, transcrições alternativas e regiões não codificantes. Os algoritmos de previsão de genes são classificados em duas categorias: **Algoritmos ab initio** e **algoritmos baseados em evidências**. É também comum uma abordagem híbrida que combina os dois tipos.

1. Algoritmos de previsão de genes ab initio

A previsão ab initio de genes baseia-se inteiramente na própria sequência genómica, sem quaisquer dados externos, como provas de ARN ou de proteínas. Estes algoritmos prevêem genes através da identificação de caraterísticas de sequência típicas dos genes, tais como regiões codificantes, locais de emenda e sequências promotoras. Utilizam modelos probabilísticos para distinguir as regiões codificantes das regiões não codificantes.

Conceitos-chave:

- **Quadros de Leitura Abertos (ORFs):** Os métodos ab initio procuram frequentemente ORFs longas entre os codões de início e de paragem como potenciais genes codificadores de proteínas.
- **Viés de codificação:** Estes algoritmos exploram padrões como o viés de utilização de códons, em que certos códons são utilizados mais frequentemente em regiões codificantes do que em regiões não codificantes.
- **Sítios de Splice:** A identificação exacta dos limites intrão-exão é fundamental, e os métodos ab initio procuram frequentemente sequências de consenso (por exemplo, regra GT-AG) que marcam o início e o fim dos intrões.

Algoritmos Ab Initio comuns:

1. **GENSCAN:**

O GENSCAN é um dos primeiros e mais utilizados programas ab initio de previsão de genes. Utiliza um modelo de Markov oculto (HMM) para prever regiões codificadoras, exões, intrões e regiões promotoras. O modelo incorpora parâmetros probabilísticos para a estrutura dos genes codificadores de proteínas (tais como os comprimentos dos exões e intrões, junções de splice, etc.) e prevê as estruturas dos genes a partir da sequência de entrada.

2. **Augusto:**
O Augustus é uma ferramenta avançada de previsão de genes ab initio que pode prever genes em genomas eucarióticos e procarióticos. Utiliza um HMM alargado que inclui modelos para splicing alternativo e é particularmente bom na deteção de genes com estruturas complexas de exão-intrão. O Augustus tem uma configuração personalizável que permite uma formação específica para cada espécie, melhorando a precisão em diferentes organismos.
3. **GeneMark:**
Originalmente desenvolvido para genomas procarióticos, o GeneMark foi posteriormente alargado a eucariotas. Utiliza HMMs e modelos de comprimento de gene para prever sequências de codificação. O GeneMark-ES, uma extensão, pode ser treinado de forma totalmente automatizada utilizando o próprio genoma de entrada, o que o torna adequado para organismos sem anotações genéticas pré-existentes.

Vantagens e desafios dos métodos Ab Initio:

- **Vantagens:**
  - o Pode ser aplicado a qualquer genoma sem necessidade de dados experimentais ou anotações prévias.
  - o Útil para organismos recentemente sequenciados em que estão disponíveis poucas ou nenhumas provas externas (como dados do transcriptoma).
- **Desafios:**
  - o Frequentemente menos exactos do que os métodos baseados em provas, especialmente para genomas eucarióticos com estruturas genéticas complexas (por exemplo, splicing alternativo, genes sobrepostos).
  - o Elevadas taxas de falsos positivos porque se baseiam em caraterísticas de sequência que podem nem sempre corresponder a genes verdadeiros.

2. Algoritmos de previsão de genes baseados em evidências

Os métodos de previsão de genes baseados em evidências utilizam dados experimentais, como leituras de RNA-Seq, etiquetas de sequências expressas (ESTs) ou sequências de proteínas conhecidas, para apoiar a identificação de genes. Estas evidências podem fornecer provas diretas de transcrição e tradução, conduzindo a previsões mais precisas.

Conceitos-chave:

- **RNA-Seq e ESTs:** Os métodos baseados em evidências utilizam dados de RNA-Seq ou ESTs para mapear regiões transcritas do genoma, o que ajuda a definir os limites dos exões e a identificar padrões de splicing.
- **Homologia de proteínas:** Ao comparar o genoma de entrada com sequências de proteínas conhecidas, os métodos baseados na homologia prevêem genes com base em sequências conservadas que são partilhadas com organismos bem anotados.
- **Algoritmos de alinhamento:** Ferramentas como o BLAST e o HMMER alinham sequências de ARN ou de proteínas com o genoma para identificar regiões codificantes, orientar limites de exão-intrão e verificar previsões de genes.

Algoritmos comuns baseados em evidências:

1. **GeneWise:**
O GeneWise utiliza sequências de proteínas como evidência para prever genes. Alinha sequências de proteínas conhecidas com um genoma para encontrar regiões codificantes e para refinar a estrutura exão-intrão dos genes. É particularmente útil quando estão disponíveis dados de homologia de proteínas, permitindo a previsão exacta de genes mesmo nos casos em que os modelos ab initio falham.
2. **GlimmerHMM:**
O GlimmerHMM é uma extensão do algoritmo Glimmer original, inicialmente concebido para genomas microbianos. O GlimmerHMM utiliza HMMs treinados em genes conhecidos de uma espécie-alvo ou de espécies estreitamente relacionadas e incorpora dados experimentais, como RNA-Seq ou ESTs, para melhorar a precisão da previsão de genes.
3. **FABRICANTE:**
O MAKER é um pipeline de anotação do genoma que integra previsões ab initio com dados baseados em evidências, como ESTs, leituras de RNA-Seq e sequências de proteínas conhecidas. Utiliza vários algoritmos de previsão de genes (por exemplo, Augustus, GeneMark) e refina as previsões com base em provas de alinhamento. O MAKER é altamente flexível e suporta configurações personalizadas para diferentes espécies.

Vantagens e desafios dos métodos baseados em provas:

- **Vantagens:**
  - o Mais precisos do que os métodos ab initio, especialmente em espécies com dados transcriptómicos e

proteómicos ricos.
o É capaz de identificar eventos de splicing alternativos e isoformas, tirando partido dos dados RNA-Seq.
o Menos suscetível de produzir falsos positivos, uma vez que as previsões são apoiadas por dados empíricos.

- **Desafios:**

o Requer dados externos, que podem nem sempre estar disponíveis para organismos recentemente sequenciados.
o A qualidade e a exaustividade dos dados de RNA-Seq ou de proteínas afectam diretamente a precisão das previsões.
o A integração de múltiplas fontes de provas pode ser computacionalmente intensiva.

3. Métodos híbridos de previsão de genes

Os métodos híbridos combinam abordagens ab initio e baseadas em provas para tirar partido dos pontos fortes de ambas. O modelo ab initio gera previsões preliminares de genes, que são depois refinadas e validadas utilizando dados baseados em provas, como RNA-Seq ou alinhamentos de proteínas.

Conceitos-chave:

- **Refinamento iterativo:** Os métodos híbridos utilizam normalmente um processo iterativo em que as previsões ab initio são actualizadas com base em dados externos. Isto melhora a precisão da localização do gene e da previsão da estrutura.
- **Treino do modelo:** Muitos métodos híbridos são treinados usando dados de organismos bem anotados, permitindo-lhes generalizar as previsões em genomas recentemente sequenciados que têm estruturas genéticas semelhantes.

Algoritmos híbridos comuns:

1. **EvidenceModeler (EVM):**

O EVM combina vários métodos de previsão de genes, incluindo abordagens ab initio e baseadas em provas, num modelo de genes consensual. Pondera as contribuições de cada algoritmo com base na sua fiabilidade e funde as previsões num conjunto final de genes.

2. **Combinando Augustus com evidências de RNA-Seq:**

O Augustus, originalmente um preditor de genes ab initio, pode também integrar provas de RNA-Seq. Esta abordagem híbrida melhora a precisão das previsões de genes, orientando as previsões ab initio com provas transcriptómicas.

Vantagens dos métodos híbridos:

- **Aumento da exatidão:** Os métodos híbridos melhoram significativamente a exatidão da previsão, integrando a validação baseada em provas com a cobertura abrangente dos métodos ab initio.
- **Redução de falsos positivos:** Ao validar as previsões com dados empíricos, os métodos híbridos reduzem a probabilidade de previsões de genes falso-positivos.

A anotação do genoma e a previsão de genes são fundamentais para compreender as funções biológicas codificadas num genoma. Com os avanços nas tecnologias de sequenciação e nos algoritmos computacionais, a anotação do genoma tornou-se cada vez mais automatizada, tornando mais viáveis os projectos genómicos em grande escala.

2.4Metagenómica: perspectivas a partir de genomas ambientais

Metagenomics: Insights from Environmental Genomes oferece uma visão abrangente do campo da metagenómica, centrando-se na forma como os dados genómicos de amostras ambientais podem fornecer informações valiosas sobre as comunidades microbianas, as suas funções e as suas interações com o ambiente. O livro analisa as metodologias, os desafios e os avanços da metagenómica, destacando o seu papel transformador na microbiologia, ecologia e biotecnologia.

Visão geral da metagenómica

O livro começa por delinear os conceitos básicos da metagenómica, que se refere ao estudo do material genético recuperado diretamente de amostras ambientais. Ao contrário da microbiologia tradicional, em que os organismos são isolados e cultivados em laboratório, a metagenómica evita a necessidade de cultura. Isto permite o estudo das comunidades microbianas tal como existem na natureza, proporcionando uma compreensão mais ampla e precisa da sua diversidade e função. Os autores sublinham a importância da metagenómica para ultrapassar a "anomalia da grande contagem de placas", em que apenas uma pequena fração de micróbios pode ser cultivada em laboratório, deixando inexplorada a grande maioria da vida microbiana.

Avanços metodológicos

Uma grande parte do livro é dedicada aos avanços tecnológicos que impulsionaram a metagenómica. As tecnologias de sequenciação de elevado rendimento, como a sequenciação de nova geração (NGS), permitiram a sequenciação rápida e económica de comunidades microbianas complexas. O livro destaca as principais plataformas de sequenciação (por exemplo, Illumina, PacBio, Oxford Nanopore) e o seu papel no fornecimento de informações pormenorizadas sobre a diversidade e a função microbianas. Os autores também discutem os avanços na bioinformática, como a montagem do genoma e os algoritmos de binning, que são essenciais para o processamento da enorme quantidade de dados gerados a partir de estudos metagenómicos. O desenvolvimento de ferramentas de software como MetaPhlAn, MG-RAST e MEGAHIT é apresentado como um fator de mudança na interpretação dos dados metagenómicos.

Aplicações em ecologia e ciências do ambiente

Os autores fornecem uma visão geral da aplicação da metagenómica na ciência ambiental, mostrando o poder desta abordagem para revelar a diversidade oculta e o potencial metabólico das comunidades microbianas. Os exemplos incluem estudos do microbioma do solo, do plâncton oceânico e do microbioma do intestino humano, que beneficiaram todos de conhecimentos metagenómicos. O livro salienta a forma como a metagenómica pode fornecer pistas sobre as funções dos ecossistemas, como o ciclo de nutrientes, o sequestro de carbono e a biodegradação de poluentes. No contexto das alterações climáticas, a metagenómica ajuda a seguir a forma como as comunidades microbianas respondem às mudanças ambientais, lançando luz sobre os papéis que os micróbios desempenham tanto na atenuação como no agravamento das alterações relacionadas com o clima.

Perspectivas da genómica funcional

Um dos pontos fortes de *Metagenomics: Insights from Environmental Genomes* é o seu foco na genómica funcional - como o genoma coletivo de uma comunidade microbiana (o "metagenoma") pode revelar informações sobre as capacidades metabólicas e os papéis ecológicos dos organismos presentes. Ao examinar os genes que são expressos em vários ambientes, os investigadores podem inferir os processos biológicos em que os micróbios estão envolvidos. O livro explora estudos de casos em que a metagenómica foi utilizada para identificar novas enzimas com potencial biotecnológico, tais como as envolvidas na degradação de plásticos ou na produção de biocombustíveis. Destaca também a descoberta de vias metabólicas anteriormente desconhecidas em ambientes extremos, como as fontes hidrotermais e os sistemas de drenagem ácida de minas.

Desafios e direcções futuras

Apesar dos avanços evidentes neste domínio, o livro não se coíbe de discutir os desafios associados à metagenómica. Um dos principais desafios é a dificuldade de reunir genomas de amostras ambientais altamente complexas, onde coexistem numerosas espécies estreitamente relacionadas. A presença de "matéria negra microbiana" - micróbios não cultivados com genomas desconhecidos - complica ainda mais a interpretação dos dados. Outro desafio reside na ligação de genes a organismos específicos, especialmente nos casos em que a transferência horizontal de genes é predominante. Os autores sublinham a necessidade de melhores ferramentas computacionais e de técnicas experimentais mais robustas para ultrapassar estas limitações.

O livro também olha para o futuro da metagenómica, prevendo que os avanços contínuos nas tecnologias de sequenciação de leitura longa e genómica de célula única ajudarão a resolver muitas das limitações actuais. A integração da metagenómica com outras abordagens ómicas, tais como a metatranscriptómica, a metaproteómica e a metabolómica, é vista como uma direção promissora para alcançar uma compreensão mais holística das comunidades microbianas e das suas funções.

Implicações éticas e sociais

Por último, *Metagenomics: Insights from Environmental Genomes* aborda as implicações éticas e sociais da investigação metagenómica. Os autores discutem a forma como os dados metagenómicos, em particular os provenientes de microbiomas humanos, podem suscitar preocupações em matéria de privacidade, especialmente quando associados a informações sobre saúde. Há também uma discussão mais ampla sobre o potencial da metagenómica para impulsionar inovações biotecnológicas, que podem ter impactos de longo alcance em indústrias como a agricultura, a energia e a medicina. No entanto, o livro apela à cautela para garantir que essas inovações sejam desenvolvidas de forma responsável e que tenham em conta os impactos ecológicos e as potenciais consequências indesejadas.

Metagenomics: Insights from Environmental Genomes é um recurso completo e perspicaz para qualquer pessoa interessada na ciência de ponta da metagenómica. O livro faz um excelente trabalho ao explicar as metodologias envolvidas no campo, mostrando as suas aplicações numa vasta gama de ambientes e abordando os desafios e questões éticas que acompanham esta área de investigação em rápida evolução. É particularmente útil para investigadores, estudantes de pós-graduação e profissionais em microbiologia, ciências ambientais e biotecnologia, oferecendo tanto um guia técnico como uma reflexão ponderada sobre o futuro da metagenómica.

2.5 Sequenciação Shotgun

A sequenciação "shotgun" é um método amplamente utilizado em genómica que consiste em dividir aleatoriamente sequências de ADN em numerosos fragmentos pequenos, sequenciá-los e, em seguida, reunir esses fragmentos para reconstruir a sequência original. Esta técnica é fundamental para a sequenciação moderna de genomas, particularmente para genomas grandes e complexos, porque permite a sequenciação rápida e abrangente de genomas inteiros. Aqui está uma análise aprofundada da sequenciação shotgun, que abrange a sua metodologia, aplicações, vantagens, limitações e o seu papel na transformação da genómica.

1. Visão geral da sequenciação Shotgun

A sequenciação Shotgun foi inicialmente desenvolvida no final do século XX, revolucionando a forma como os cientistas abordavam a sequenciação de grandes genomas, como os de bactérias, plantas e mesmo humanos. O método envolve a fragmentação do ADN alvo em muitos segmentos pequenos e sobrepostos. Estes fragmentos são depois sequenciados individualmente e são utilizados algoritmos computacionais para juntar as sequências, como se se tratasse da resolução de um puzzle. Esta abordagem contrasta com métodos anteriores, como a **sequenciação hierárquica**, em que grandes regiões genómicas eram mapeadas antes de serem sequenciadas.

Na sequenciação shotgun, o nome "shotgun" refere-se à natureza aleatória do processo de fragmentação, em que todo o genoma é "disparado" em fragmentos aleatórios, permitindo uma sequenciação paralela e de elevado rendimento do genoma.

2. Metodologia

O processo de sequenciação shotgun envolve geralmente os seguintes passos:

A. Fragmentação do ADN

O genoma é fragmentado aleatoriamente em pedaços mais pequenos e manejáveis, normalmente através de cisalhamento mecânico (sonicação ou nebulização) ou digestão enzimática. Nesta fase, as grandes moléculas de ADN são divididas em pedaços que variam entre algumas centenas e vários milhares de pares de bases.

B. Preparação da biblioteca

O ADN fragmentado é então preparado para sequenciação através da adição de sequências adaptadoras às extremidades de cada fragmento. Estes adaptadores ajudam a fixar o ADN à plataforma de sequenciação e permitem a amplificação dos fragmentos, melhorando o rendimento dos dados de sequenciação. É criada uma biblioteca de fragmentos de ADN, que representa o genoma inteiro em pedaços mais pequenos.

C. Sequenciação

Cada fragmento da biblioteca é sequenciado utilizando plataformas de sequenciação de elevado rendimento. Historicamente, **a sequenciação Sanger** era utilizada para este fim, mas os métodos mais recentes baseiam-se em tecnologias **de sequenciação de nova geração (NGS)**, como a **Illumina** ou **a Pacific Biosciences** (PacBio). Estas plataformas podem sequenciar milhões de fragmentos em paralelo, produzindo grandes quantidades de dados.

D. Montagem da sequência

Uma vez concluída a sequenciação, as leituras curtas são montadas computacionalmente numa sequência contínua. Pode ser utilizada a montagem **de novo** (montagem sem um genoma de referência) ou **a montagem guiada por referência** (montagem utilizando um genoma de referência conhecido). As regiões sobrepostas dos fragmentos servem de guias para alinhar e fundir as sequências. Ferramentas de software como **SPAdes**, **Velvet** e **SOAPdenovo** são normalmente utilizadas para montar genomas a partir de dados shotgun.

E. Preenchimento de lacunas e andaimes

Após a montagem inicial, algumas regiões do genoma podem ainda permanecer por montar devido à baixa cobertura ou a sequências repetitivas. Os algoritmos de scaffolding tentam ligar os contigs (sequências contíguas) utilizando dados de sequenciação de extremidades emparelhadas ou de pares de sequências. Em alguns casos, pode ser necessária uma sequenciação direcionada de lacunas (preenchimento de lacunas) ou rondas adicionais de sequenciação shotgun para completar a montagem.

3. Aplicações da sequenciação Shotgun

A sequenciação Shotgun tem inúmeras aplicações numa vasta gama de domínios científicos:

A. Sequenciação do genoma completo (WGS)

A sequenciação "shotgun" é fundamental para a sequenciação de todo o genoma, especialmente em projectos como o Projeto Genoma Humano e muitas iniciativas genómicas em grande escala. A fragmentação aleatória do ADN permite uma cobertura abrangente do genoma, incluindo as regiões codificantes e não codificantes.

B. Metagenómica

A sequenciação Shotgun revolucionou o campo da **metagenómica**, em que comunidades microbianas complexas de amostras ambientais (por exemplo, solo, oceanos, intestino humano) são sequenciadas sem cultura de organismos individuais. Ao sequenciar todo o ADN presente numa amostra, os investigadores podem identificar milhares de espécies e analisar o potencial genético de ecossistemas inteiros.

C. Deteção de agentes patogénicos e rastreio de surtos

Na saúde pública, a sequenciação shotgun é utilizada para sequenciar rapidamente os genomas dos agentes patogénicos durante os surtos. Comparando os genomas dos agentes patogénicos, os investigadores podem rastrear as origens das infecções, identificar mutações que conferem resistência aos medicamentos e seguir a propagação das doenças.

D. Genómica comparativa

Os estudos de genómica comparativa baseiam-se fortemente na sequenciação shotgun para examinar as semelhanças e diferenças entre espécies. Esta técnica permite a identificação de genes conservados, elementos reguladores e padrões evolutivos entre organismos.

E. Medicina personalizada

Na era da medicina de precisão, a sequenciação por shotgun do genoma de um indivíduo permite a identificação de mutações genéticas, variações e biomarcadores associados a doenças. Esta informação pode orientar estratégias de tratamento personalizadas, especialmente na genómica do cancro e na farmacogenómica.

4. Vantagens da sequenciação Shotgun

A. Elevado rendimento e velocidade

A sequenciação "shotgun" pode gerar grandes quantidades de dados de sequenciação num período relativamente curto. As plataformas NGS, em particular, podem sequenciar milhões de fragmentos em paralelo, tornando a técnica altamente eficiente para projectos de grande escala.

B. Cobertura abrangente

Ao fragmentar aleatoriamente o genoma, a sequenciação shotgun garante que todo o genoma é coberto, incluindo as regiões difíceis de sequenciar. Esta aleatoriedade proporciona uma cobertura imparcial, capturando tanto as regiões codificantes como as não codificantes.

C. Flexibilidade

A sequenciação Shotgun é aplicável a uma grande variedade de organismos e tipos de amostras. Pode ser utilizada para sequenciação de todo o genoma, metagenómica ou projectos de sequenciação orientada, o que a torna uma ferramenta versátil na investigação genómica.

D. Não são necessários conhecimentos prévios

Ao contrário de outras abordagens de sequenciação (por exemplo, métodos baseados em hibridação), a sequenciação shotgun não requer um conhecimento prévio do genoma que está a ser sequenciado. Isto é particularmente valioso para sequenciar organismos com genomas desconhecidos ou mal caracterizados.

5. Limitações da sequenciação Shotgun

Apesar das suas vantagens, a sequenciação shotgun também apresenta vários desafios:

A. Complexidade dos dados e desafios de montagem

O grande volume de leituras curtas geradas pela sequenciação shotgun pode ser difícil de montar, particularmente em genomas com elevado teor de repetições ou estruturas complexas (por exemplo, genomas eucarióticos). As regiões repetitivas podem causar erros de montagem, conduzindo a lacunas ou erros na sequência final.

B. Conjuntos incompletos

No caso de genomas grandes e altamente repetitivos, a sequenciação shotgun pode, por si só, não fornecer informações suficientes para montar completamente o genoma. Este facto conduz frequentemente a montagens fragmentadas com muitas lacunas não resolvidas. Por vezes, são necessárias tecnologias de sequenciação de leitura longa (por exemplo, PacBio, Oxford Nanopore) para resolver estas regiões.

C. Recursos informáticos

A sequenciação shotgun produz conjuntos de dados maciços que requerem recursos computacionais significativos para armazenamento, processamento e montagem. Algoritmos de montagem eficientes e computação de alto desempenho são essenciais para gerir e analisar os dados de forma eficaz. **D. Custo**

Embora o custo da sequenciação tenha baixado significativamente nos últimos anos, a sequenciação shotgun, em particular para genomas de grandes dimensões, pode ainda ser dispendiosa. A própria sequenciação, juntamente com a infraestrutura computacional necessária para a montagem, aumenta o custo global.

6. Melhorias e inovações na sequenciação Shotgun

Várias inovações melhoraram a eficiência e a precisão da sequenciação shotgun:

A. Tecnologias de sequenciação de leitura longa

As plataformas tradicionais de sequenciação shotgun, como a Illumina, produzem leituras curtas (por exemplo, 150-300 pb), o que pode complicar o processo de montagem. As tecnologias de leitura longa, como a **PacBio** e **a Oxford Nanopore**, produzem leituras muito mais longas (até dezenas de kilobases), permitindo uma melhor resolução de regiões complexas, como repetições e variações estruturais. A combinação de dados de leitura longa e de leitura curta numa abordagem de montagem híbrida tem-se tornado cada vez mais comum.

B. Sequenciação de terceira geração

As tecnologias de sequenciação de terceira geração permitem a sequenciação em tempo real com leituras mais longas e taxas de erro mais baixas. Estes avanços ajudam a ultrapassar muitas das limitações da sequenciação shotgun de leitura curta, especialmente para montagens de genomas de novo.

C. Algoritmos de montagem melhorados

Foram desenvolvidos novos algoritmos de montagem, como o **SPAdes**, **o Canu** e o **Flye**, para lidar com conjuntos de dados grandes e complexos de forma mais eficiente. Estes algoritmos melhoram a qualidade das montagens do genoma, em particular quando emparelhados com dados de sequenciação de leitura longa.

7. Impacto da sequenciação por projétil na genómica

A sequenciação "shotgun" teve um impacto profundo na genómica, acelerando as descobertas em vários campos biológicos. Desempenhou um papel fundamental em projectos de referência como o Projeto Genoma Humano e impulsionou avanços em áreas como a microbiologia, a ecologia e a medicina personalizada. Ao tornar a sequenciação do genoma completo mais acessível e escalável, a sequenciação shotgun permitiu aos investigadores explorar as bases genéticas da vida com um detalhe sem precedentes.

A sequenciação Shotgun revolucionou a genómica ao proporcionar uma forma rápida, eficiente e abrangente de sequenciar genomas inteiros. As suas aplicações estendem-se desde a sequenciação de todo o genoma e metagenómica até à deteção de agentes patogénicos e medicina personalizada. Embora subsistam desafios, como a gestão de sequências repetitivas e de grandes conjuntos de dados, os avanços nas tecnologias de sequenciação de leitura longa e na bioinformática continuam a aumentar a precisão e a eficiência da sequenciação shotgun. À medida que os custos da sequenciação diminuem e as ferramentas computacionais melhoram, a sequenciação shotgun continuará a desempenhar um papel central na revelação das complexidades do genoma e na promoção de inovações na biologia e na medicina

2.6. Análise de comunidades microbianas complexas

As comunidades microbianas, que consistem em bactérias, archaea, vírus, fungos e outros microrganismos, desempenham papéis críticos numa grande variedade de ambientes, desde o corpo humano a ecossistemas extremos. A compreensão destas comunidades implica não só a identificação dos micróbios presentes, mas também a caraterização das suas interações, funções e contribuições para o ambiente circundante. Esta revisão centra-se nas metodologias, desafios, avanços e implicações da análise de comunidades microbianas complexas, frequentemente designada por **análise do microbioma**.

1. Importância da análise das comunidades microbianas

As comunidades microbianas têm impacto em quase todos os ecossistemas da Terra. Na saúde humana, o microbioma intestinal é crucial para a digestão, a função imunitária e até a saúde mental. Em ambientes naturais, os micróbios são responsáveis pelo ciclo de nutrientes, decomposição e degradação de poluentes. A análise destas comunidades ajuda a descobrir de que forma a diversidade microbiana contribui para a estabilidade e funcionalidade dos ecossistemas. Os conhecimentos adquiridos com estes estudos podem também ser aplicados em biotecnologia, agricultura, ciências ambientais e medicina.

No entanto, a complexidade das comunidades microbianas coloca desafios significativos aos investigadores. As técnicas microbiológicas tradicionais, que se baseiam na cultura de espécies individuais, não conseguem captar toda a diversidade destas comunidades, uma vez que a maioria dos micróbios não é facilmente cultivada. Por conseguinte, as abordagens modernas, nomeadamente as tecnologias de sequenciação do ADN e as ferramentas bioinformáticas, tornaram-se essenciais para o estudo de ecossistemas microbianos complexos.

2. Metodologias de análise de comunidades microbianas

A. Sequenciação do gene 16S rRNA

O método mais comummente utilizado para estudar comunidades microbianas é a **sequenciação do gene 16S rRNA**. O gene do ARN ribossómico 16S é altamente conservado entre bactérias e arqueias, o que o torna um marcador ideal para a análise filogenética. Este método permite aos investigadores identificar e quantificar os membros bacterianos e arqueanos de uma comunidade sem necessidade de cultura.

Etapas da sequenciação do rRNA 16S:

- **Extração de ADN:** O ADN é extraído da comunidade microbiana presente numa amostra ambiental (por exemplo, solo, água, intestino humano).
- **Amplificação por PCR:** Regiões específicas do gene 16S rRNA são amplificadas por PCR com primers universais. Este passo enriquece o ADN microbiano na amostra.
- **Sequenciação:** O ADN amplificado é sequenciado utilizando plataformas de sequenciação de elevado rendimento, normalmente **Illumina** ou **Ion Torrent**.
- **Análise de dados:** Os dados das sequências são processados utilizando ferramentas de bioinformática para agrupar as sequências em **Unidades Taxonómicas Operacionais (OTUs)** ou **Variantes de Sequência de Amplicon (ASVs)**, que representam diferentes taxa microbianos.

Vantagens da sequenciação do rRNA 16S:

- **Elevado rendimento:** Milhares de amostras podem ser sequenciadas simultaneamente, proporcionando uma visão geral da diversidade microbiana.
- **Rentável:** Este método é relativamente económico, permitindo a realização de estudos em grande escala.
- **Perceção filogenética:** O gene 16S contém regiões variáveis que fornecem uma resolução filogenética para identificar micróbios até ao nível do género.

Limitações:

- **Resolução taxonómica:** A sequenciação 16S geralmente não consegue resolver distinções ao nível das espécies devido à natureza conservada do gene.
- **Perceção funcional:** fornece informações sobre "quem está presente", mas não sobre "o que estão a fazer" ou sobre os seus papéis funcionais na comunidade.

B. Metagenómica

Para ultrapassar as limitações da sequenciação 16S, **a metagenómica** surgiu como uma abordagem poderosa para estudar as comunidades microbianas. A metagenómica envolve
sequenciando todo o material genético de uma amostra, fornecendo informações sobre a composição taxonómica e o potencial funcional.

Etapas da Metagenómica:

- **Extração de ADN:** Tal como na sequenciação 16S, o ADN é extraído da amostra ambiental.
- **Sequenciação Shotgun:** Em vez de se concentrar num único gene, a metagenómica utiliza **a sequenciação shotgun**, em que todo o genoma de todos os micróbios da amostra é fragmentado e sequenciado.
- **Montagem e anotação:** Os dados da sequência são montados utilizando ferramentas computacionais. Os genes são então anotados com base em bases de dados de referência para prever as funções metabólicas e as vias codificadas nos genomas microbianos.

Vantagens da Metagenómica:

- **Potencial funcional:** A metagenómica permite aos investigadores investigar as capacidades metabólicas de uma comunidade microbiana, tais como genes de resistência a antibióticos, fixação de azoto ou degradação de hidratos de carbono.
- **Resolução taxonómica:** A identificação ao nível da espécie é possível, particularmente quando se utilizam genomas de referência de alta qualidade ou genomas montados em metagenoma (MAGs).
- **Descoberta de novos genes:** A metagenómica conduz frequentemente à descoberta de novos genes e vias metabólicas que eram anteriormente desconhecidos.

Limitações:

- **Custo e complexidade:** A metagenómica requer uma maior profundidade de sequenciação, recursos computacionais mais elevados e pipelines de análise mais sofisticados em comparação com a sequenciação 16S.
- **Montagens incompletas:** Em comunidades complexas com espécies estreitamente relacionadas, a montagem do genoma pode ser difícil, levando a reconstruções fragmentadas ou incompletas do genoma.

C. Metatranscriptómica

Enquanto a metagenómica fornece informações sobre o potencial funcional de uma comunidade microbiana, **a metatranscriptómica** centra-se nos genes que estão a ser ativamente expressos. Ao sequenciar o ARN da comunidade (em vez do ADN), os investigadores podem examinar as actividades funcionais dos micróbios em tempo real.

Etapas da metatranscriptómica:

- **Extração de ARN:** O ARN é extraído da amostra, o que representa as transcrições de genes ativamente expressos.

- **Transcrição reversa e sequenciação:** O ARN é convertido em ADN complementar (cDNA) e sequenciado.
- **Análise de dados:** As leituras de sequenciação são mapeadas para bases de dados de genes para identificar vias metabólicas activas e níveis de expressão de genes.

Vantagens da metatranscriptómica:

- **Atividade funcional em tempo real:** Ao contrário da metagenómica, que apenas mostra o potencial, a metatranscriptómica revela quais as funções que estão a ser ativamente executadas na comunidade no momento da amostragem.
- **Percepções dinâmicas:** Permite aos investigadores estudar a forma como as comunidades microbianas respondem a alterações no seu ambiente, tais como mudanças de temperatura ou disponibilidade de nutrientes.

Limitações:

- **Estabilidade do ARN:** O ARN é menos estável do que o ADN, o que torna o seu manuseamento mais difícil. A preservação e o processamento cuidadosos das amostras são necessários para evitar a degradação.
- **Custo:** A metatranscriptómica é mais dispendiosa e requer uma sequenciação profunda para captar toda a amplitude da expressão genética em comunidades complexas.

D. Metaproteómica

A metaproteómica centra-se na análise das proteínas presentes numa comunidade microbiana. Esta abordagem pode fornecer informações sobre as funções bioquímicas reais que estão a ser executadas pela comunidade, oferecendo uma medida direta da atividade.

Etapas da Metaproteómica:

- **Extração de proteínas:** As proteínas são extraídas da comunidade microbiana da amostra.
- **Espectrometria de massa:** As proteínas são digeridas em péptidos, que são depois analisados por espetrometria de massa.
- **Análise de dados:** As sequências de péptidos são mapeadas para bases de dados de proteínas, permitindo aos investigadores identificar proteínas e inferir os seus papéis funcionais.

Vantagens da Metaproteómica:

- **Perceção funcional direta:** A metaproteómica fornece provas diretas das proteínas que estão a funcionar ativamente na comunidade microbiana.
- **Atividade bioquímica:** Ao identificar enzimas e outras proteínas funcionais, os investigadores podem inferir os processos bioquímicos específicos que ocorrem na comunidade.

Limitações:

- **Baixa sensibilidade:** A deteção de proteínas de baixa abundância em comunidades microbianas complexas pode ser difícil.
- **Bases de dados incompletas:** As bases de dados de proteínas são frequentemente incompletas para muitas espécies microbianas, o que limita a capacidade de identificar com confiança todas as proteínas.

E. Metabolómica

A metabolómica analisa as pequenas moléculas (metabolitos) produzidas pelas comunidades microbianas. Estes metabolitos podem fornecer informações sobre a atividade bioquímica da comunidade, nomeadamente em relação ao ciclo de nutrientes, à produção de energia e às interações com o ambiente ou o hospedeiro.

Etapas da Metabolómica:

- **Extração de Metabolitos:** As pequenas moléculas são extraídas da amostra através de vários métodos químicos.
- **Espectrometria de massa ou RMN:** Os metabolitos são identificados e quantificados utilizando técnicas como a **espetrometria de massa** ou **a ressonância magnética nuclear (RMN)**.
- **Análise de dados:** Os perfis de metabolitos resultantes são analisados e mapeados para vias metabólicas.

Vantagens da Metabolómica:

- **Percepções funcionais:** A metabolómica fornece uma medida direta dos resultados bioquímicos da atividade microbiana.
- **Interações hospedeiro-micróbio:** Nos estudos de saúde humana, a metabolómica pode ajudar a elucidar a forma como as comunidades microbianas influenciam o hospedeiro através da produção de moléculas bioactivas.

Limitações:

- **Complexidade dos dados:** A diversidade química dos metabolitos é vasta e as actuais bases de dados de metabolitos não são exaustivas, o que dificulta a identificação de todas as moléculas.

- **Variabilidade temporal:** Os níveis de metabolitos podem flutuar rapidamente, exigindo uma amostragem cuidadosa para captar dados relevantes.

3. Desafios na análise de comunidades microbianas complexas

A. Diversidade microbiana

Um dos principais desafios na análise de comunidades microbianas é a enorme diversidade de micróbios presentes na maioria dos ambientes. Muitas comunidades são dominadas por um pequeno número de espécies, mas a maioria das espécies é rara, o que torna difícil a sua deteção com métodos de sequenciação convencionais. A captação de toda a extensão da diversidade exige uma sequenciação profunda e ferramentas bioinformáticas sensíveis.

B. Complexidade da amostra

As amostras ambientais contêm frequentemente não só micróbios, mas também ADN do hospedeiro (no caso de microbiomas associados ao hospedeiro), contaminantes e outros materiais estranhos. O isolamento do ADN ou ARN microbiano dessas amostras sem contaminação constitui um desafio técnico significativo.

C. Interpretação dos dados funcionais

Embora ferramentas como a metagenómica, a metatranscriptómica e a metabolómica forneçam informações funcionais, a interpretação destes dados para compreender plenamente as interações microbianas e o funcionamento dos ecossistemas é complexa. A ligação de genes a espécies microbianas específicas ou a compreensão dos mecanismos reguladores que controlam a expressão genética requerem frequentemente experiências adicionais e a integração de dados.

D. Recursos informáticos

A análise de conjuntos de dados maciços gerados por estudos metagenómicos, metatranscriptómicos ou metabolómicos exige recursos computacionais avançados e sofisticados pipelines bioinformáticos. A montagem do genoma, a anotação funcional e a reconstrução das vias metabólicas são processos computacionalmente intensivos, que exigem frequentemente o acesso a infra-estruturas de computação de elevado desempenho.

4. Avanços recentes na análise de comunidades microbianas

Vários avanços recentes melhoraram a capacidade de analisar comunidades microbianas complexas:

A. Sequenciação de leitura longa

As tecnologias tradicionais de sequenciação de leitura curta (por exemplo, Illumina) produzem leituras que são frequentemente demasiado curtas para resolver espécies microbianas estreitamente relacionadas. As tecnologias **de sequenciação de leitura longa**, como a **PacBio** e **a Oxford Nanopore**, fornecem leituras muito mais longas, permitindo uma melhor resolução dos genomas microbianos, especialmente em comunidades complexas com elevados níveis de diversidade de estirpes.

B. Genómica de célula única

A genómica de célula única permite aos investigadores sequenciar os genomas de células microbianas individuais de uma comunidade, fornecendo informações de alta resolução sobre a diversidade microbiana e o potencial funcional. Esta abordagem é particularmente útil para estudar micróbios raros ou não cultiváveis que podem ser negligenciados em abordagens de sequenciação em massa. **C. Genómica funcional baseada em CRISPR**

A tecnologia CRISPR foi adaptada para utilização em estudos de genómica funcional, permitindo aos investigadores eliminar genes específicos em comunidades microbianas e estudar os seus efeitos na estrutura e função da comunidade. Esta abordagem tem o potencial de ligar genes específicos a funções a nível da comunidade, fornecendo conhecimentos mecanicistas sobre as interações microbianas.

D. Aprendizagem automática e IA

À medida que os conjuntos de dados gerados pelos estudos do microbioma aumentam de tamanho e complexidade, a aprendizagem automática e a inteligência artificial (IA) estão a ser cada vez mais utilizadas para analisar dados microbianos. Estas ferramentas podem identificar padrões nos dados que podem não ser aparentes utilizando métodos estatísticos tradicionais, fornecendo novas perspectivas sobre as interações microbianas e a dinâmica dos ecossistemas.

5. Direcções futuras na análise de comunidades microbianas

O futuro da análise das comunidades microbianas será provavelmente impulsionado pela integração de múltiplas tecnologias ómicas (por exemplo, metagenómica, metatranscriptómica e metabolómica) com abordagens computacionais avançadas. Ao combinar dados de diferentes níveis de atividade microbiana (por exemplo, expressão genética, produção de proteínas e síntese de metabolitos), os investigadores podem construir modelos mais abrangentes de ecossistemas microbianos.

Além disso, métodos melhorados para estudar as interações hospedeiro-micróbio, particularmente no microbioma humano, serão cruciais para o avanço da medicina personalizada. À medida que os investigadores compreendem melhor a forma como o microbioma afecta a saúde e a doença, as terapias baseadas no microbioma (por exemplo, probióticos, prebióticos e transplantes de microbioma) podem tornar-se mais comuns na prática clínica.

A análise de comunidades microbianas complexas é essencial para compreender o papel que os micróbios desempenham nos ecossistemas, na saúde humana e na biotecnologia. Os avanços nas tecnologias de sequenciação, bioinformática e biologia de sistemas tornaram possível explorar a diversidade e a função microbianas com um pormenor sem precedentes. No entanto, continuam a existir desafios, em particular na montagem de genomas complexos, na interpretação de dados funcionais e na compreensão das interações microbianas. À medida que o campo continua a evoluir, a integração de múltiplas tecnologias ómicas e a aplicação de ferramentas computacionais avançadas permitirão obter conhecimentos mais profundos sobre o mundo microbiano e o seu impacto no ambiente e na saúde humana.

2.7. Genómica comparativa e filogenómica

A genómica comparativa e a filogenómica são dois campos de estudo interligados que utilizam dados genómicos para analisar as relações evolutivas entre organismos e para compreender as diferenças funcionais e estruturais entre genomas. Estas abordagens transformaram a nossa compreensão da biologia, permitindo aos investigadores explorar a diversidade genética, a história evolutiva e os mecanismos subjacentes que determinam a variação fenotípica. Em seguida, analisamos as definições, metodologias, aplicações e direcções futuras da genómica comparativa e da filogenómica. **1. Genómica comparativa**

Definição: A genómica comparativa é o campo da biologia que envolve a comparação dos genomas de diferentes espécies para identificar semelhanças e diferenças no seu conteúdo genético, organização e função. Este campo tem como objetivo descobrir as relações evolutivas, as funções dos genes e a base genética da variação fenotípica.

A. Metodologias em Genómica Comparativa

1. **Sequenciação do genoma:**

o As tecnologias de sequenciação de alto rendimento (por exemplo, Illumina, PacBio) são utilizadas para obter as sequências genómicas completas de vários organismos.

2. **Anotação:**

o Os genomas são anotados para identificar genes, elementos reguladores e outros elementos funcionais. A anotação pode ser efectuada utilizando ferramentas como **AUGUSTUS**, **GeneMark** ou **BLAST** para previsão funcional.

3. **Alinhamentos:**

o Os alinhamentos de sequências múltiplas são efectuados para comparar genes homólogos em espécies diferentes. Podem ser utilizadas ferramentas como o **MUSCLE**, **Clustal Omega** ou **MAFFT** para alinhar sequências.

4. **Análise de Síntese:**

o A sintenia refere-se à ordem conservada dos genes nos cromossomas de diferentes espécies. A análise da sintenia pode revelar relações evolutivas e conservação de genes.

5. **Genómica funcional:**

o A genómica comparativa integra dados de outros domínios, como a transcriptómica, a proteómica e a metabolómica, para correlacionar diferenças genómicas com variações funcionais.

B. Aplicações da genómica comparativa

1. **Compreender a evolução:**

o Ao comparar genomas, os investigadores podem inferir relações evolutivas, traçar a divergência de linhagens e estimar os tempos de divergência entre espécies.

2. **Identificação de genes conservados:**

o A genómica comparativa permite a identificação de genes conservados e de elementos reguladores que são cruciais para os processos biológicos fundamentais.

3. **Anotação funcional:**

o Facilita a anotação funcional de genomas recentemente sequenciados, identificando genes homólogos em organismos bem caracterizados.

4. **Estudar a doença:**

o A genómica comparativa é utilizada para identificar variações genéticas associadas a doenças, permitindo a descoberta de potenciais biomarcadores e alvos terapêuticos.

5. **Biotecnologia agrícola:**

o No melhoramento das culturas, a genómica comparativa ajuda a identificar genes associados a caraterísticas desejáveis (por exemplo, resistência a doenças, rendimento) em diferentes espécies de plantas.

2. Filogenómica

Definição: A filogenómica é a aplicação de dados genómicos para reconstruir relações evolutivas e árvores filogenéticas entre espécies. Centra-se na utilização de informações genómicas em grande escala para fornecer informações sobre a história evolutiva e as relações dos organismos.

A. Metodologias em filogenómica

1. **Recolha de dados:**

o A filogenómica baseia-se na sequenciação de múltiplos genomas de várias espécies. Pode ser utilizada a sequenciação de todo o genoma ou a sequenciação orientada de famílias de genes específicos.

2. **Gene Family Construction:**

o Os investigadores identificam famílias de genes nas espécies, concentrando-se frequentemente em ortólogos (genes de espécies diferentes que evoluíram a partir de um antepassado comum) e parálogos (genes relacionados por duplicação num genoma).

3. **Construção de árvores filogenéticas:**

o As árvores filogenéticas são construídas utilizando vários algoritmos, tais como a **máxima verosimilhança, a inferência Bayesiana** ou métodos **de união de vizinhos**. São normalmente utilizados pacotes de software como **RAxML, IQ-TREE** e **MrBayes.**

4. **Deteção de sinais filogenéticos:**

o São utilizados métodos estatísticos para avaliar o sinal filogenético presente nos dados, determinando se a variação genética reflecte relações evolutivas.

5. **Análise da transferência horizontal de genes (HGT):**

o A filogenómica pode identificar casos de transferência horizontal de genes, em que os genes são transferidos entre organismos em vez de serem herdados de um antepassado comum, o que complica as interpretações filogenéticas tradicionais.

B. Aplicações da filogenómica

1. **Resolução de relações taxonómicas:**

o A filogenómica fornece uma imagem mais precisa das relações evolutivas entre organismos, especialmente nos casos em que os métodos tradicionais podem produzir resultados ambíguos.

2. **Estudo dos processos evolutivos:**

o Permite aos investigadores estudar processos evolutivos como a especiação, a perda de genes e o ganho de genes, lançando luz sobre os mecanismos que conduzem à biodiversidade.

3. **Compreender as adaptações funcionais:**

o Ao analisar a história evolutiva de famílias de genes específicos, a filogenómica pode ajudar a identificar adaptações genéticas a diferentes ambientes ou estilos de vida.

4. **Evolução das caraterísticas:**

o Os investigadores podem investigar a evolução de caraterísticas específicas correlacionando dados filogenéticos com caraterísticas fenotípicas, o que permite compreender a evolução de caraterísticas complexas.

5. **Genómica Antiga:**

o A filogenómica pode ser aplicada ao estudo de genomas antigos, permitindo aos investigadores reconstruir os genomas de espécies extintas e compreender as suas relações com os organismos existentes.

3. Genómica comparativa vs. filogenómica

Embora a genómica comparativa e a filogenómica partilhem objectivos comuns na compreensão das relações evolutivas, diferem no seu enfoque:

- **A Genómica Comparativa** enfatiza a comparação de caraterísticas genómicas em várias espécies para compreender as diferenças funcionais, a conservação evolutiva e a base genética das caraterísticas.
- **A filogenómica** centra-se na reconstrução das histórias evolutivas e das relações entre organismos com base em dados genómicos, utilizando frequentemente árvores filogenéticas para representar essas relações.

4. Desafios da genómica comparativa e da filogenómica

1. **Complexidade dos dados:**

o O volume e a complexidade dos dados genómicos podem colocar desafios significativos na análise, exigindo recursos computacionais avançados e ferramentas de bioinformática.

2. **Genomas incompletos:**

o Genomas incompletos ou mal anotados podem impedir comparações exactas e reconstruções filogenéticas, levando a conclusões tendenciosas.

3. **Transferência horizontal de genes:**

o A ocorrência de transferência horizontal de genes pode complicar as interpretações filogenéticas, uma vez que esbate as linhas de descendência entre organismos.

4. **Taxas evolutivas:**

o Diferentes taxas de evolução entre linhagens podem afetar a precisão das árvores filogenéticas, particularmente quando se utilizam dados de um único gene que podem não representar a evolução global do genoma.

5. Direcções futuras

1. **Integração de dados multi-ómicos:**

o A integração da genómica com a transcriptómica, a proteómica e a metabolómica permitirá uma compreensão mais abrangente dos processos evolutivos e da diversidade funcional.

2. **Avanços nas Tecnologias de Sequenciação:**

o As melhorias nas tecnologias de sequenciação (por exemplo, sequenciação de leitura longa) permitirão conjuntos de genomas mais precisos e completos, facilitando melhores análises comparativas e filogenómicas.

3. **Aprendizagem automática em genómica:**

o As abordagens de aprendizagem automática estão a ser cada vez mais aplicadas à análise de dados genómicos, melhorando a capacidade de identificar padrões e relações em grandes conjuntos de dados.

4. **Exploração da Genómica Microbiana:**

o À medida que os genomas microbianos se tornam mais acessíveis, a genómica comparativa e a filogenómica desempenharão um papel crucial na compreensão da diversidade, ecologia e evolução microbianas.

A genómica comparativa e a filogenómica são ferramentas poderosas da biologia moderna que utilizam dados genómicos para descobrir relações evolutivas e diversidade funcional entre organismos. Estes domínios estão em constante evolução, impulsionados por avanços nas tecnologias de sequenciação, métodos computacionais e abordagens interdisciplinares. medida que a nossa compreensão dos genomas se for aprofundando, a genómica comparativa e a filogenómica continuarão a fornecer informações valiosas sobre as complexidades da vida na Terra.

2.8. Abordagens genómicas comparativas

A genómica comparativa é um domínio essencial da biologia que se centra na comparação dos genomas de diferentes organismos para compreender as suas semelhanças e diferenças. Esta disciplina fornece informações sobre as relações evolutivas, as funções dos genes, a organização do genoma e a base genética das variações fenotípicas. Segue-se uma análise exaustiva das principais abordagens da genómica comparativa, incluindo metodologias, ferramentas, aplicações, desafios e direcções futuras.

1. Principais abordagens em genómica comparativa

A. Anotação e comparação de genomas

1. **Anotação do genoma:**

o **Definição:** A anotação do genoma envolve a identificação e rotulagem dos elementos funcionais de um genoma, incluindo genes, sequências reguladoras e outras caraterísticas genómicas.

o **Ferramentas:** As ferramentas comuns para a anotação do genoma incluem **AUGUSTUS**, **GeneMark** e **Glimmer**.

o **Passos:**

- **Previsão de genes:** Identificação de genes codificadores de proteínas e RNAs não codificadores usando algoritmos que prevêem estruturas de genes com base em caraterísticas de sequência.
- **Anotação funcional:** Associar genes previstos a funções conhecidas utilizando bases de dados como **UniProt**, **Gene Ontology (GO)** e **KEGG**.

2. **Análise comparativa do genoma:**

o **Métodos:** Comparação de genomas anotados usando:

- **Análise de Sintonia:** Identificação de arranjos de genes conservados em diferentes espécies para inferir relações evolutivas.
- **Análise da ordem dos genes:** Investigar a preservação ou rearranjo da ordem dos genes em genomas relacionados.
- **Gráficos de pontos:** Visualização de semelhanças e diferenças genómicas através da representação gráfica de um genoma em relação a outro para identificar regiões de conservação e divergência.

B. Análise filogenética

1. **Construção de árvores genéticas:**

o **Definição:** As árvores genéticas descrevem as relações evolutivas de genes específicos em diferentes espécies.

o **Métodos:**

- **Identificação de ortólogos:** Identificação de genes em diferentes espécies que tiveram origem num antepassado comum (ortólogos) utilizando ferramentas como o **OrthoFinder** ou **o InParanoid.**
- **Reconstrução de árvores filogenéticas:** Construção de árvores filogenéticas utilizando métodos como a **máxima verosimilhança, a inferência Bayesiana** ou **a junção de vizinhos** para visualizar relações evolutivas baseadas em sequências de genes.

2. **Filogenómica do genoma completo:**

o **Definição:** Esta abordagem envolve a utilização de sequências de todo o genoma para construir árvores filogenéticas, oferecendo uma visão mais abrangente das relações evolutivas.

o **Ferramentas:** Software como o **RAxML, IQ-TREE** e **ASTRAL** são normalmente utilizados para a inferência de árvores a partir de dados genómicos.

o **Aplicações:** A filogenómica do genoma completo pode resolver histórias evolutivas complexas, particularmente em casos de radiação rápida ou hibridação.

C. Genómica funcional

1. **Genómica funcional comparativa:**

o **Definição:** Esta abordagem compara as funções dos genes entre espécies para inferir a conservação ou divergência funcional.

o **Métodos:**

- **Análise da expressão genética:** Utilização da sequenciação de ARN (RNA- Seq) para comparar os níveis de transcritos entre espécies e identificar padrões de expressão conservados ou divergentes.
- **Análise de domínios de proteínas:** Investigar a presença e a conservação de domínios proteicos (utilizando ferramentas como **Pfam** e **InterPro**) para compreender as semelhanças funcionais.

2. **Comparação de fenótipos mutantes:**

o **Definição:** Comparação de alterações fenotípicas resultantes de mutações genéticas entre espécies para inferir o papel funcional de genes específicos.

o **Métodos:** Os estudos de knockout ou knockdown de genes podem ser efectuados em organismos modelo para elucidar as funções dos genes e comparar os resultados entre espécies.

D. Genómica estrutural

1. **Genómica estrutural comparativa:**

o **Definição:** Esta abordagem analisa as estruturas tridimensionais de proteínas e outras macromoléculas para inferir relações funcionais.

o **Métodos:**

- **Previsão da estrutura das proteínas:** Ferramentas como o **SWISS-MODEL** e o **Rosetta** podem prever estruturas de proteínas com base em sequências homólogas.
- **Alinhamento estrutural:** Comparação de estruturas de proteínas homólogas utilizando ferramentas como **CE** (Combinatorial Extension) ou **DALI** para identificar caraterísticas conservadas críticas para a função.

2. Ferramentas e tecnologias em genómica comparativa

1. **Bases de dados:**

o **NCBI GenBank:** Uma base de dados pública abrangente para sequências de nucleótidos e anotações.

o **Ensembl:** Fornece conjuntos de genomas e anotações para várias espécies eucarióticas.

o **UCSC Genome Browser:** Oferece uma vista gráfica das anotações do genoma e dados comparativos entre espécies.

2. **Ferramentas de bioinformática:**

o **BLAST:** Uma ferramenta amplamente utilizada para comparar sequências de nucleótidos ou de proteínas para identificar sequências homólogas.

o **Clustal Omega:** Para alinhamentos de sequências múltiplas, permitindo aos investigadores visualizar regiões conservadas.

o **MUSCLE:** Outra ferramenta para gerar rapidamente alinhamentos precisos de sequências múltiplas.

o **Mauve:** Uma ferramenta para alinhar múltiplos genomas para identificar segmentos conservados.

3. **Software para análise filogenética:**

o **MEGA (Molecular Evolutionary Genetics Analysis):** Para construir árvores filogenéticas utilizando vários métodos.

o *PAUP (Phylogenetic Analysis Using Parsimony):** Software para análise filogenética baseado em parcimónia e verosimilhança.

3. Aplicações da genómica comparativa

1. **Biologia evolutiva:**

o A genómica comparativa fornece informações sobre a história evolutiva das espécies, revelando os mecanismos de especiação, adaptação e divergência funcional.

2. **Investigação de doenças:**

o A identificação de genes conservados associados a doenças pode ajudar a compreender a suscetibilidade genética e a descobrir alvos terapêuticos.

3. **Biotecnologia agrícola:**

o Nas culturas, a genómica comparativa é utilizada para identificar genes responsáveis por caraterísticas desejáveis (por exemplo, resistência a doenças, tolerância ao stress), facilitando o melhoramento assistido por marcadores.

4. **Genómica microbiana:**

o A análise dos genomas microbianos ajuda a compreender os papéis ecológicos, as capacidades metabólicas e as adaptações evolutivas dos micróbios em vários ambientes.

5. **Biologia Sintética:**

o A genómica comparativa informa a biologia sintética através da identificação de circuitos e vias genéticas que podem ser modificados para aplicações biotecnológicas.

4. Desafios da genómica comparativa

1. **Qualidade do genoma:**

o Genomas incompletos ou mal anotados podem levar a comparações incorrectas e conclusões erradas.

2. **Transferência horizontal de genes:**

o A ocorrência de transferência horizontal de genes pode complicar as interpretações filogenéticas, dificultando o estabelecimento de relações evolutivas claras.

3. **Complexidade dos dados:**

o O grande volume e a complexidade dos dados genómicos exigem recursos computacionais avançados e conhecimentos de bioinformática.

4. **Taxas evolutivas:**

o A variação das taxas de evolução entre linhagens pode afetar a precisão das reconstruções filogenéticas, particularmente quando se utilizam dados de um único gene.

5. Direcções futuras da genómica comparativa

1. **Integração de abordagens multi-micro:**

o A integração da genómica com a transcriptómica, a proteómica e a metabolómica permitirá uma compreensão mais abrangente dos sistemas biológicos e dos processos evolutivos.

2. **Avanços nas Tecnologias de Sequenciação:**

o As melhorias nas tecnologias de sequenciação (por exemplo, sequenciação de leitura longa) permitirão a geração de genomas de alta qualidade, facilitando melhores análises comparativas.

3. **Aprendizagem automática e IA:**

o As abordagens de aprendizagem automática estão a ser cada vez mais aplicadas para analisar dados genómicos, melhorando a capacidade de identificar padrões e fazer previsões.

4. **Exploração de organismos não-modelo:**

o À medida que os custos de sequenciação diminuem, haverá uma mudança para o estudo de organismos não-modelo, melhorando a nossa compreensão da biodiversidade e da evolução.

A genómica comparativa é uma abordagem poderosa que fornece informações valiosas sobre a evolução, a função e a diversidade dos genomas. Utilizando várias metodologias e ferramentas, os investigadores podem descobrir a base genética da variação fenotípica, as relações evolutivas e os mecanismos que conduzem à adaptação. À medida que o campo continua a evoluir, a integração de dados multiómicos, os avanços nas tecnologias de sequenciação e as técnicas de aprendizagem automática melhorarão ainda mais a nossa compreensão dos sistemas biológicos complexos e da sua evolução.

2.9. Análise evolutiva e construção de árvores filogenéticas

A análise evolutiva e a construção de árvores filogenéticas são componentes fundamentais da biologia evolutiva. Fornecem informações sobre as relações evolutivas entre organismos, ajudam a compreender os mecanismos da evolução e permitem aos investigadores inferir a história da vida na Terra. De seguida, exploramos os princípios, metodologias, aplicações e desafios associados a estes processos.

1. Fundamentos da análise evolutiva

A análise evolutiva refere-se ao exame de caraterísticas genéticas e fenotípicas para compreender como as espécies evoluíram ao longo do tempo. Isto inclui o estudo dos padrões de variação, dos mecanismos de evolução e das relações entre espécies. Os conceitos-chave da análise evolutiva incluem:

1. **Descendência comum:**

o O princípio de que todos os organismos vivos partilham um antepassado comum. Este princípio constitui a base para a construção de árvores filogenéticas, que representam as relações evolutivas.

2. **Seleção natural:**

o O processo pelo qual certas caraterísticas se tornam mais comuns numa população devido às suas vantagens para a sobrevivência e reprodução.

3. **Deriva genética:**

o A flutuação aleatória das frequências de alelos numa população, que pode levar a mudanças significativas ao longo do tempo, especialmente em populações pequenas.

4. **Transferência horizontal de genes (HGT):**

o A transferência de material genético entre organismos que não são progenitores e descendentes, o que pode complicar a análise evolutiva.

2. Construção de árvores filogenéticas

As árvores filogenéticas são representações gráficas das relações evolutivas entre um grupo de espécies ou genes. Representam a forma como diferentes organismos estão relacionados ao longo da história evolutiva.

A. Tipos de árvores filogenéticas

1. **Árvores enraizadas:**

o Estas árvores incluem um antepassado comum (raiz) e mostram a direção da evolução. Elas dão uma ideia da ordem em que as espécies divergiram.

2. **Árvores não enraizadas:**

o Estas árvores mostram as relações entre as espécies, mas não indicam a direção da evolução ou um antepassado comum.

3. **Cladogramas:**

o Um tipo de árvore filogenética que mostra os padrões de ramificação da evolução sem ter em conta o tempo ou o comprimento dos ramos.

4. **Filogramas:**

o Árvores que fornecem informações sobre a quantidade de mudança evolutiva ao longo de cada ramo, muitas vezes representada pelo comprimento dos ramos.

B. Etapas da construção da árvore filogenética

1. **Recolha de dados:**

o Obter dados genéticos (sequências de ADN, ARN ou proteínas) da espécie de interesse. Para o efeito, podem ser utilizados métodos como a sequenciação de todo o genoma ou a sequenciação de genes específicos.

2. **Alinhamento de sequências:**

o Alinhar as sequências para identificar posições homólogas em diferentes espécies. As ferramentas comuns para o alinhamento de sequências incluem **Clustal Omega, MUSCLE** e **MAFFT**.

3. **Seleção do modelo evolutivo:**

o Escolher um modelo apropriado de evolução molecular que melhor se adapte aos dados. Os modelos têm em conta diferentes taxas de substituição de nucleótidos ou aminoácidos (por exemplo, Jukes-Cantor, Kimura 2-parâmetros).

4. **Construção de árvores:**

o Utilizar algoritmos para construir a árvore filogenética com base nas sequências alinhadas. Os métodos mais comuns incluem:

o **Máxima verosimilhança:** Estima a probabilidade da árvore tendo em conta os dados observados e seleciona a árvore com a maior probabilidade. Ferramentas como **RAxML** e **IQ-TREE** são normalmente utilizadas.

o **Inferência Bayesiana:** Utiliza a estatística Bayesiana para estimar a probabilidade de diferentes hipóteses de árvores com base em distribuições prévias e nos dados observados. **MrBayes** é uma ferramenta amplamente utilizada para esta abordagem.

o **Neighbor-Joining:** Um método baseado na distância que constrói uma árvore juntando iterativamente pares de taxa mais próximos com base na distância genética.

5. **Avaliação de árvores:**

o Avaliar o suporte dos ramos da árvore utilizando técnicas como o bootstrapping ou as probabilidades posteriores. O bootstrapping envolve a reamostragem dos dados para determinar a estabilidade dos ramos da árvore.

6. **Visualização de árvores:**

o Utilizar software como o **FigTree, iTOL** ou **o pacote ggtree do R** para visualizar a árvore filogenética construída, melhorando a interpretabilidade.

3. Aplicações da análise filogenética

1. **Compreender as relações evolutivas:**

o As árvores filogenéticas ajudam a elucidar as relações evolutivas entre as espécies, lançando luz sobre eventos de especiação e divergência de linhagens.

2. **Estudo dos processos evolutivos:**

o A análise de árvores filogenéticas permite aos investigadores investigar processos evolutivos como a adaptação, a duplicação de genes e a extinção.

3. **Epidemiologia molecular:**

o Em áreas como a virologia, a análise filogenética ajuda a acompanhar a evolução e a propagação de agentes patogénicos, auxiliando na investigação de surtos e no desenvolvimento de vacinas.

4. **Biologia da Conservação:**

o A análise filogenética pode identificar unidades evolutivamente significativas (ESUs) e informar estratégias de conservação de espécies ameaçadas, realçando a diversidade genética.

5. **Genómica funcional:**

o Ao examinar a história evolutiva das famílias de genes, os investigadores podem inferir as funções dos genes em organismos não caracterizados.

4. Desafios da análise filogenética

1. **Dados incompletos:**

o Genomas incompletos ou mal anotados podem levar a enviesamentos na reconstrução filogenética.

2. **Transferência horizontal de genes:**

o A HGT pode confundir os métodos filogenéticos tradicionais, complicando as interpretações das relações evolutivas.

3. **Evolução convergente:**

o Traços semelhantes que surgem independentemente em diferentes linhagens podem induzir em erro as análises, tornando difícil a reconstrução exacta das histórias evolutivas.

4. **Escolha de modelos:**

o A seleção de um modelo evolutivo inadequado pode afetar a precisão das estimativas e interpretações das árvores.

5. **Complexidade computacional:**

o A análise de grandes conjuntos de dados pode exigir recursos computacionais significativos, especialmente na construção de árvores a partir de centenas de taxa ou de grandes conjuntos de dados genómicos.

5. Direcções futuras na análise filogenética

1. **Integração de dados multi-ómicos:**

o A combinação de dados genómicos com dados transcriptómicos, proteómicos e metabolómicos permitirá obter informações mais aprofundadas sobre os processos e relações evolutivos.

2. **Avanços nas Tecnologias de Sequenciação:**

o As inovações nas tecnologias de sequenciação, como a sequenciação de leitura longa, melhorarão os conjuntos de genomas e a qualidade da análise filogenética.

3. **Abordagens de aprendizagem automática:**

o A aplicação de métodos de aprendizagem automática pode melhorar a precisão da estimativa de árvores e ajudar a identificar padrões em grandes conjuntos de dados.

4. **Exploração da diversidade microbiana:**

o À medida que os genomas microbianos se tornam mais acessíveis, a análise filogenética desempenhará um papel fundamental na compreensão da evolução e ecologia das comunidades microbianas.

5. **Incorporação de redes filogenéticas:**

o As redes filogenéticas podem fornecer uma visão mais matizada das relações evolutivas, acomodando a evolução reticulada e os eventos de hibridação.

A análise evolutiva e a construção de árvores filogenéticas são fundamentais para compreender a história da vida na Terra. Ao examinar as relações genéticas e reconstruir as histórias evolutivas, os investigadores podem obter informações valiosas sobre os processos que moldam a biodiversidade. À medida que as metodologias e as tecnologias continuam a evoluir, o potencial para novas descobertas e para uma compreensão mais profunda dos mecanismos evolutivos expandir-se-á, enriquecendo ainda mais o campo da biologia evolutiva.

2.10. Análise transcriptómica e RNA-Seq

A transcriptómica é o estudo do conjunto completo de transcrições de ARN produzidas pelo genoma em circunstâncias específicas ou num tipo de célula específico. Este domínio fornece informações essenciais sobre os padrões de expressão dos genes, os mecanismos de regulação e a genómica funcional. **A sequenciação de ARN (RNA-Seq)** é uma tecnologia de sequenciação de elevado rendimento que permite a análise exaustiva do transcriptoma, constituindo uma ferramenta poderosa para a transcriptómica. Esta revisão abrangerá os principais conceitos, metodologias, aplicações e desafios associados à transcriptómica e à análise de RNA-Seq.

1. Fundamentos da transcriptómica

A. O que é a transcriptómica?

- Definição: A transcriptómica centra-se na análise do transcriptoma, que inclui todos os tipos de ARN, como o ARNm, o ARNr, o ARNt e os ARN não codificantes. O objetivo principal é quantificar os níveis de expressão dos genes e compreender os elementos funcionais do genoma.

B. Importância da transcriptómica

- **Perfil da expressão dos genes:** A transcriptómica permite a quantificação dos níveis de expressão dos genes em diferentes condições, fases de desenvolvimento ou tecidos.
- **Identificação de novos transcritos:** O RNA-Seq pode descobrir novos genes e isoformas, incluindo RNAs não codificantes que desempenham papéis reguladores na expressão genética.
- **Compreender os processos celulares:** A análise de dados transcriptómicos pode fornecer informações sobre as respostas celulares a estímulos, processos de desenvolvimento e mecanismos de doença.

2. RNA-Seq: Uma visão geral

A. O que é o RNA-Seq?

- Definição: O RNA-Seq é uma técnica de sequenciação de nova geração que permite a avaliação exaustiva e quantitativa das moléculas de RNA numa amostra biológica. Envolve a conversão do ARN em cDNA (ADN complementar) e a sua sequenciação para obter as sequências de nucleótidos correspondentes.

B. Principais etapas da análise de RNA-Seq

1. **Preparação da amostra:**

o Isolar o ARN da amostra biológica, assegurando um ARN de alta qualidade (medido através do número de integridade do ARN, RIN).

o Remover o ARN ribossómico (ARNr) ou utilizar a seleção poli-A para enriquecer as populações de ARNm.

2. **Construção de bibliotecas de cDNA:**

o Converter o ARN em ADNc utilizando a transcriptase reversa.

o Fragmentar o cDNA e ligar adaptadores de sequenciação para amplificação e sequenciação.

3. **Sequenciação:**

o Sequenciar as bibliotecas de cDNA utilizando plataformas como Illumina, PacBio ou Oxford Nanopore, gerando milhões de leituras curtas.

4. **Processamento de dados:**

o **Controlo de qualidade:** Avaliar a qualidade dos dados de sequenciação em bruto utilizando ferramentas como o **FastQC**.

o **Alinhamento de leituras:** Mapear as leituras para um genoma ou transcriptoma de referência utilizando ferramentas de alinhamento como **STAR**, **HISAT2** ou **Bowtie2**.

5. **Quantificação da expressão de genes:**

o Contar o número de leituras mapeadas para cada gene ou transcrição utilizando ferramentas como **featureCounts** ou **HTSeq**.

o Normalize as contagens para ter em conta as diferenças nos tamanhos das bibliotecas e na profundidade da sequenciação.

6. **Análise da expressão diferencial:**

o Identificar genes com diferenças de expressão significativas entre condições, utilizando métodos estatísticos como o **DESeq2** ou **edgeR**.

7. **Anotação funcional e análise de vias:**

o Efetuar análises de enriquecimento (por exemplo, Gene Ontology, KEGG pathways) para compreender o significado biológico dos genes diferencialmente expressos.

3. Aplicações de RNA-Seq

1. **Perfil de Expressão Génica:**

o O RNA-Seq permite a comparação dos níveis de expressão dos genes entre diferentes condições, tecidos ou fases de desenvolvimento, ajudando a compreender os processos fisiológicos e patológicos.

2. **Identificação de novos genes e isoformas:**

o A elevada sensibilidade do RNA-Seq permite a descoberta de novas transcrições, eventos de splicing alternativo e RNAs não codificantes não anotados anteriormente.

3. **Genómica funcional:**

o O RNA-Seq pode revelar as funções dos genes, correlacionando as alterações da expressão genética com caraterísticas fenotípicas ou respostas a factores ambientais.

4. **Investigação sobre o cancro:**

o A análise transcriptómica em estudos sobre o cancro ajuda a identificar assinaturas de expressão genética associadas à progressão do tumor, metástases e respostas ao tratamento.

5. **Transcriptómica comparativa:**

o A comparação dos transcriptomas de diferentes espécies ou estirpes permite obter informações sobre as relações e adaptações evolutivas.

6. **RNA-Seq de célula única:**

o Os avanços no RNA-Seq unicelular permitem o estudo da expressão genética a nível unicelular, revelando a heterogeneidade e a dinâmica celular em tecidos complexos.

4. Desafios na análise de RNA-Seq

1. **Complexidade dos dados:**

o O RNA-Seq gera grandes quantidades de dados, exigindo recursos computacionais significativos e conhecimentos de bioinformática para a sua análise.

2. **Questões de normalização:**

o A normalização adequada dos dados de RNA-Seq é crucial para ter em conta a variabilidade técnica e garantir comparações exactas entre amostras.

3. **Variabilidade biológica:**

o As réplicas biológicas são essenciais para ter em conta a variabilidade da expressão genética, sendo necessário um desenho experimental cuidadoso para garantir a reprodutibilidade.

4. **Splicing alternativo:**

o A complexidade do splicing alternativo pode complicar a interpretação dos dados de expressão genética, uma vez que podem surgir múltiplas isoformas a partir de um único gene.

5. **Efeitos de lote:**

o As variações nas condições experimentais podem introduzir efeitos de lote, que devem ser controlados para evitar resultados confusos.

5. Direcções futuras em transcriptómica e RNA-Seq

1. **Integração com outros dados ómicos:**

o A combinação da transcriptómica com a proteómica, a metabolómica e a epigenómica permitirá uma compreensão abrangente dos processos e da regulação celulares.

2. **Técnicas melhoradas de RNA-Seq de célula única:**

o Os avanços nas tecnologias de sequenciação de uma única célula permitirão uma compreensão mais profunda da heterogeneidade celular e da dinâmica da expressão genética em tipos específicos de células.

3. **Inteligência Artificial e Aprendizagem Automática:**

o A aplicação de técnicas de IA e de aprendizagem automática na análise de dados melhorará a interpretação de dados transcriptómicos complexos, conduzindo a melhores previsões e conhecimentos.

4. **Ferramentas de bioinformática melhoradas:**

o O desenvolvimento de software e de pipelines mais sofisticados para a análise de dados RNA-Seq facilitará o acesso dos investigadores e melhorará a exatidão dos resultados.

5. **Caracterização funcional de RNAs não-codificantes:**

Novos estudos sobre os papéis e mecanismos dos ARN não codificantes aprofundarão a nossa compreensão da regulação dos genes e das funções celulares.

A transcriptómica e a análise RNA-Seq revolucionaram a nossa compreensão da expressão e regulação dos genes. Ao fornecerem informações sobre o transcriptoma, estas abordagens permitem aos investigadores explorar processos e mecanismos biológicos complexos. À medida que as tecnologias e as metodologias continuam a avançar, o campo da transcriptómica irá provavelmente produzir conhecimentos ainda mais profundos sobre os fundamentos moleculares da vida, da doença e da evolução.

2.11. Pipelines de processamento de dados de RNA-seq

O processamento de dados de RNA-Seq envolve várias etapas para converter dados de sequenciação em bruto em conhecimentos biológicos significativos. Uma cadeia de processamento de dados de RNA-Seq bem estruturada garante resultados exactos e interpretáveis. De seguida, descrevemos os principais componentes de uma cadeia de processamento de dados de RNA-Seq, desde a aquisição de dados em bruto até às análises a jusante.

Pipeline de processamento de dados de RNA-Seq

1. **Preparação da amostra**

- **Isolamento do ARN:** Extrair o ARN da amostra biológica (células, tecidos, etc.) utilizando métodos adequados (por exemplo, TRIzol, kits baseados em colunas) para obter ARN de alta qualidade.
- **Avaliação da qualidade:** Avaliar a integridade do ARN utilizando um Bioanalyzer ou um sistema semelhante para garantir que o ARN não se degradou.

2. **Preparação da biblioteca**

- **Síntese de cDNA:** Converter o ARN em ADN complementar (cADN) utilizando transcriptase reversa. Esta etapa pode incluir a utilização de iniciadores aleatórios ou iniciadores oligo(dT) para o ARNm.
- **Construção da biblioteca:** Fragmentar o cDNA e ligar adaptadores de sequenciação aos fragmentos. Isto pode também envolver a indexação para multiplexagem.
- **Amplificação:** Utilizar a PCR para amplificar a biblioteca de cDNA, que enriquece os fragmentos desejados.

3. **Sequenciação**

- **Plataforma de sequenciação:** Efetuar sequenciação de elevado rendimento em plataformas como Illumina, Ion Torrent ou Oxford Nanopore. Isto gera milhões de leituras de sequências curtas.
- **Controlo de qualidade:** Avalie a qualidade das leituras brutas utilizando ferramentas como o **FastQC** para verificar problemas como bases de baixa qualidade e contaminação do adaptador.

4. **Pré-processamento de leituras em bruto**

- Recorte e filtragem:

o Utilize ferramentas como o **Trimmomatic** ou **o Cutadapt** para remover bases de baixa qualidade e adaptadores de sequenciação das leituras em bruto.

o Definir limiares de qualidade (por exemplo, comprimento mínimo de leitura e pontuação de qualidade) para filtrar leituras de baixa qualidade.

5. **Alinhamento de leitura**

- **Seleção de uma ferramenta de alinhamento:** Dependendo do organismo e do tipo de dados, selecionar uma ferramenta adequada:

o **HISAT2:** Bom para alinhar com um genoma de referência, especialmente para alinhamentos com splicing.

o **STAR:** Alinhador de alta velocidade que funciona bem para genomas grandes e está optimizado para leituras com emendas.

o **Bowtie2:** Adequado para alinhar leituras curtas a um genoma de referência, particularmente de uma forma rápida e eficiente em termos de memória.

- **Processo de alinhamento:**

o Alinhar as leituras aparadas com o genoma ou transcriptoma de referência.

o Gerar ficheiros de saída em formatos como BAM (Binary Alignment Map) para análises a jusante.

6. **Processamento pós-alinhamento**

- **Ordenação e indexação:**

o Ordenar as leituras alinhadas pelas suas coordenadas genómicas utilizando ferramentas como o **samtools**.

o Indexar os ficheiros BAM ordenados para um acesso eficiente durante a análise.

- **Remoção de duplicados:**

o Utilizar ferramentas como **Picard** para marcar ou remover leituras duplicadas, que podem surgir durante a amplificação por PCR.

7. **Quantificação da expressão genética**

- **Contagem de leituras:**

o Utilize ferramentas como **featureCounts** ou **HTSeq** para contar o número de leituras mapeadas para cada gene ou transcrição.

- **Normalização:**

o Normalizar as contagens de leituras para ter em conta as diferenças nos tamanhos das bibliotecas e na profundidade da sequenciação. Os métodos de normalização comuns incluem:

▪ **TPM (Transcrições por milhão):** Normaliza com base no comprimento do gene e na contagem total de leituras.

- **RPKM (Leituras por quilobase de transcrição por milhão de leituras mapeadas):** Normaliza com base no comprimento do gene e no total de leituras.
- **DESeq2/edgeR:** Ferramentas estatísticas que fornecem métodos de normalização adequados para a análise da expressão diferencial.

8. Análise da expressão diferencial

- **Análise estatística:**

o Utilizar software como **DESeq2** ou **edgeR** para identificar genes diferencialmente expressos (DEGs) entre condições experimentais. Estas ferramentas utilizam modelos estatísticos para ter em conta a variabilidade biológica.

- **Visualizações:**

o Gerar visualizações para representar DEGs, incluindo gráficos de vulcão, gráficos MA e mapas de calor utilizando ferramentas como **ggplot2** em R ou **pheatmap**.

9. Anotação funcional e análise de vias

- Análise de enriquecimento:

o Efetuar a Ontologia Genética (GO) e a análise de vias (por exemplo, KEGG) para interpretar o significado biológico dos genes diferencialmente expressos.

o Ferramentas como **clusterProfiler**, **gprofiler** e **DAVID** podem facilitar a análise de enriquecimento funcional.

10. Visualização e interpretação

- **Ferramentas de visualização:**

o Utilize ferramentas como **ggplot2**, **plotly** ou **os pacotes Bioconductor do R** para criar representações visuais informativas dos resultados.

o As visualizações podem incluir boxplots, gráficos de barras e gráficos PCA para explorar dados de expressão genética.

- **Interpretação:**

o Integrar os resultados na literatura existente e no contexto biológico para tirar conclusões significativas da análise RNA-Seq.

11. Partilha e arquivo de dados

- Armazenamento de dados:

o Armazenar dados processados, incluindo dados em bruto e analisados, em bases de dados acessíveis ao público (por exemplo, GEO do NCBI ou ArrayExpress) para facilitar a partilha e a reprodutibilidade dos dados.

A cadeia de processamento de dados RNA-Seq engloba várias etapas cruciais, desde a preparação da amostra até à análise da expressão diferencial e anotação funcional. Cada passo é fundamental para garantir resultados reprodutíveis e de elevada qualidade. À medida que as tecnologias e as metodologias continuam a evoluir, o aperfeiçoamento das cadeias de processamento de dados de RNA-Seq irá melhorar a nossa compreensão da expressão e regulação dos genes em vários contextos biológicos.

2.12. Montagem do transcriptoma e quantificação da expressão

A montagem do transcriptoma e a quantificação da expressão são duas etapas cruciais na análise de sequenciação de ARN (RNA-Seq), permitindo aos investigadores investigar os padrões de expressão genética e a diversidade de transcritos de ARN numa célula ou tecido. Aqui está uma visão geral de ambos os processos:

1. Montagem do transcriptoma

A montagem do transcriptoma refere-se ao processo de construção do conjunto completo de transcrições de ARN (ARNm, ARN não codificante, etc.) presentes numa amostra, normalmente a partir de dados de sequências de ARN. Existem duas abordagens principais para a montagem do transcriptoma:

a. Montagem com base em referências

Este método baseia-se num genoma ou transcriptoma de referência existente para mapear as leituras de RNA-Seq. Para este efeito, são frequentemente utilizadas ferramentas de software como o **HISAT2** ou **o STAR**. As leituras mapeadas são depois montadas em sequências de transcrição utilizando ferramentas como **Cufflinks** ou **StringTie**.

- **Prós:** Altamente exato se estiver disponível um genoma de referência bem anotado.
- **Contras:** Limitado pela qualidade e exaustividade do genoma de referência; podem não ser detectadas novas transcrições.

b. Assembleia De Novo

A montagem de novo não depende de um genoma de referência. Em vez disso, as leituras de RNA-Seq são montadas de raiz em sequências de transcrição utilizando algoritmos de sobreposição ou algoritmos baseados em gráficos de Bruijn. As ferramentas mais populares incluem **Trinity**, **Oases** e **SOAPdenovo-Trans**.

- **Prós:** Pode identificar novas transcrições e isoformas; útil quando não está disponível um genoma de referência.
- **Contras:** Mais intensivo em termos de computação e propenso a erros de montagem, especialmente em regiões repetitivas.

2. **Quantificação da expressão**

A quantificação da expressão envolve a estimativa da abundância de transcritos ou genes numa amostra, o que permite saber que genes estão activos, a que níveis e como respondem a várias condições. É normalmente utilizada para comparar níveis de expressão entre diferentes amostras ou condições experimentais.

Existem duas estratégias comuns para a quantificação da expressão:

a. **Quantificação baseada no alinhamento**

Nesta abordagem, as leituras de RNA-Seq são primeiro alinhadas com um genoma ou transcriptoma de referência, utilizando ferramentas de alinhamento como o **HISAT2** ou **o STAR**. As leituras alinhadas são depois contadas para cada gene ou transcrito, normalmente utilizando ferramentas como **HTSeq** ou **featureCounts**.

- **Vantagens:** Maior exatidão na quantificação de transcrições conhecidas.
- **Desvantagens:** Mais lento e mais exigente do ponto de vista computacional.

b. **Quantificação sem alinhamento**

Os métodos sem alinhamento utilizam k-mers ou abordagens de pseudo-alinhamento para quantificar a expressão genética sem mapear explicitamente as leituras para um genoma de referência. Ferramentas como **Kallisto** e **Salmon** são normalmente utilizadas.

- **Vantagens:** Mais rápido e menos exigente em termos de computação.
- **Desvantagens:** Menos preciso na deteção de eventos de splicing complexos e isoformas de transcritos.

Principais métricas na quantificação da expressão

- **FPKM (Fragmentos por quilobase de transcrição por milhão de leituras mapeadas):** Normaliza os níveis de expressão tendo em conta tanto o comprimento dos transcritos como a profundidade da sequenciação.
- **TPM (Transcrições por milhão):** Uma métrica mais consistente para comparar níveis de expressão de genes entre amostras, uma vez que normaliza o comprimento do gene e a profundidade da sequenciação.
- **RPKM (Reads Per Kilobase of transcript per Million mapped reads - leituras por quilobase de transcrição por milhão de leituras mapeadas):** Semelhante ao FPKM, utilizado para RNA-Seq de extremidade única.

Aplicações

- **Análise da expressão diferencial:** Identificação de genes que são diferencialmente expressos entre condições, utilizando ferramentas como **DESeq2** ou **EdgeR**.
- **Descoberta de isoformas:** Encontrar isoformas com splicing alternativo ou novas transcrições.
- **Perfil de Expressão Génica:** Compreender as respostas celulares ou identificar biomarcadores de doenças.

Em conjunto, a montagem do transcriptoma e a quantificação da expressão são fundamentais para compreender a regulação dos genes, descobrir novas transcrições e interpretar os dados da genómica funcional.

2.13. Análise da expressão diferencial (DEA)

A análise da expressão diferencial (DEA) é um método estatístico utilizado para identificar genes que apresentam alterações significativas nos níveis de expressão entre diferentes condições ou grupos biológicos (por exemplo, tecidos doentes vs. tecidos saudáveis, células tratadas vs. células não tratadas). Os dados de sequenciação de ARN (RNA-Seq) são mais frequentemente utilizados para este fim, mas também podem ser utilizados outros dados de elevado rendimento, como microarrays.

Etapas fundamentais da análise da expressão diferencial

1. **Conceção experimental e preparação de amostras**

o **Réplicas biológicas:** A análise requer pelo menos duas condições (por exemplo, tratamento vs. controlo), com várias réplicas biológicas por condição para garantir o poder estatístico e a reprodutibilidade.

o **Aleatorização e bloqueio:** A conceção experimental deve controlar os efeitos de lote e as variáveis de confusão, uma vez que estas podem introduzir enviesamento nos resultados.

2. **Mapeamento de leitura e pré-processamento**

o Após a sequenciação, as leituras brutas (normalmente em formato FASTQ) são processadas para obter leituras de alta qualidade através de corte e filtragem (remoção de leituras de baixa qualidade, adaptadores, etc.).

o **Alinhamento de leituras:** As leituras são então alinhadas com um genoma ou transcriptoma de referência utilizando ferramentas como **HISAT2** ou **STAR**, ou processadas com métodos de pseudo-alinhamento utilizando ferramentas como **Kallisto** ou **Salmon**.

3. **Quantificação da expressão genética**

o Após o mapeamento, o nível de expressão de cada gene é quantificado. Este passo pode utilizar **métodos baseados na contagem**, em que o número de leituras que mapeiam para cada gene é contado (por exemplo, utilizando **HTSeq, featureCounts**), ou **métodos sem alinhamento**, como Kallisto ou Salmon, que calculam os níveis de expressão dos genes sem alinhamento completo.

o Métricas normalmente utilizadas:

- **Contagens de leituras brutas:** O número real de leituras mapeadas para um gene.
- **FPKM/RPKM/TPM:** Valores de expressão normalizados, frequentemente utilizados para comparar genes ou amostras.

4. **Normalização de dados de expressão**

o **A normalização** ajusta as contagens brutas para ter em conta as diferenças de profundidade de sequenciação, comprimento do gene e outros factores técnicos. Este passo garante que as comparações entre genes e condições são válidas.

o Os métodos de normalização comuns incluem:

- **Normalização da contagem total:** Escalonamento pelo número total de leituras por amostra.
- **Normalização do quartil superior:** Escalonamento pelo quartil superior das contagens para ter em conta a distribuição de genes altamente expressos.
- **Normalização da mediana** ou **TMM (Trimmed Mean of M- values):** Utilizado por ferramentas como o **EdgeR** para ter em conta as diferenças de composição entre bibliotecas.
- **VST (Variance Stabilizing Transformation):** Utilizada por ferramentas como o **DESeq2** para estabilizar a variância em toda a gama de valores de expressão.

5. **Testes estatísticos para expressão diferencial**

o Após a normalização, são aplicados modelos estatísticos para identificar os genes que apresentam diferenças significativas de expressão entre as condições. Algumas ferramentas normalmente utilizadas são:

- **DESeq2**: utiliza a distribuição binomial negativa e a redução
técnicas para melhorar as estimativas de variância e reduzir os falsos positivos.
- **EdgeR**: Utiliza um modelo binomial negativo e um modelo empírico
Abordagem Bayes para reduzir os parâmetros de dispersão.
- **Limma-Voom**: Originalmente desenvolvido para microarrays mas
adaptado para RNA-Seq; converte dados de contagem em contagens logarítmicas e aplica modelação linear com moderação Bayes empírica.
- **BaySeq**: Utiliza uma abordagem Bayesiana para estimar o valor posterior
probabilidade de expressão diferencial para cada gene.
- **Bola de dança**: Utilizado para a análise da expressão diferencial ao nível dos transcritos após a montagem com o **StringTie**.

6. **Correção de testes múltiplos**

o Como a DEA envolve o teste de milhares de genes, são necessários métodos de correção de testes múltiplos para controlar os falsos positivos.

o **FDR (False Discovery Rate)**: O método mais comum, normalmente calculado utilizando o **procedimento Benjamini-Hochberg**. Garante que a proporção de falsos positivos entre os genes declarados significativos é mantida baixa.

o **valores q**: Os valores p ajustados que resultam da correção FDR. A
O limiar comum é **q < 0,05** para declarar a expressão diferencial.

7. **Cálculo da alteração de dobra**

o Fold change (FC) mede a magnitude da diferença de expressão entre condições. Os formatos comuns incluem:

log2(FC): Indica o rácio de expressão entre condições (por exemplo, um log2(FC) de 1 indica um aumento de 2 vezes e -1 indica uma diminuição de 2 vezes).

o Os genes são muitas vezes considerados diferencialmente expressos se satisfizerem tanto a significância estatística (por exemplo, FDR < 0,05) como um limiar de mudança de dobra (por exemplo, |log2(FC)| > 1).

8. **Visualização e interpretação dos resultados**

o Após a identificação dos genes diferenciais, os resultados podem ser visualizados através de vários gráficos:

- **Gráfico MA**: Mostra a alteração do log2 fold contra os níveis de expressão média, destacando os genes diferencialmente expressos.
- **Gráfico de vulcão**: Representa a significância (valor p) vs. log2 fold change.

Os genes com elevada significância e grandes alterações de dobragem aparecem nos cantos do gráfico.

- **Mapa de calor**: Utilizado para visualizar os padrões de expressão de genes diferencialmente expressos nas amostras, frequentemente agrupados para mostrar grupos de genes co-regulados.
- **PCA (Análise de Componentes Principais)** ou **MDS (Escalonamento Multidimensional)**: Gráficos que mostram as relações entre amostras, frequentemente utilizados para avaliar o grau de agrupamento das amostras por condição.

9. **Análise de enriquecimento funcional e de vias de comunicação**

o Depois de identificar os genes diferencialmente expressos, os investigadores efectuam frequentemente **análises de enriquecimento funcional** para encontrar processos biológicos, vias ou conjuntos de genes que estejam sobre-representados na lista de DEGs. As ferramentas para este efeito incluem:

- **Análise de Ontologia Génica (GO)**: Identifica termos GO enriquecidos relacionados com processos biológicos, componentes celulares ou funções moleculares.
- **Análise da via KEGG**: Mapeia DEGs para vias conhecidas para identificar vias com alterações significativas.
- **GSEA (Análise de enriquecimento de conjuntos de genes)**: Uma abordagem baseada na classificação que considera todos os genes, e não apenas os que estão acima de um limiar específico, para identificar conjuntos de genes enriquecidos.
- **O Reactome** e o **DAVID** são também recursos normalmente utilizados para o enriquecimento de vias.

Ferramentas essenciais para a análise da expressão diferencial

- **DESeq2**: Uma ferramenta popular que oferece modelação estatística e normalização precisas, amplamente utilizada para detetar DEGs em dados de RNA-Seq.
- **EdgeR**: semelhante ao DESeq2, mas frequentemente utilizado em conjuntos de dados com amostras de pequena dimensão.
- **Limma-Voom**: Para modelação linear rápida de dados de RNA-Seq.
- **Cuffdiff**: Parte do conjunto Cufflinks, utilizado para DEA ao nível da transcrição.
- **Bata**: Para análise ao nível dos transcritos após montagem com StringTie.

Desafios e considerações

1. **Efeitos de lote:** A variação técnica entre experiências pode introduzir ruído indesejado. Isto pode ser corrigido utilizando ferramentas como o **ComBat** do pacote **sva.**
2. **Réplicas biológicas e técnicas:** Uma replicação adequada é crucial para uma análise estatística robusta.
3. **Excedentes e qualidade dos dados:** As etapas de pré-processamento, como a remoção de genes pouco expressos ou de valores anómalos, devem ser cuidadosamente consideradas para evitar enviesamentos.

Aplicações

- **Descoberta de genes:** Identificação de novos genes ou isoformas que respondem a um tratamento ou condição.
- **Descoberta de biomarcadores:** Encontrar genes que possam servir como marcadores de doenças ou de resposta a tratamentos.
- **Percepções mecanicistas:** Exploração de vias e processos biológicos subjacentes a doenças como o cancro, doenças neurodegenerativas ou doenças infecciosas.

A análise da expressão diferencial é uma ferramenta poderosa para compreender as alterações na regulação dos genes em várias condições e contextos experimentais.

PARTE III

ABORDAGENS E ALGORITMOS COMPUTACIONAIS

Abordagens computacionais e algoritmos

As abordagens computacionais e os algoritmos utilizados na análise da expressão diferencial (DEA) foram concebidos para lidar com a complexidade dos dados RNA-Seq de elevada dimensão. Estes métodos seguem normalmente algumas etapas fundamentais:

Pré-processamento e normalização: Algoritmos como o **TMM** (Trimmed Mean of M- values) no **EdgeR**, ou **o VST** (Variance Stabilizing Transformation) no **DESeq2**, corrigem as diferenças na profundidade da sequenciação e os enviesamentos técnicos, assegurando a comparabilidade entre amostras.

Modelação estatística: A DEA baseia-se em estruturas estatísticas, como a **distribuição binomial negativa**, para modelar dados de contagem de expressão genética, o que explica a sobredispersão (variância maior do que a média). Ferramentas como **DESeq2**, **EdgeR** e **Limma-Voom** incorporam estes modelos, melhorando a exatidão de dados pequenos ou altamente variáveis.

Teste de hipóteses e correção de testes múltiplos: Após o cálculo das alterações fold, são aplicados testes estatísticos como **os testes Wald** ou **os testes de rácio de verosimilhança (LRT)** para avaliar se as alterações de expressão entre condições são significativas. As ferramentas utilizam correcções **FDR** (False Discovery Rate), como o **procedimento Benjamini-Hochberg**, para controlar os falsos positivos quando milhares de genes são testados simultaneamente.

Métodos avançados: Os algoritmos mais recentes, como o **Kallisto** e **o Salmon**, utilizam **o pseudo-alinhamento** para acelerar a quantificação, enquanto métodos como o **Sleuth** permitem a análise diferencial com bootstrapping para estimar a incerteza.

Estas abordagens computacionais permitem uma identificação robusta de genes diferencialmente expressos em várias condições, tendo em conta as complexidades e o ruído inerentes aos dados de RNA-Seq.

3.1. Aprendizagem automática em bioinformática

A aprendizagem automática (ML) tornou-se uma ferramenta essencial na bioinformática, transformando a forma como os dados biológicos são analisados e interpretados. Com a explosão de dados ómicos - genómica, transcriptómica, proteómica e metabolómica - os algoritmos de ML permitem a identificação de padrões complexos, relações e conhecimentos que seriam difíceis ou impossíveis de descobrir utilizando abordagens estatísticas tradicionais.

Aplicações da aprendizagem automática em bioinformática:

1. **Análise da expressão genética e classificação de doenças:** As técnicas de ML, como **as máquinas de vectores de suporte (SVM)**, **as florestas aleatórias (RF)** e **a aprendizagem profunda**, são amplamente utilizadas para classificar doenças (por exemplo, subtipos de cancro) com base em perfis de expressão genética. Estes métodos podem processar dados de RNA-Seq ou microarray de alta dimensão e distinguir entre amostras saudáveis e doentes ou diferentes subtipos de doenças, contribuindo para a medicina personalizada.
2. **Previsão de estruturas e funções de proteínas:** Os modelos de aprendizagem profunda, como o **AlphaFold**, revolucionaram a previsão da estrutura das proteínas, alcançando uma precisão quase experimental. Os métodos de ML também podem prever funções, localização e interações de proteínas através da aprendizagem de padrões a partir de bases de dados de proteínas conhecidas. Isto tem implicações para a descoberta de medicamentos, engenharia enzimática e compreensão de complexos proteicos.
3. **Descoberta de variantes genómicas:** Os algoritmos de ML são utilizados para a deteção de **SNP** (Single Nucleotide Polymorphism) e para interpretar **estudos de associação de todo o genoma (GWAS)**. Ferramentas como as **redes neuronais profundas** ajudam a identificar variantes significativas e a prever o impacto das mutações na função das proteínas, o que leva a conhecimentos sobre a base genética das doenças.
4. **Descoberta e reorientação de medicamentos:** Os modelos de aprendizagem automática, em particular **as redes neuronais** e **a aprendizagem em conjunto**, são utilizados para prever as interações entre os medicamentos e os seus alvos, permitindo uma descoberta mais rápida de medicamentos. A aprendizagem automática é também utilizada para identificar medicamentos existentes que podem ser reorientados para novas doenças com base em assinaturas moleculares partilhadas.
5. **Previsão de interações proteína-proteína e gene-gene:** Os métodos ML são utilizados para prever interações entre proteínas e genes através da análise de grandes redes biológicas. Algoritmos como **as redes neurais baseadas em grafos** e **as florestas aleatórias** podem integrar dados multiómicos para descobrir módulos e vias funcionais fundamentais nas células.
6. **Diagnóstico e imagiologia médica:** Na bioinformática, os modelos de ML, como as **redes neuronais**

convolucionais (CNN), são aplicados a imagens médicas (por exemplo, lâminas histopatológicas ou exames radiológicos) para detetar biomarcadores de doenças e fornecer diagnósticos. Estes modelos são cada vez mais utilizados para prever os resultados dos doentes e ajudar os médicos a tomar decisões em tempo real.

Principais algoritmos de ML utilizados em bioinformática:

- **Aprendizagem supervisionada:** Algoritmos como **SVM**, **regressão logística** e **redes neuronais** são aplicados em tarefas de classificação, como a identificação de tipos de cancro ou a previsão de associações entre genes e doenças.
- **Aprendizagem não supervisionada:** Métodos como o **agrupamento k-means** e **o agrupamento hierárquico** são utilizados para agrupar amostras biológicas ou genes semelhantes com base em padrões de expressão.
- **Aprendizagem profunda:** As redes neuronais profundas, em particular na análise de imagens e na previsão da estrutura das proteínas, demonstraram um desempenho de ponta.
- **Aprendizagem por reforço:** Aplicados em sistemas dinâmicos como a **dobragem de proteínas** ou a otimização da interação fármaco-alvo, os modelos RL aprendem a partir de dados sequenciais a tomar decisões.

A capacidade do ML para aprender com conjuntos de dados vastos e complexos, fazer previsões e descobrir padrões ocultos está a revolucionar a bioinformática, contribuindo para avanços na medicina personalizada, no diagnóstico molecular e na descoberta de medicamentos.

3.2 Introdução à aprendizagem automática

A aprendizagem automática (ML) é um ramo da inteligência artificial (IA) que se centra no desenvolvimento de algoritmos e modelos estatísticos que permitem aos computadores aprender padrões a partir de dados e tomar decisões ou fazer previsões sem serem explicitamente programados. Ao contrário da programação tradicional, em que as regras são predefinidas por humanos, os sistemas de aprendizagem automática melhoram o seu desempenho ao longo do tempo através do reconhecimento de padrões nos dados de entrada, permitindo-lhes "aprender" com a experiência.

Componentes-chave da aprendizagem automática:

1. **Dados:** A base de qualquer sistema de aprendizagem automática, os dados consistem em exemplos ou observações com os quais o modelo aprende. Estes conjuntos de dados contêm normalmente caraterísticas (variáveis de entrada) e rótulos (resultados-alvo para a aprendizagem supervisionada).
2. **Algoritmos:** O ML utiliza vários algoritmos para processar e aprender com os dados. Estes algoritmos podem ser classificados em termos gerais em:
   - o **Aprendizagem supervisionada:** O modelo é treinado com dados rotulados, o que significa que a saída correta é fornecida durante o treino. O objetivo é aprender um mapeamento das entradas para as saídas. Os exemplos incluem tarefas de regressão e classificação.
   - o **Aprendizagem não supervisionada:** O modelo trabalha com dados não rotulados e tenta identificar padrões ou estruturas nos mesmos. Os exemplos incluem o agrupamento e a redução da dimensionalidade.
   - o **Aprendizagem semi-supervisionada:** Combina dados etiquetados e não etiquetados para melhorar a eficiência da aprendizagem.
   - o **Aprendizagem por reforço:** O modelo aprende por tentativa e erro, recebendo feedback sob a forma de recompensas ou penalizações por acções realizadas num ambiente.
3. **Formação:** Durante a fase de formação, o modelo de ML é alimentado com dados para aprender as relações subjacentes. Este processo ajusta os parâmetros internos do modelo para minimizar os erros de previsão.
4. **Avaliação e teste do modelo:** Após a formação, o desempenho do modelo é avaliado num conjunto de dados de teste separado, utilizando frequentemente métricas como a exatidão, a precisão, a recuperação ou o erro quadrático médio. Este passo garante que o modelo generaliza bem para dados não vistos.
5. **Previsões e inferência:** Uma vez treinado, o modelo pode fazer previsões ou tomar decisões com base em dados novos e inéditos.

Tipos de algoritmos de aprendizagem automática:

- **Regressão:** Prevê resultados contínuos (por exemplo, regressão linear).
- **Classificação:** Categoriza os dados em rótulos discretos (por exemplo, regressão logística, máquinas de vectores de suporte).
- **Agrupamento:** Agrupa pontos de dados semelhantes (por exemplo, k-means, agrupamento hierárquico).
- **Redução de dimensionalidade:** Reduz o número de caraterísticas, mantendo a informação essencial (por exemplo, PCA, t-SNE).

Aplicações da aprendizagem automática:

- **Reconhecimento de imagem e de voz:** O ML está por detrás de muitos sistemas que reconhecem rostos, vozes e objectos em fotografias e vídeos.
- **Processamento de linguagem natural (PNL):** Utilizado para tarefas como a análise de sentimentos, a tradução de línguas e os chatbots.
- **Cuidados de saúde:** O ML é utilizado para prever os resultados das doenças, descobrir novos medicamentos e ajudar nos diagnósticos médicos.
- **Finanças:** Utilizado para deteção de fraudes, avaliação de riscos e negociação algorítmica.

Porque é que a aprendizagem automática é importante:

O ML é transformador porque automatiza e optimiza os processos de tomada de decisão. Pode lidar com grandes quantidades de dados, descobrir padrões que são difíceis de detetar por humanos e adaptar-se a ambientes em mudança sem intervenção humana. À medida que os dados aumentam em volume e complexidade, a aprendizagem automática tornou-se uma tecnologia fundamental em todos os sectores.

3.3. Aplicações na previsão de dados genómicos

A aprendizagem automática (ML) tem aplicações significativas na **previsão de dados genómicos**, ajudando a analisar conjuntos de dados vastos e complexos em genómica e transformando a investigação biológica. Ao tirar partido dos algoritmos de aprendizagem automática, os cientistas podem descobrir padrões ocultos nos dados genómicos, fazer previsões sobre processos biológicos e impulsionar avanços na medicina personalizada, na previsão de doenças e na descoberta de medicamentos. Eis algumas das principais aplicações:

1. Previsão da expressão genética

Os modelos ML podem prever os níveis de expressão dos genes a partir de várias caraterísticas genómicas e epigenómicas. Por exemplo, os modelos treinados com base em dados de sequência de ADN podem prever quais os genes que serão objeto de regulação positiva ou negativa em determinadas condições. Técnicas como **florestas aleatórias, máquinas de vectores de suporte (SVM)** e **aprendizagem profunda** são normalmente utilizadas neste contexto para processar dados de RNA-Seq e identificar relações reguladoras complexas entre genes.

2. Previsão do risco de doença

Os dados genómicos, como os polimorfismos de nucleótido único (SNP), podem ser analisados utilizando algoritmos de ML para prever a suscetibilidade de um indivíduo a doenças. **Os estudos de associação de todo o genoma (GWAS)** geram frequentemente grandes conjuntos de dados que associam variantes genéticas a doenças, e os modelos de ML, como **a regressão logística, as redes neuronais** e **o XGBoost**, podem ser aplicados a estes conjuntos de dados para identificar factores de risco de doenças complexas como o cancro, as doenças cardíacas e a diabetes.

3. Identificação de elementos genómicos funcionais

O ML ajuda a identificar regiões genómicas funcionais como promotores, potenciadores e elementos reguladores a partir de sequências genómicas em bruto. Ao treinar modelos em conjuntos de dados anotados, ferramentas como as **Redes Neuronais Convolucionais (CNN)** podem prever se determinadas sequências genómicas têm funções reguladoras. Isto tem implicações na compreensão da regulação dos genes e na descoberta de regiões não codificantes que influenciam a expressão dos genes.

4. Previsão do impacto da variante

Os algoritmos de ML são utilizados para prever o impacto das variantes genéticas (por exemplo, SNPs, inserções, deleções) na função proteica ou na expressão genética. Ferramentas como o **PolyPhen** e **o SIFT** utilizam caraterísticas como a conservação evolutiva e a estrutura das proteínas para avaliar a probabilidade de uma variante ser benigna ou patogénica. Modelos de aprendizagem profunda mais avançados, como o **DeepVariant,** são utilizados para prever as consequências funcionais das variantes genómicas com elevada precisão.

5. Previsão da resposta ao medicamento

Os modelos ML são aplicados para prever a forma como os indivíduos responderão a medicamentos específicos com base nos seus dados genómicos. Esta é uma área fundamental da **farmacogenómica,** em que o perfil genético de um doente pode ser utilizado para adaptar os tratamentos medicamentosos. **As florestas aleatórias, as máquinas de vectores de suporte** e **as redes neuronais** são utilizadas para identificar biomarcadores genéticos que influenciam a eficácia ou os efeitos adversos dos medicamentos, permitindo abordagens de medicina personalizada.

6. Previsão da estrutura e função das proteínas

A previsão da estrutura das proteínas a partir de dados genómicos é um problema fundamental em biologia. O ML, em particular a aprendizagem profunda, tem feito avanços significativos neste domínio. Ferramentas como **a AlphaFold** (da DeepMind) utilizam redes neuronais profundas para prever a estrutura tridimensional das proteínas a partir das suas sequências de aminoácidos com elevada precisão. Estas previsões ajudam os cientistas a compreender a função e as interações das proteínas, que são cruciais para o desenvolvimento de medicamentos e a investigação de doenças.

7. Genómica de populações e análise evolutiva

Na genómica populacional, o ML é utilizado para inferir relações evolutivas, detetar a seleção natural e identificar estruturas populacionais a partir de dados genómicos. Os métodos de aprendizagem não supervisionada, como **a análise de componentes principais (PCA)** e **os algoritmos de agrupamento**, ajudam a agrupar indivíduos com base na semelhança genética, fornecendo informações sobre a história evolutiva e os padrões de migração.

8. Previsão de eventos de splicing

O splicing, o processo pelo qual os intrões são removidos do pré-mRNA, é fundamental para a expressão e regulação dos genes. Os modelos de ML podem prever eventos de splicing alternativo analisando motivos de sequência e interações de proteínas de ligação ao ARN. **As redes neuronais recorrentes (RNN)** e **as máquinas de vectores de suporte (SVM)** são normalmente utilizadas para este fim, permitindo aos investigadores prever como o splicing alternativo pode conduzir a diferentes isoformas de proteínas, que podem estar envolvidas em doenças.

9. Classificação de tumores e deteção de mutações na genómica do cancro

O ML é fundamental na genómica do cancro para classificar tipos de tumores e identificar mutações determinantes. Algoritmos como **árvores de decisão, máquinas de vectores de suporte** e **aprendizagem profunda** podem analisar mutações somáticas, variações do número de cópias e perfis de expressão genética para classificar tumores e prever os resultados dos doentes. Isto tem aplicações na oncologia de precisão, em que os tratamentos são adaptados ao perfil genético do tumor de um doente.

10. Análise de dados epigenómicos

Os modelos ML são utilizados para prever modificações epigenéticas, como a metilação do ADN e as modificações das histonas, a partir de sequências genómicas. Estas modificações desempenham um papel fundamental na regulação da expressão genética sem alterar a sequência de ADN subjacente. Ao analisar dados epigenómicos em grande escala, os algoritmos de ML ajudam a mapear elementos reguladores e a prever como as alterações epigenéticas afectam as funções celulares e os estados de doença.

11. Associação gene-doença e genómica funcional

Os métodos de ML ajudam a dar prioridade aos genes candidatos a partir de estudos genómicos, prevendo associações entre genes e doenças. Algoritmos como o **XGBoost, a regressão logística** e **as florestas aleatórias** analisam dados genómicos e fenotípicos para identificar genes associados a doenças ou caraterísticas específicas. Isto ajuda os investigadores a identificar potenciais alvos para intervenções terapêuticas.

12. Anotação de sequências genómicas

O ML é utilizado para anotar sequências genómicas, identificando exões, intrões, regiões de codificação e elementos reguladores. **Os modelos ocultos de Markov (HMMs)** e as técnicas **de aprendizagem profunda**, como as CNNs e as RNNs, podem aprender caraterísticas a partir de grandes conjuntos de dados anotados e prever com precisão regiões funcionais em genomas recentemente sequenciados.

A capacidade da aprendizagem automática para processar e analisar conjuntos de dados genómicos grandes e complexos revolucionou o campo da genómica. Ao fornecer previsões exactas e ao revelar conhecimentos a partir de grandes quantidades de dados genéticos, a aprendizagem automática melhora a nossa compreensão da função dos genes, dos mecanismos das doenças e dos tratamentos personalizados. As suas aplicações na previsão de dados genómicos estão a impulsionar os avanços na medicina de precisão, na investigação genómica e na biotecnologia.

3.4. Aprendizagem profunda para conjuntos de dados biológicos

A aprendizagem profunda, um subconjunto da aprendizagem automática, tornou-se uma ferramenta poderosa para analisar conjuntos de dados biológicos devido à sua capacidade de aprender padrões e representações complexas a partir de dados em grande escala. Os conjuntos de dados biológicos, incluindo a genómica, a proteómica, a transcriptómica e a imagiologia médica, são muitas vezes altamente dimensionais, ruidosos e heterogéneos, o que os torna candidatos ideais para abordagens de aprendizagem profunda. Veja como a aprendizagem profunda é aplicada a dados biológicos:

1. Genómica e transcriptómica

A aprendizagem profunda tem-se revelado extremamente promissora em tarefas como a previsão dos níveis de expressão genética, a identificação de elementos reguladores e a compreensão de variantes genéticas.

- **Previsão da expressão genética:** As Redes Neuronais Convolucionais (CNN) e as Redes Neuronais

Recorrentes (RNN) são utilizadas para prever os níveis de expressão dos genes a partir de sequências de ADN brutas ou de caraterísticas como as modificações epigenéticas. Ao aprender caraterísticas diretamente a partir de dados de sequência, os modelos de aprendizagem profunda superam os métodos tradicionais baseados em sequências.

- **Chamada de variante e previsão de genótipo:** Ferramentas como o **DeepVariant** utilizam a aprendizagem profunda para identificar variantes genéticas a partir de dados de sequenciação, melhorando a precisão e a velocidade em comparação com os métodos convencionais. Estes modelos aprendem os padrões de alinhamentos de leitura e pontuações de qualidade de base, ajudando a identificar polimorfismos de nucleótido único (SNPs) e outras variações genómicas.
- **Previsão de splicing alternativo:** Os modelos de aprendizagem profunda podem prever eventos de splicing alternativos através da análise de dados de RNA-Seq. As redes RNN e as redes de Memória de Curto Prazo Longo (LSTM) são particularmente eficazes na modelação da natureza sequencial dos eventos de splicing, permitindo previsões precisas da forma como os exões e os intrões estão dispostos no mRNA final.

2. Previsão da estrutura de proteínas

Um dos avanços mais significativos na investigação biológica foi conseguido pelo **AlphaFold**, um modelo de aprendizagem profunda desenvolvido pela DeepMind, que prevê estruturas proteicas com uma precisão notável. O sucesso do AlphaFold demonstra como a aprendizagem profunda pode resolver desafios de longa data na biologia, tais como:

- **Dobragem de proteínas:** Os modelos de aprendizagem profunda podem prever a estrutura tridimensional de uma proteína a partir da sua sequência de aminoácidos, o que é crucial para compreender a função das proteínas e conceber medicamentos.
- **Previsão da função e da interação das proteínas:** As CNNs e as redes neuronais gráficas (GNNs) podem ser utilizadas para prever interações proteína-proteína, especificidade enzima-substrato e afinidades de ligação proteína-ligante, ajudando na descoberta de medicamentos e na compreensão dos processos celulares.

3. Epigenómica

Os dados epigenómicos, que incluem informações sobre modificações como a metilação do ADN e as modificações das histonas, podem ser complexos e de grande dimensão. A aprendizagem profunda é utilizada para analisar estes conjuntos de dados para compreender a regulação dos genes e os mecanismos das doenças.

- **Acessibilidade da cromatina e elementos reguladores:** Os modelos de aprendizagem profunda, nomeadamente as CNN, são utilizados para prever elementos reguladores, como potenciadores e promotores, a partir de dados brutos de sequências de ADN. Também podem prever a acessibilidade da cromatina com base em dados experimentais de técnicas como ATAC-Seq e DNase-Seq.
- **Previsão de metilação:** Os modelos de aprendizagem profunda podem prever padrões de metilação do ADN e compreender como estas modificações influenciam a expressão genética e o comportamento celular.

4. Imagiologia médica e diagnóstico

A aprendizagem profunda, em particular as Redes Neuronais Convolucionais (CNN), revolucionou a imagiologia médica ao identificar automaticamente padrões em imagens como radiografias, ressonâncias magnéticas e lâminas de histopatologia.

- **Deteção e classificação de doenças:** As CNN são amplamente utilizadas para diagnosticar doenças como o cancro, doenças cardiovasculares e perturbações neurológicas a partir de imagens médicas. Por exemplo, os modelos de aprendizagem profunda podem classificar tipos de tumores em imagens histopatológicas, identificar lesões pulmonares em exames de TAC ou detetar retinopatia diabética a partir de imagens da retina.
- **Extração automatizada de caraterísticas:** Na imagiologia médica, os modelos de aprendizagem profunda podem extrair automaticamente caraterísticas relevantes, como a forma, o tamanho e a textura dos tecidos ou tumores, sem exigir a engenharia manual de caraterísticas por parte de especialistas. Isto melhorou a precisão e a velocidade do diagnóstico.

5. Descoberta e conceção de medicamentos

A aprendizagem profunda tem sido transformadora na aceleração da descoberta de medicamentos, prevendo interações entre medicamentos e alvos, optimizando estruturas químicas e identificando novos compostos terapêuticos.

- **Previsão das propriedades das moléculas:** As redes neuronais gráficas (GNN) e as CNN são utilizadas para prever as propriedades químicas, a bioatividade, a toxicidade e a semelhança com medicamentos de pequenas moléculas. Ao aprender com grandes conjuntos de dados de compostos químicos, estes modelos podem prever a forma como uma nova molécula irá interagir com alvos biológicos.

- **Triagem virtual:** Os modelos de aprendizagem profunda podem analisar virtualmente milhões de compostos para identificar potenciais candidatos a medicamentos. Estes modelos prevêem quais os compostos com maior probabilidade de se ligarem a um alvo proteico específico, reduzindo o tempo e os custos envolvidos no rastreio experimental.
- **Conceção de novos fármacos:** Os modelos generativos, como os Autoencoders Variacionais (VAEs) e as Redes Adversariais Generativas (GANs), são utilizados para gerar novas estruturas moleculares com as propriedades desejadas. Estas técnicas permitem aos investigadores conceber novos candidatos a medicamentos com elevada eficácia e baixa toxicidade.

6. Integração Multi-Ómicas

Os sistemas biológicos são complexos e os conjuntos de dados ómicos isolados não fornecem muitas vezes uma imagem completa. A aprendizagem profunda pode integrar vários tipos de dados ómicos - tais como genómica, transcriptómica, proteómica e metabolómica - para obter uma compreensão mais abrangente dos processos biológicos.

- **Fusão de dados:** As arquitecturas de aprendizagem profunda, como **os autoencoders** e **a aprendizagem multitarefa**, podem ser utilizadas para combinar diferentes conjuntos de dados ómicos para prever fenótipos ou resultados de doenças. Por exemplo, a integração de dados genómicos e proteómicos pode fornecer informações sobre as redes reguladoras subjacentes ao cancro.
- **Redução de dimensionalidade:** Os modelos de aprendizagem profunda podem reduzir a dimensionalidade de dados biológicos de alto rendimento, preservando informações críticas, permitindo análises a jusante mais precisas, como agrupamento, classificação e visualização de conjuntos de dados complexos.

7. Análise de Sequências Biológicas

A aprendizagem profunda fez avançar significativamente a análise de sequências biológicas, como as sequências de ADN, ARN e proteínas.

- **Alinhamento de sequências:** As Redes Neuronais Recorrentes (RNN) e os modelos Transformer, como os utilizados no processamento de linguagem natural (PNL), podem alinhar sequências biológicas e prever semelhanças entre elas, melhorando a precisão em tarefas como o alinhamento de sequências e a descoberta de motivos.
- **Montagem de Genomas De Novo:** Os modelos de aprendizagem profunda podem ajudar a montar genomas a partir de leituras curtas de ADN, através da aprendizagem de padrões em dados de sequenciação, especialmente nos casos em que os métodos de montagem tradicionais têm dificuldades devido a regiões repetitivas ou a dados de baixa qualidade.

8. Medicina personalizada

A aprendizagem profunda desempenha um papel fundamental no domínio emergente da medicina personalizada, em que os tratamentos são adaptados à composição genética única de um indivíduo.

- **Estratificação de pacientes:** Os modelos de aprendizagem profunda podem analisar dados genómicos e clínicos para classificar os pacientes em diferentes grupos de risco, ajudando nas estratégias de tratamento personalizado. Por exemplo, ao integrar dados genéticos e transcriptómicos, estes modelos podem prever quais os pacientes que provavelmente responderão a terapias específicas, como a imunoterapia contra o cancro.
- **Previsão de resultados de tratamentos:** Os modelos de aprendizagem profunda podem prever os resultados dos pacientes com base em dados multi-ómicos e registos de saúde electrónicos (EHR), ajudando os médicos a tomar decisões mais informadas sobre os planos de tratamento.

Desafios e direcções futuras

- **Interpretabilidade:** Um dos maiores desafios na aplicação da aprendizagem profunda a conjuntos de dados biológicos é a natureza "caixa negra" de muitos modelos. Há uma necessidade crescente de modelos de aprendizagem profunda interpretáveis para fornecer conhecimentos biológicos significativos em vez de apenas previsões.
- **Limitações dos dados:** Muitos conjuntos de dados biológicos são ruidosos, incompletos ou desequilibrados, o que coloca desafios aos modelos de aprendizagem profunda. Está a decorrer investigação sobre técnicas como o aumento de dados, a aprendizagem por transferência e a aprendizagem semi-supervisionada para ultrapassar estas limitações.
- **Generalização do modelo:** Os modelos de aprendizagem profunda treinados em conjuntos de dados

específicos podem nem sempre ser bem generalizados para dados novos e não vistos. A validação cruzada e a validação externa são importantes para garantir a robustez do modelo.

A aprendizagem profunda está a transformar a investigação biológica ao permitir previsões e conhecimentos poderosos em genómica, proteómica, imagiologia médica e descoberta de medicamentos. A sua capacidade de aprender representações complexas a partir de conjuntos de dados grandes e diversificados torna-a uma ferramenta indispensável para a bioinformática moderna e a medicina personalizada.

3.5. Bioinformática estrutural

A bioinformática estrutural é um domínio especializado da bioinformática que se centra na análise e previsão da estrutura tridimensional (3D) de macromoléculas biológicas, como as proteínas, os ácidos nucleicos (ADN, ARN) e os seus complexos. A compreensão destas estruturas é crucial porque a função das biomoléculas está intimamente ligada às suas formas, e pequenas alterações na estrutura podem levar a diferenças funcionais significativas, incluindo o aparecimento de doenças.

Áreas-chave da bioinformática estrutural:

1. **Previsão** da estrutura das proteínas A previsão da estrutura 3D das proteínas a partir das suas sequências de aminoácidos é um dos principais desafios da bioinformática estrutural. Foram desenvolvidos vários métodos e ferramentas computacionais para resolver este problema:

o **Modelação de Homologia:** Este método é utilizado quando a estrutura de uma proteína homóloga (semelhante) já é conhecida. Ao alinhar a sequência alvo com um modelo conhecido, o modelo pode ser construído com base na estrutura conservada.

o **Modelação ab initio:** Na ausência de modelos conhecidos, os métodos ab initio prevêem a estrutura da proteína com base apenas em princípios físicos, como a minimização da energia. Esta abordagem é computacionalmente intensiva e é utilizada para pequenas proteínas.

o **Reconhecimento de dobras:** Esta técnica compara a sequência alvo com estruturas conhecidas e tenta "enfiar" a sequência numa dobra compatível, mesmo quando a semelhança da sequência é baixa.

o **Métodos de aprendizagem profunda:** Ferramentas como **a AlphaFold**, desenvolvida pela DeepMind, melhoraram drasticamente a precisão da previsão da estrutura das proteínas utilizando modelos de aprendizagem profunda. O AlphaFold utiliza uma combinação de dados de sequência, informações evolutivas e modelos estruturais para prever estruturas 3D de nível quase experimental.

2. **Interações Proteína-Proteína (PPI) e Docking** Compreender a forma como as proteínas interagem é fundamental para compreender muitos processos biológicos, incluindo a transdução de sinais, as respostas imunitárias e as vias metabólicas. A bioinformática estrutural utiliza métodos computacionais para modelar e prever interações proteína-proteína:

o **Docagem molecular:** O docking é o processo de previsão da orientação óptima e da posição de ligação de duas proteínas que interagem ou de uma proteína e um ligando. Os algoritmos de docking, como o **AutoDock** e **o HADDOCK**, utilizam funções de pontuação para prever as conformações de ligação mais favoráveis.

o **Redes de Interação de Proteínas (PIN):** Ao integrar dados estruturais, as ferramentas bioinformáticas constroem redes de interação, que fornecem uma visão global da função e das interações das proteínas na célula.

3. **Previsão da estrutura dos ácidos nucleicos** As estruturas do ADN e do ARN também desempenham papéis cruciais em processos biológicos como a regulação dos genes, a transcrição e a tradução. A bioinformática estrutural centra-se na previsão das estruturas secundárias e terciárias dos ácidos nucleicos:

o **Dobragem de ARN:** Ferramentas como o **RNAfold** prevêem estruturas secundárias de ARN com base em dados de sequência. Estas previsões são cruciais para compreender como o ARN se dobra na sua forma funcional, incluindo a formação de laços, hélices e junções.

o **Análise da estrutura do ADN:** A previsão da disposição tridimensional do ADN, particularmente na cromatina, ajuda a compreender a expressão dos genes e os mecanismos de regulação.

4. **Relação estrutura-função** A bioinformática estrutural ajuda a ligar a estrutura 3D de uma molécula à sua função biológica. As alterações na estrutura das proteínas devidas a mutações, modificações pós-traducionais ou alterações ambientais podem conduzir a alterações funcionais ou a doenças. Isto é particularmente importante para compreender como:

o **Sítios activos das enzimas:** A disposição espacial dos aminoácidos no sítio ativo de uma enzima afecta a ligação do substrato e a catálise.

o **Alterações conformacionais:** Muitas proteínas sofrem alterações conformacionais quando se ligam a ligandos ou outras moléculas, o que é crucial para a sua função (por exemplo, as proteínas G na transdução de sinais).

5. **Bases de dados e recursos estruturais** A bioinformática estrutural baseia-se em várias bases de dados que armazenam dados estruturais experimentais e previstos:

o **Banco de dados de proteínas (PDB):** O PDB é o principal repositório de estruturas de proteínas e ácidos nucleicos determinadas experimentalmente, obtidas por cristalografia de raios X, RMN e microscopia crioelectrónica.

o **UniProt:** Esta base de dados integra dados funcionais com anotações estruturais, ligando sequências de proteínas às suas estruturas 3D e funções biológicas.

o **SCOP e CATH:** Estas bases de dados classificam as estruturas proteicas em famílias e dobras com base em relações evolutivas e semelhanças estruturais.

6. **Simulações de Dinâmica Molecular (MD)** As simulações MD são utilizadas em bioinformática estrutural para modelar o comportamento das biomoléculas ao longo do tempo. Ao aplicar princípios físicos, como as leis do movimento de Newton, a MD permite o estudo de:

o **Dobragem de proteínas:** Compreender como as proteínas se dobram nas suas conformações funcionais.

o **Estabilidade estrutural:** Analisar a estabilidade de proteínas, ácidos nucleicos ou seus complexos em diferentes condições ambientais (por exemplo, temperatura, pH ou na presença de ligandos).

o **Alterações conformacionais:** Observar como as proteínas sofrem alterações estruturais durante os seus ciclos funcionais.

7. **Descoberta de medicamentos e conceção de medicamentos com base na estrutura** A bioinformática estrutural desempenha um papel central na **conceção de medicamentos com base na estrutura** (SBDD), em que os medicamentos são concebidos ou optimizados com base na estrutura 3D de uma proteína-alvo. Esta abordagem envolve:

o **Rastreio virtual:** Seleção de grandes bibliotecas de pequenas moléculas para identificar potenciais candidatos a medicamentos que se encaixem no local de ligação da proteína-alvo. Ferramentas como o **AutoDock Vina** e o **Schrodinger's Glide** são normalmente utilizadas para o rastreio virtual.

o **Otimização do composto principal:** Uma vez identificado um composto principal, as suas interações com a proteína alvo são optimizadas através da modificação da estrutura do composto para melhorar a afinidade de ligação, a especificidade e a semelhança com o fármaco.

8. **Anotação estrutural dos genomas** A bioinformática estrutural ajuda a anotar os genomas através da previsão da estrutura das proteínas codificadas. Isto envolve:

o **Projectos de genómica estrutural:** Esforços em grande escala para determinar experimentalmente ou prever computacionalmente a estrutura das proteínas codificadas por genomas recentemente sequenciados.

o **Previsão da função:** Mesmo quando não existe informação funcional disponível para uma proteína, a sua estrutura pode fornecer pistas sobre a sua função com base em semelhanças com estruturas conhecidas.

Desafios da bioinformática estrutural

- **Qualidade e exaustividade dos dados:** Muitas estruturas no PDB estão incompletas, muitas vezes faltando loops ou regiões desordenadas, que podem ser difíceis de modelar com precisão.
- **Flexibilidade e dinâmica:** As biomoléculas são dinâmicas e a captação computacional destas alterações conformacionais continua a ser um desafio.
- **Escalabilidade:** A modelação de grandes complexos ou sistemas proteicos, como as proteínas de membrana ou a cromatina, exige uma potência computacional significativa e algoritmos sofisticados.

Direcções futuras

- **IA e aprendizagem profunda:** Os avanços na IA, como o **AlphaFold**, estão a transformar a previsão de estruturas, permitindo previsões mais precisas para alvos difíceis, como as proteínas de membrana e os complexos proteicos.
- **Integração de dados multi-ómicos:** A combinação de dados estruturais com outros tipos de dados biológicos (por exemplo, genómica, transcriptómica) permitirá uma compreensão mais abrangente da função biomolecular.
- **Microscopia de crioelectrões (crio-EM):** A utilização crescente da crio-EM fornece estruturas de alta resolução de conjuntos biomoleculares grandes e complexos, e a integração destes dados experimentais com ferramentas bioinformáticas é uma área de investigação promissora.

A bioinformática estrutural é um domínio vital que faz a ponte entre a biologia, a química e a informática. Ao compreender a estrutura 3D das biomoléculas, os investigadores podem obter informações sobre a sua função, interações e potencial como alvos terapêuticos. Com os avanços nos métodos computacionais e nas técnicas experimentais, a bioinformática estrutural continua a fornecer ferramentas valiosas para a descoberta de medicamentos, a biologia molecular e a medicina personalizada.

3.6. Previsão e análise da estrutura das proteínas

A previsão e análise da estrutura das proteínas é uma área fundamental da bioinformática, centrada na compreensão da estrutura tridimensional (3D) das proteínas, que é essencial para compreender a sua função. Uma vez que a função das proteínas é diretamente influenciada pela sua estrutura, a determinação da conformação 3D a partir da sua sequência de aminoácidos (estrutura primária) é um dos objectivos fundamentais da biologia molecular e da bioinformática estrutural.

Importância da estrutura das proteínas

- **Função:** A estrutura de uma proteína determina a sua função, como a atividade enzimática, o reconhecimento molecular, a sinalização e a catálise.
- **Interação:** As proteínas interagem frequentemente com outras biomoléculas, incluindo outras proteínas, ADN, ARN ou pequenas moléculas. Estas interações dependem da estrutura 3D da proteína.
- **Conceção de medicamentos:** A compreensão da estrutura das proteínas é fundamental para a conceção de medicamentos baseada na estrutura, em que as pequenas moléculas são concebidas para se adaptarem a bolsas específicas das proteínas, especialmente no caso de enzimas e receptores.
- **Compreensão da doença:** As proteínas mal dobradas ou as mutações que afectam a estrutura das proteínas podem levar a doenças como a doença de Alzheimer, a fibrose cística ou o cancro.

Níveis de estrutura das proteínas

- **Estrutura primária:** A sequência linear de aminoácidos na proteína.
- **Estrutura secundária:** Motivos estruturais locais como alfa-hélices e betasheets, que se formam devido à ligação de hidrogénio entre os átomos da espinha dorsal.
- **Estrutura terciária:** A forma 3D global de uma molécula de proteína única, determinada por interações como o empacotamento hidrofóbico, as forças de van der Waals, as ligações iónicas e as pontes dissulfureto.
- **Estrutura quaternária:** A montagem de múltiplas subunidades de proteínas num complexo maior, que é importante em muitas proteínas funcionais como a hemoglobina.

Métodos de previsão da estrutura das proteínas

A estrutura das proteínas pode ser determinada experimentalmente ou prevista computacionalmente. Os métodos experimentais, como a **cristalografia de raios X, a ressonância magnética nuclear (RMN)** e **a microscopia crioelectrónica (CrioEM),** fornecem estruturas de alta resolução, mas são demorados e dispendiosos. Assim, os métodos de previsão computacional são essenciais, especialmente com o número crescente de proteínas sequenciadas cujas estruturas permanecem indeterminadas.

1. Modelação de homologia (comparativa)

- **Visão geral:** A modelação por homologia baseia-se no pressuposto de que as proteínas com sequências semelhantes partilham estruturas semelhantes. Prevê a estrutura de uma proteína alvo utilizando a estrutura conhecida de uma proteína homóloga (modelo).
- **Passos:**

1. **Identificar modelo:** Procura de proteínas homólogas com estruturas conhecidas (utilizando BLAST ou PSI-BLAST).
2. **Alinhar sequências:** Alinhar a sequência da proteína alvo com o modelo.
3. **Construir o modelo:** Utilizar um software (por exemplo, MODELLER ou SWISS-MODEL) para construir o modelo 3D com base no alinhamento.
4. **Refinamento:** Otimizar o modelo para melhorar a precisão, minimizando a energia e corrigindo as colisões estéricas.
5. **Validação:** Avaliar a qualidade do modelo previsto utilizando ferramentas como os **gráficos de Ramachandran** ou **PROCHECK**.

- **Aplicações:** Amplamente utilizado quando as sequências partilham >30% de semelhança.

2. Modelação Ab Initio (De Novo)

- **Visão geral:** A modelação ab initio prevê as estruturas das proteínas a partir dos primeiros princípios, sem utilizar um modelo, apenas com base nas forças físicas que regem a dobragem das proteínas. Este método é utilizado para proteínas sem homólogos conhecidos.
- **Técnicas:**

o **Minimização de energia:** Simular a dobragem de proteínas minimizando a energia livre da cadeia de aminoácidos.

o **Montagem de fragmentos:** Alguns métodos constroem proteínas através da montagem de pequenos fragmentos estruturais.

o **Ferramentas:** Software como o **Rosetta** e o **I-TASSER** são normalmente utilizados para a previsão ab initio.

- **Desafios:** A modelação ab initio é computacionalmente dispendiosa e menos exacta para proteínas grandes, mas útil para proteínas pequenas (<150 resíduos).

3. **Reconhecimento de dobras (enfiamento)**

- **Descrição geral:** O reconhecimento de dobras (também designado por "threading") é utilizado quando a semelhança da sequência entre o alvo e as proteínas conhecidas é baixa, mas a dobra global pode ainda ser semelhante. Este método tenta "enfiar" a sequência alvo através de uma biblioteca de dobras estruturais conhecidas para identificar uma dobra compatível.

- **Ferramentas:** As ferramentas mais populares incluem **Phyre2, LOMETS** e **SPARKS-X**.
- **Pontos fortes:** Eficaz quando a modelação por homologia não é viável e os padrões de dobras são mais conservados do que as sequências.

4. Aprendizagem profunda e métodos baseados em IA

Os recentes avanços na aprendizagem profunda, especialmente com modelos como o **AlphaFold** (desenvolvido pela DeepMind), revolucionaram a previsão da estrutura das proteínas:

- **AlphaFold:** Este modelo de IA prevê estruturas proteicas com precisão quase experimental, aproveitando grandes quantidades de dados de sequência, informações evolutivas e restrições físicas. Incorpora redes neurais profundas para prever distâncias e ângulos entre resíduos, gerando modelos 3D altamente precisos.
- **RoseTTAFold:** Outra ferramenta baseada na aprendizagem profunda desenvolvida pelo Laboratório Baker que oferece previsões exactas e integra previsões estruturais com conhecimentos funcionais.
- **Aplicações:** A aprendizagem profunda aumentou significativamente a precisão, mesmo para proteínas difíceis de modelar sem homólogos claros, expandindo assim a capacidade de previsão de estruturas.

Ferramentas de análise da estrutura das proteínas

Uma vez prevista ou determinada experimentalmente a estrutura 3D, podem ser utilizadas várias ferramentas bioinformáticas para uma análise mais aprofundada:

1. **Alinhamento estrutural e comparação**

- **Ferramentas como DALI ou TM-align** são utilizadas para comparar as estruturas 3D das proteínas para identificar semelhanças estruturais, que podem revelar relações funcionais ou evolutivas, mesmo na ausência de semelhança de sequência.

2. **Visualização**

- **PyMOL, Chimera** e **VMD** são normalmente utilizados para visualizar estruturas de proteínas em 3D. Estas ferramentas ajudam os investigadores a explorar as dobras das proteínas, os locais de ligação, as estruturas secundárias e as interações moleculares.

3. **Identificação do sítio ativo e da bolsa de ligação**

- **O CASTp** e o **SiteMap** ajudam a identificar e a caraterizar sítios activos ou bolsas de ligação de ligandos em proteínas. Isto é especialmente importante na descoberta de medicamentos e em estudos enzimáticos.

4. **Docking Proteína-Proteína e Proteína-Ligante**

- **AutoDock, HADDOCK** e **Ambiente Operacional Molecular (MOE)**

prever a forma como as proteínas interagem entre si (acoplamento proteína-proteína) ou com pequenas moléculas (acoplamento proteína-ligante). Estas interações são cruciais para compreender as vias biológicas e para o desenvolvimento de medicamentos.

5. **Simulações de dinâmica molecular**

-GROMACS, NAMD e **Amber** são utilizados para simular a dinâmica de

estruturas proteicas ao longo do tempo. Estas simulações fornecem informações sobre a estabilidade, flexibilidade e alterações conformacionais das proteínas em diferentes condições ambientais (por exemplo, temperatura, pH ou na presença de ligandos).

6. **Validação estrutural e avaliação da qualidade**

- **O PROCHECK** e **o MolProbity** avaliam a qualidade estereoquímica das estruturas proteicas, verificando os ângulos de ligação, os ângulos diedros e as colisões estéricas. **Os gráficos de Ramachandran** são utilizados para validar as regiões permitidas de ângulos phi e psi na espinha dorsal da proteína.

Aplicações da previsão e análise da estrutura das proteínas

1. **Descoberta de medicamentos:** Prever a estrutura dos alvos dos medicamentos e a sua interação com pequenas moléculas é fundamental para identificar e otimizar os candidatos a medicamentos.
2. **Conceção de enzimas:** A análise estrutural ajuda a conceber enzimas com propriedades catalíticas, especificidade de substrato ou estabilidade melhoradas.
3. **Investigação de doenças:** Compreender como as mutações afectam a estrutura das proteínas ajuda a estudar as doenças genéticas e a conceber estratégias terapêuticas.
4. **Engenharia de proteínas:** A modelação preditiva e a análise estrutural permitem a conceção racional de

proteínas com novas funções, tais como uma maior afinidade de ligação ou uma especificidade alterada.

Desafios e direcções futuras

- **Precisão:** Embora métodos como o AlphaFold tenham melhorado drasticamente a precisão, continuam a existir desafios na previsão de regiões altamente flexíveis (por exemplo, loops) e interações proteína-proteína.
- **Velocidade vs. Complexidade:** Equilibrar a eficiência computacional com a precisão da previsão é um desafio, especialmente para proteínas grandes e com vários domínios.
- **Complexos proteicos:** A previsão da estrutura de complexos proteicos multi-subunitários ou de proteínas de membrana continua a apresentar dificuldades devido à sua natureza dinâmica e complexa.

- **Modificações pós-traducionais:** Muitas proteínas sofrem modificações após a tradução (por exemplo, fosforilação, glicosilação), que afectam a sua estrutura e função. A modelação exacta destas modificações continua a ser um desafio. A previsão e a análise da estrutura das proteínas são fundamentais para a biologia e a medicina modernas. Com os avanços nos métodos e ferramentas computacionais, estamos mais perto do que nunca de prever as estruturas das proteínas com elevada precisão. Estas previsões fornecem informações cruciais sobre processos biológicos, mecanismos de doença e desenvolvimento de medicamentos. O futuro deste domínio é promissor para previsões ainda mais precisas e complexas, tornando a determinação da estrutura das proteínas mais rápida e acessível para os investigadores de todo o mundo.

3.7. Modelação de homologia, dinâmica molecular

A Modelação de Homologia e a Dinâmica Molecular são duas técnicas essenciais na bioinformática estrutural que ajudam a compreender a estrutura e a dinâmica das proteínas com base no conhecimento existente. Aqui está uma visão geral detalhada de ambos os métodos: **Modelação de Homologia**

A modelação por homologia é uma técnica computacional utilizada para prever a estrutura 3D de uma proteína com base nas estruturas conhecidas de proteínas relacionadas (modelos). Baseia-se no princípio de que as proteínas com sequências semelhantes têm frequentemente estruturas semelhantes. Este método é particularmente útil quando a determinação experimental da estrutura de uma proteína não é viável.

Etapas da modelação homológica

1. **Identificação do modelo:**

o Utilizar ferramentas de alinhamento de sequências (como BLAST ou PSI-BLAST) para procurar proteínas homólogas em bases de dados estruturais (por exemplo, Protein Data Bank, PDB).

o Identificar um ou mais modelos adequados com uma estrutura 3D conhecida e uma identidade de sequência tipicamente superior a 30% para garantir uma modelação fiável.

2. **Alinhamento de sequências:**

o Alinhar a sequência da proteína alvo com a sequência da proteína modelo.

o O alinhamento deve refletir com precisão as regiões conservadas (que têm maior probabilidade de adotar estruturas semelhantes) e as regiões variáveis.

3. **Construção de modelos:**

o Construir o modelo 3D da proteína alvo utilizando o modelo alinhado. Isto pode ser feito utilizando software de modelação como:

- **MODELADOR:** Constrói modelos satisfazendo as restrições espaciais derivadas do alinhamento.
- **SWISS-MODEL:** Fornece um pipeline automatizado para modelação de homologia.

o O modelo incorpora normalmente a espinha dorsal da proteína modelo e ajusta as cadeias laterais da proteína alvo.

4. **Refinamento do modelo:**

o O modelo gerado é frequentemente submetido a uma minimização de energia e a um refinamento para eliminar quaisquer choques estéricos ou interações desfavoráveis. Isto pode ser feito utilizando a dinâmica molecular ou algoritmos de minimização de energia.

o Software como **Chimera** ou **PyMOL** também pode ser utilizado para inspecionar visualmente e aperfeiçoar o modelo.

5. **Validação do modelo:**

o Avaliar a qualidade do modelo utilizando ferramentas de validação como:

- **Ramachandran Plot:** Avalia os ângulos diedros phi e psi da espinha dorsal.
- **PROCHECK:** Verifica a qualidade estereoquímica do modelo de proteína.
- **Verificar3D:** Avalia a compatibilidade do modelo 3D com a sua sequência de aminoácidos.

o Assegurar que o modelo possui uma geometria realista e está alinhado com as caraterísticas estruturais conhecidas.

Aplicações da modelação homológica

- **Compreender a função das proteínas:** Ajuda a prever a função de proteínas não caracterizadas, fornecendo informações com base em estruturas conhecidas semelhantes.
- **Conceção de medicamentos:** Ajuda a identificar potenciais locais de ligação e a otimizar ligandos para atingir proteínas específicas.
- **Análise mutacional:** Permite a exploração da forma como as mutações podem afetar a estabilidade e a função das proteínas através da modelação de variantes.

Simulações de Dinâmica Molecular (MD)

As simulações de Dinâmica Molecular (MD) são métodos computacionais utilizados para estudar os movimentos físicos de átomos e moléculas ao longo do tempo. Esta técnica fornece informações sobre o comportamento dinâmico das biomoléculas, ajudando a compreender a sua estabilidade, dobragem e interações.

Aspectos fundamentais da dinâmica molecular

1. **Campos de força:**

o As simulações MD baseiam-se em campos de força, que são modelos matemáticos que descrevem a energia potencial do sistema com base nas posições atómicas.

o Os campos de força normalmente utilizados incluem **CHARMM**, **AMBER** e **GROMOS**. Estes campos de forças têm em conta comprimentos de ligação, ângulos, diedros e interações não ligadas (forças de van der Waals e electrostáticas).

2. **Configuração da simulação:**

o **Estrutura inicial:** Começar com uma estrutura de proteína (obtida por modelação de homologia, cristalografia de raios X ou RMN).

o **Solvatação:** A proteína é normalmente colocada numa caixa de solvente (normalmente água) e são adicionados iões para neutralizar o sistema.

o **Minimização de energia:** O sistema é submetido a uma minimização de energia para aliviar as colisões estéricas e otimizar a estrutura inicial.

3. **Equilibração:**

o O sistema é equilibrado em condições específicas de temperatura e pressão (normalmente utilizando o conjunto NPT), permitindo que o solvente e a proteína atinjam condições estáveis antes da produção.

4. **Duração da produção:**

o Após o equilíbrio, a simulação MD é executada durante um período de tempo específico (nanossegundos a microssegundos), acompanhando o movimento dos átomos ao longo do tempo.

o A simulação gera ficheiros de trajectórias contendo as coordenadas atómicas em cada passo de tempo, que podem ser analisadas para estudar a dinâmica do sistema.

5. **Análise dos resultados:**

o Várias propriedades podem ser analisadas a partir das trajectórias MD:

- **Desvio médio quadrático (RMSD):** Mede a distância média entre átomos de proteínas sobrepostas para avaliar a estabilidade ao longo do tempo.
- **Flutuação da raiz quadrada média (RMSF):** Quantifica a flexibilidade de resíduos ou regiões específicas na proteína.
- **Raio de giração (Rg):** Indica a compacidade da estrutura da proteína.
- **Ligações de hidrogénio:** Avalia o número e a estabilidade das ligações de hidrogénio formadas durante a simulação.
- **Análise de cluster:** Identifica conformações ou estados estáveis ao longo da simulação.

Aplicações da dinâmica molecular

- **Estudos de estabilidade de proteínas:** Avalia a estabilidade das estruturas proteicas em diferentes condições (por exemplo, temperatura, pH).
- **Alterações conformacionais:** Estuda o comportamento dinâmico das proteínas, incluindo a dobragem, a desdobragem ou a ligação de ligandos.
- **Ligação a fármacos:** Simula a interação entre os fármacos e as suas proteínas alvo para compreender os mecanismos e afinidades de ligação.
- **Proteínas de membrana:** As simulações MD também podem ser utilizadas para investigar o comportamento das proteínas de membrana em bicamadas lipídicas, revelando conhecimentos sobre a sua função e dinâmica.

A modelação de homologia e as simulações de dinâmica molecular são ferramentas poderosas na bioinformática estrutural. A modelação de homologia fornece informações sobre a estrutura 3D das proteínas com base em modelos conhecidos, enquanto as simulações de dinâmica molecular oferecem uma visão dinâmica das proteínas, revelando como se comportam ao longo do tempo. Em conjunto, estes métodos facilitam a compreensão da função, das interações e dos mecanismos das proteínas, promovendo assim a descoberta de medicamentos, a engenharia de proteínas e a nossa compreensão global da biologia molecular.

3.8. Previsão da interação proteína-proteína

A previsão da interação proteína-proteína (PPI) é uma área crucial de investigação em bioinformática, biologia molecular e biologia de sistemas, fornecendo informações sobre as funções celulares e os mecanismos das doenças. Apresentamos aqui uma panorâmica e uma análise dos métodos actuais, desafios e tendências na previsão de PPI:

1. Importância das interações proteína-proteína

As proteínas raramente actuam de forma isolada; as suas funções são frequentemente realizadas através de interações com outras proteínas, formando redes moleculares complexas. As PPI são fundamentais para muitos processos biológicos, como a transdução de sinais, as vias metabólicas e a regulação celular. A compreensão das PPIs ajuda a:

- **Descoberta de medicamentos:** A seleção de complexos proteicos pode fornecer informações terapêuticas.
- **Compreensão da doença:** Muitas doenças, como o cancro, são causadas por uma perturbação dos IBP.
- **Anotação funcional:** A compreensão do modo como as proteínas funcionam em conjunto revela os seus papéis biológicos.

2. Métodos experimentais para a deteção de PPI

- **Híbrido duplo de levedura (Y2H):** Uma técnica popular para detetar interações binárias de uma forma de elevado rendimento. No entanto, tem uma elevada taxa de falsos positivos.
- **Co-imunoprecipitação (Co-IP):** Um método mais exato, mas de baixo rendimento, para a validação de PPIs in vivo.
- **Espectrometria de massa (MS):** Utilizada para identificar PPIs em complexos proteicos.
- **FRET (Transferência de energia por ressonância de Forster):** Um método que se baseia na transferência de energia entre etiquetas fluorescentes para detetar interações.

Limitações dos métodos experimentais:

- Trabalho intensivo e dispendioso.
- Escalabilidade limitada para grandes proteomas.
- Elevadas taxas de falsos positivos e falsos negativos.

3. Métodos computacionais para a previsão de PPI

Dadas as limitações dos métodos experimentais, foram desenvolvidas abordagens computacionais para prever os PPI, oferecendo soluções mais escaláveis.

A. Métodos baseados em sequências

- **Modelação de Homologia:** Assume que as proteínas com sequências semelhantes têm padrões de interação semelhantes. As interações conhecidas num organismo podem ser utilizadas para prever interações noutro organismo.
- **Abordagem baseada no domínio:** As interações são previstas com base em domínios de interação conhecidos (por exemplo, SH2, PDZ). Se duas proteínas tiverem domínios complementares, prevê-se que interajam.
- **Métodos baseados em motivos:** Os motivos curtos de aminoácidos envolvidos em PPIs podem ser utilizados como indicadores.

Vantagens:

- Alta escalabilidade para previsões de PPI em todo o genoma.
- Requer apenas informações sobre a sequência.

Limitações:

- Limitado a proteínas com homólogos conhecidos ou domínios de interação.
- As previsões são por vezes demasiado gerais.

B. Métodos baseados na estrutura

- **Simulações de Docking:** A docagem molecular é utilizada para prever a forma como duas proteínas irão interagir a nível estrutural. Estas abordagens podem fornecer sítios de interação detalhados, mas são computacionalmente dispendiosas.
- **Bases de dados de estruturas de complexos de proteínas:** Recursos como o Protein Data Bank (PDB)

ajudam a modelizar as interações com base em complexos resolvidos experimentalmente.

Vantagens:

- Fornece informações estruturais pormenorizadas.
- É capaz de prever o local de interação física.

Limitações:

- Requer estruturas 3D de alta qualidade, que não estão disponíveis para a maioria das proteínas.
- Computacionalmente intensivo.

C. Métodos baseados na aprendizagem automática

- **Aprendizagem supervisionada:** Utiliza conjuntos de dados de PPI rotulados (interações positivas e negativas) para treinar classificadores (por exemplo, SVM, Random Forest, Deep Neural Networks).
- **Aprendizagem não supervisionada:** Agrupa proteínas com base em caraterísticas como a sequência, a estrutura e as anotações funcionais para prever interações.

Caraterísticas utilizadas para a previsão:

- **Dados de co-expressão de genes:** Os genes co-expressos têm maior probabilidade de codificar proteínas que interagem entre si.
- **Perfil filogenético:** É provável que as proteínas que co-evoluem interajam.
- **Caraterísticas da topologia da rede:** As propriedades das redes de interação de proteínas (por exemplo, grau, intermediação) podem ajudar a prever interações desconhecidas.

Vantagens:

- É capaz de integrar múltiplas fontes de informação (por exemplo, sequência, estrutura, função e expressão).
- Capacidade para tratar dados em grande escala.

Limitações:

- A qualidade das previsões depende da qualidade dos dados de treino.
- Frequentemente sofre de desequilíbrio entre classes (mais interações negativas do que positivas).

D. Métodos híbridos

- **Abordagens integradas:** Combinar vários métodos (por exemplo, sequência, estrutura, dados de expressão) para melhorar a exatidão da previsão. Por exemplo, a STRING e a BioGRID são bases de dados que integram diferentes tipos de dados (experimentais, computacionais e com curadoria da literatura) para fornecer pontuações de confiança para as interações previstas.

Vantagens:

- Previsões mais sólidas através da combinação de provas provenientes de várias fontes.
- Pode abordar as limitações dos métodos individuais.

Limitações:

- Complexidade na integração e ponderação de diferentes fontes de dados.

4. Desafios actuais na previsão de PPI

- **Qualidade dos dados:** Tanto os dados experimentais como os dados computacionais estão sujeitos a erros. As elevadas taxas de falsos positivos e falsos negativos afectam a fiabilidade das redes PPI.
- **Natureza dinâmica das IPP:** As IPP são frequentemente transitórias, ocorrendo apenas em contextos ou condições celulares específicos, o que torna a sua previsão mais difícil.
- **Vieses nos conjuntos de dados:** Os dados de PPI disponíveis são tendenciosos em relação a proteínas bem estudadas, deixando muitas interações por caraterizar.
- **Desequilíbrio de classes:** Na aprendizagem supervisionada, o número de interações negativas conhecidas é frequentemente muito maior do que o número de interações positivas, o que dificulta a formação de modelos.
- **Escalabilidade:** A previsão de interações para todo o proteoma, especialmente nos seres humanos, continua a ser computacionalmente exigente.

5. Tendências emergentes

- **Aprendizagem profunda:** Os recentes avanços na aprendizagem profunda, em particular as redes neurais convolucionais e de grafos, estão a mostrar-se promissores na captura de padrões complexos nos dados PPI.
- **Dados de célula única e de séries temporais:** A integração de dados de sequenciação de ARN de uma única célula e de experiências de séries temporais ajudará a captar PPIs dinâmicos e específicos do contexto.
- **Modulação de PPI por modificações pós-traducionais (PTMs):** A previsão da forma como as PTM (por exemplo, fosforilação, ubiquitinação) afectam as interações proteicas está a tornar-se uma área de investigação importante.

6. **Direcções futuras**

- **Melhoria da curadoria dos conjuntos de dados:** O desenvolvimento de conjuntos de dados em grande escala com melhor curadoria e com menos enviesamentos melhorará o desempenho dos métodos computacionais.
- **Redes PPI personalizadas:** Com os avanços na medicina personalizada, há um interesse crescente em prever como os PPIs variam entre os indivíduos, especialmente no contexto de variações genéticas e mutações de doenças.
- **Previsão de PPI entre espécies:** Os métodos que podem ser generalizados entre espécies serão cruciais no estudo da biologia evolutiva e na transferência de conhecimentos de organismos modelo para os seres humanos.

O domínio da previsão de PPI está a avançar rapidamente com a ajuda de abordagens experimentais e computacionais. Os métodos híbridos que integram vários tipos de dados apresentam o maior potencial, especialmente quando combinados com técnicas de aprendizagem automática. No entanto, subsistem desafios em termos de qualidade dos dados, escalabilidade e captação da natureza dinâmica das IPP. Os futuros esforços de investigação centrar-se-ão provavelmente nas abordagens de aprendizagem profunda, na melhoria da qualidade dos conjuntos de dados e nas redes de interação personalizadas.

3.9. Biologia de sistemas e análise de redes

A biologia de sistemas e a análise de redes são campos interligados que visam compreender sistemas biológicos complexos através do estudo das interações e relações entre vários componentes, como genes, proteínas, metabolitos e células. Ao aplicar a teoria das redes aos dados biológicos, a biologia dos sistemas procura construir modelos abrangentes que descrevam o comportamento dos sistemas biológicos como um todo, em vez de se concentrar em componentes individuais isolados.

1. **Introdução à biologia de sistemas**

A biologia de sistemas é um domínio interdisciplinar que combina a biologia, a matemática, a física e a informática para modelar e analisar o comportamento de sistemas biológicos completos. O objetivo é compreender a forma como as redes biológicas, constituídas por muitas partes em interação, dão origem às propriedades emergentes da vida.

Objectivos-chave da biologia de sistemas:

- **Compreensão holística dos processos biológicos:** A biologia tradicional centra-se em abordagens reducionistas, estudando componentes individuais. A biologia de sistemas passa para uma perspetiva holística, analisando a forma como estes componentes interagem para produzir um comportamento a nível do sistema.
- **Modelos dinâmicos de processos biológicos:** A biologia de sistemas tenta descrever o comportamento variável no tempo dos sistemas biológicos utilizando modelos quantitativos.
- **Modelos preditivos para doenças complexas:** Ao integrar dados de vários níveis moleculares, a biologia de sistemas fornece informações sobre a forma como as perturbações (por exemplo, mutações, medicamentos) afectam os sistemas biológicos, o que é crucial para compreender as doenças e desenvolver tratamentos.

2. **Introdução à análise de redes em biologia**

A análise de redes é uma ferramenta fundamental na biologia de sistemas, permitindo o estudo de sistemas biológicos como redes de componentes em interação. Estas redes podem representar relações como interações físicas (por exemplo, interações proteína-proteína), relações reguladoras (por exemplo, regulação de factores de transcrição) ou vias metabólicas.

Tipos de redes biológicas:

- **Redes de regulação de genes (GRN):** Redes em que os nós representam genes e as arestas representam interações reguladoras entre eles (por exemplo, ativação ou repressão).
- **Redes de Interação Proteína-Proteína (PPIs):** Redes em que os nós representam proteínas e as arestas representam interações físicas entre elas.
- **Redes Metabólicas:** Redes em que os nós representam metabolitos e as arestas representam reacções bioquímicas.
- **Redes de Transdução de Sinais:** Redes que representam as vias através das quais as células processam sinais do seu ambiente.

- **Redes de co-expressão de genes:** Com base na correlação entre os níveis de expressão dos genes em várias condições ou tecidos, indicando potenciais relações funcionais.

3. Técnicas de análise de redes

As redes biológicas partilham semelhanças com as redes sociais, físicas e informáticas, pelo que muitas das técnicas utilizadas nestes domínios foram adaptadas à biologia de sistemas. **A. Propriedades topológicas das redes biológicas**

A compreensão da estrutura das redes biológicas é essencial para interpretar a sua função. Algumas das principais propriedades topológicas incluem:

- **Distribuição de graus:** O grau de um nó é o número de conexões que ele possui. Em redes biológicas, a distribuição de graus geralmente segue uma lei de potência, o que significa que a maioria dos nós tem poucas conexões, mas alguns nós (hubs) têm muitas conexões.
- **Coeficiente de agrupamento:** Mede a tendência dos nós de formar grupos fortemente conectados. As redes biológicas geralmente apresentam modularidade, onde grupos de nós (por exemplo, genes ou proteínas) trabalham juntos para realizar funções específicas.
- **Comprimento e diâmetro do caminho:** O caminho mais curto entre dois nós, ou o caminho mais curto mais longo na rede, ajuda a compreender a eficiência com que a informação ou os sinais se propagam através da rede.
- **Medidas de centralidade:**

o **Centralidade de grau:** Os nós com graus elevados são considerados hubs e podem ser cruciais para a estabilidade da rede.

o **Centralidade de intermediação:** Os nós que se encontram frequentemente no caminho mais curto entre outros nós podem desempenhar um papel fundamental na comunicação entre módulos.

o **Centralidade de Eigenvector:** Os nós que estão ligados a outros nós importantes são considerados altamente centrais.

B. Motivos de rede

Os motivos de rede são pequenos padrões de sub-rede recorrentes que aparecem mais frequentemente do que o esperado por acaso. Nos sistemas biológicos, os motivos como os loops de alimentação, os loops de feedback e os motivos bifan estão associados a funções reguladoras específicas.

C. Deteção de comunidades e modularidade

As redes biológicas são frequentemente modulares, o que significa que podem ser divididas em grupos ou comunidades de nós que estão mais densamente ligados entre si do que ao resto da rede. As comunidades correspondem frequentemente a módulos funcionais, como um conjunto de proteínas envolvidas na mesma via metabólica.

D. Análise dinâmica de redes

As redes biológicas não são estáticas; alteram-se ao longo do tempo em resposta a estímulos internos e externos. A análise dinâmica das redes implica o estudo da forma como a estrutura e as interações no interior de uma rede se alteram em diferentes condições (por exemplo, desenvolvimento, doença, stress ambiental).

4. Aplicações da biologia de sistemas e da análise de redes

A biologia de sistemas e a análise de redes têm amplas aplicações na biologia e na medicina:

A. Mecanismos de doença e descoberta de biomarcadores

- **Medicina de rede:** As doenças são frequentemente causadas por perturbações nas redes moleculares e não por mutações num único gene. Ao analisar redes específicas de doenças, os investigadores podem identificar módulos de doenças - grupos de genes ou proteínas que contribuem coletivamente para uma doença.
- **Descoberta de biomarcadores:** A análise de redes pode identificar nós centrais ou centrais em redes específicas de doenças que podem servir como biomarcadores para diagnóstico ou objectivos de tratamento.

B. Descoberta e reorientação de medicamentos

- **Farmacologia de rede:** Os medicamentos afectam frequentemente vários alvos numa rede. Ao analisar as redes de interação fármaco-alvo, os investigadores podem prever efeitos fora do alvo, sinergia de fármacos e potenciais oportunidades de reorientação de fármacos.
- **Medicamentos multi-alvo:** A análise da rede apoia o desenvolvimento de medicamentos que visam vários nós numa rede de doenças, o que pode ser mais eficaz do que visar uma única proteína.

C. Medicina personalizada

- **Redes específicas para cada paciente:** A integração de dados genómicos, transcriptómicos e proteómicos de doentes individuais pode criar redes de interação personalizadas. Isto permite a previsão de como mutações ou terapias específicas podem afetar a rede molecular de cada doente, fornecendo uma base para tratamentos personalizados.

D. Biologia Sintética

- **Conceção de redes sintéticas:** Na biologia sintética, os investigadores concebem e projectam redes reguladoras de genes ou redes metabólicas para realizar tarefas específicas, como a biossíntese de compostos ou o controlo do comportamento celular. A análise de redes ajuda na conceção e otimização destes circuitos sintéticos.

5. Desafios em Biologia de Sistemas e Análise de Redes

- **Integração de dados:** Os sistemas biológicos são multicamadas, com interações ao nível dos genes, proteínas, metabolitos e células. A integração destes diversos tipos de dados numa única rede coerente continua a ser um desafio.
- **Natureza dinâmica das redes:** As redes biológicas não são estáticas, mas mudam ao longo do tempo em resposta a sinais ambientais ou estados de doença. A captação da dinâmica temporal das redes é crucial mas difícil.
- **Dados incompletos e ruidosos:** As técnicas experimentais actuais fornecem apenas dados parciais e, por vezes, com ruído sobre as interações biológicas. Este facto limita a precisão das previsões baseadas em redes.
- **Escalabilidade e complexidade computacional:** A construção e análise de grandes redes com milhares de nós e interações requerem recursos computacionais significativos.

6. Tendências emergentes

- **Modelação multiescala:** Combinação de redes a nível molecular, celular e tecidular para criar modelos multi-escala que captam a complexidade dos sistemas biológicos em diferentes níveis de organização.
- **Análise de redes unicelulares:** Com os avanços nas tecnologias de célula única, é agora possível construir redes específicas de células que captam a heterogeneidade dos estados celulares nos tecidos.
- **Redes Neuronais de Grafos (GNNs):** A utilização de técnicas de aprendizagem profunda, como as redes neuronais de grafos, está a crescer na biologia de redes. As GNNs podem aprender caraterísticas complexas de redes biológicas, melhorando as previsões de funções de proteínas, interações e associações de doenças.

7. Direcções futuras

- **Biologia de sistemas integrativa:** As futuras abordagens da biologia de sistemas envolverão provavelmente a integração de diversos dados ómicos (genómica, proteómica, metabolómica) com dados ambientais e clínicos para criar modelos mais abrangentes de sistemas biológicos.
- **Reconstrução de redes:** Melhorar a exatidão das técnicas de reconstrução de redes será crucial para a construção de modelos fiáveis, especialmente à medida que forem ficando disponíveis mais dados de elevado rendimento.
- **Modelos dinâmicos e preditivos:** O avanço da capacidade de modelação da dinâmica temporal das redes biológicas proporcionará conhecimentos mais profundos sobre a progressão da doença e a resposta ao tratamento.

A biologia de sistemas e a análise de redes são abordagens transformadoras para compreender a complexidade dos sistemas biológicos. Ao ultrapassarem as abordagens reducionistas e adoptarem perspectivas baseadas em redes, os investigadores podem obter conhecimentos mais profundos sobre as propriedades emergentes da vida e os mecanismos subjacentes às doenças. À medida que as tecnologias e os métodos computacionais continuam a avançar, a capacidade de modelar, analisar e prever o comportamento biológico irá melhorar, abrindo novas portas para a medicina personalizada, a descoberta de medicamentos e a biologia sintética.

3.10.Redes de regulação dos genes

As Redes de Regulação Génica (GRN) são estruturas críticas na biologia de sistemas, representando as relações reguladoras entre genes que controlam a expressão génica. As GRNs mapeiam a forma como os genes, através de vários mecanismos de regulação, interagem entre si para governar processos celulares como o desenvolvimento, a diferenciação e as respostas a estímulos ambientais.

1. Introdução às Redes de Regulação Génica (GRN)

Uma GRN consiste em nós (genes) e arestas (relações reguladoras, como a ativação ou a repressão) que descrevem a forma como os genes influenciam a expressão uns dos outros. Estas redes captam as interações entre factores de transcrição, elementos reguladores, ARNs não codificantes e genes alvo.

Principais componentes das GRN:

- **Factores de transcrição (TFs):** Proteínas que se ligam a sequências específicas de ADN e regulam a transcrição de genes alvo. Os TFs podem atuar como activadores ou repressores da expressão genética.
- **Regiões promotoras:** Sequências de ADN localizadas a montante de um gene onde os factores de

transcrição se ligam para iniciar a transcrição.

- **Potenciadores e silenciadores:** Elementos reguladores de DNA que podem aumentar ou reprimir a transcrição, muitas vezes localizados longe do gene que regulam.

- **Moléculas de ARN (miRNA, lncRNA):** RNAs não codificantes que regulam a expressão dos genes a nível pós-transcricional, frequentemente através da degradação do mRNA ou da inibição da tradução.

2. Estrutura das redes de regulação dos genes

Os GRNs são normalmente representados como grafos dirigidos, onde:

- **Os nós** representam genes (ou elementos reguladores como TFs).
- **As arestas** representam interações reguladoras, com setas que indicam a direccionalidade (por exemplo, o TF A ativa ou reprime o gene B).

As relações entre os genes numa GRN podem ser:

- **Ativação:** Um TF promove a expressão de um gene alvo.
- **Repressão:** Um TF inibe a expressão de um gene alvo.
- **Circuitos de feedback:** Circuitos reguladores em que um produto genético influencia a sua própria expressão, quer positiva (feedback positivo) quer negativamente (feedback negativo).

3. Mecanismos de regulação dos genes

As GRN descrevem vários níveis de regulação dos genes:

- **Regulação da transcrição:** Controlada por factores de transcrição que se ligam a regiões promotoras e a outras sequências reguladoras para modular a transcrição de genes.
- **Regulação pós-transcricional:** Os RNAs não codificantes (por exemplo, microRNAs) e as proteínas de ligação ao RNA regulam a estabilidade do mRNA, o splicing e a eficiência da tradução.
- **Regulação epigenética:** As modificações das histonas, a metilação do ADN e as alterações da estrutura da cromatina podem modular a acessibilidade e a transcrição dos genes.
- **Mecanismos de feedback:** Os circuitos de retroação (positivos ou negativos) permitem o ajuste fino da expressão genética e contribuem para a homeostase celular ou para alterações rápidas da expressão em resposta a estímulos.

4. Motivos de rede em GRNs

Os motivos de rede são padrões pequenos e recorrentes numa GRN que desempenham funções reguladoras específicas. Os motivos comuns incluem:

- **Loops de alimentação (FFL):** Um gene X regula o gene Y, e ambos regulam conjuntamente o gene Z. Este motivo permite a integração de sinais e a filtragem de sinais transitórios.

- **Laços de autorregulação:** Um produto genético regula a sua própria transcrição, o que pode estabilizar ou oscilar os seus níveis de expressão.
- **Loops de feedback negativo:** Utilizados para manter a homeostase, reduzindo a atividade de um gene quando a sua expressão excede um determinado limiar.

5. Modelos matemáticos de GRNs

Para compreender o comportamento dinâmico das GRNs, os investigadores utilizam modelos matemáticos para simular as alterações da expressão genética ao longo do tempo. Algumas abordagens de modelação comuns incluem:

A. Redes Booleanas

Nas redes booleanas, os genes são modelados como estados binários: "ligado" (expresso) ou "desligado" (não expresso). A lógica regulatória é capturada usando funções booleanas que descrevem como o estado de um gene afeta os estados de outros. Apesar de sua simplicidade, os modelos booleanos são úteis para analisar o comportamento qualitativo das GRNs.

B. Equações diferenciais

As equações diferenciais ordinárias (EDO) são utilizadas para modelar a dinâmica contínua dos níveis de expressão dos genes. Estes modelos têm em conta as taxas de transcrição, tradução e degradação de mRNAs e proteínas. Fornecem previsões mais detalhadas e quantitativas das alterações da expressão génica ao longo do tempo.

C. Modelos estocásticos

A expressão dos genes é inerentemente ruidosa devido a flutuações aleatórias nos componentes celulares, como os factores de transcrição ou as moléculas de ARNm. Os modelos estocásticos têm em conta esta aleatoriedade e são particularmente úteis para estudar a expressão de genes numa única célula ou moléculas de baixa abundância.

D. Redes Bayesianas

As redes Bayesianas utilizam abordagens probabilísticas para modelar a probabilidade de interações regulamentares com base em dados observados. São particularmente úteis quando se lida com dados incompletos ou ruidosos, uma vez que podem fornecer pontuações de confiança para interações previstas.

6. Métodos experimentais para a construção de GRNs

A construção de GRNs envolve a identificação de interações reguladoras utilizando técnicas experimentais, tais como:

A. ChIP-Seq (Sequenciação por Imunoprecipitação da Cromatina)

O ChIP-Seq é utilizado para identificar os locais de ligação dos factores de transcrição no genoma. Ao imunoprecipitar um fator de transcrição e sequenciar o ADN ligado, os investigadores podem determinar onde um fator de transcrição interage com o genoma.

B. RNA-Seq (Sequenciação de RNA)

O RNA-Seq mede os níveis de expressão dos genes em diferentes condições, tecidos ou momentos. As correlações entre perfis de expressão de genes podem sugerir potenciais relações reguladoras entre genes.

C. ATAC-Seq **(Assay for Transposase-Accessible Chromatin Sequencing)** O ATAC-Seq identifica regiões de cromatina aberta onde é provável que os elementos reguladores se liguem. Este método fornece informações sobre as regiões do genoma que regulam ativamente a expressão genética.

D. Experiências de Perturbação

Perturbar um gene (por exemplo, através de knockdown, knockout ou sobreexpressão) e medir as alterações resultantes na expressão genética ajuda a inferir relações reguladoras diretas.

7. Aplicações das GRN

As GRN fornecem um quadro para a compreensão de processos biológicos complexos a nível de sistemas e têm uma vasta gama de aplicações.

A. Biologia do desenvolvimento

Os GRN são cruciais para compreender a regulação temporal e espacial da expressão genética durante o desenvolvimento. Por exemplo, no início da embriogénese, os GRN regulam as decisões sobre o destino das células, controlando a expressão de factores de transcrição fundamentais.

B. Mecanismos de doença

Os GRN ajudam a identificar as perturbações regulamentares subjacentes às doenças, como o cancro. As mutações associadas a doenças em factores de transcrição ou elementos reguladores podem levar a GRNs aberrantes, conduzindo à progressão da doença. Por exemplo, os GRN têm sido utilizados para estudar a forma como os supressores de tumores e os oncogenes são desregulados no cancro.

C. Descoberta de medicamentos

Ao compreender a forma como a expressão genética é regulada num contexto específico de uma doença, os GRN podem revelar novos alvos terapêuticos. Os medicamentos podem ser concebidos para modular a atividade de reguladores-chave em GRNs relacionados com doenças.

D. Biologia Sintética

As GRN podem ser projectadas para criar circuitos de genes sintéticos para aplicações em biotecnologia, como biossensores, produção de biocombustíveis ou redes de genes terapêuticos.

8. Desafios da análise GRN

- **Qualidade dos dados:** Dados incompletos e ruidosos de experiências de elevado rendimento colocam desafios à reconstrução exacta de GRNs.
- **Complexidade e escalabilidade:** O grande número de genes e interações em genomas de grandes dimensões pode dificultar o mapeamento completo das GRN.
- **Regulação específica do contexto:** As interações reguladoras dos genes podem variar consoante o tipo de célula, a fase de desenvolvimento ou as condições ambientais, o que dificulta a generalização das GRN em diferentes contextos biológicos.
- **Dinâmica temporal:** As GRNs são dinâmicas, com as interações entre genes a mudar ao longo do tempo em resposta a estímulos. A captação desta dinâmica requer dados de séries temporais, cuja obtenção pode ser difícil.

9. Tendências emergentes

- **GRNs de célula única:** A sequenciação de ARN de uma única célula permite a reconstrução de GRNs com a resolução de células individuais, revelando a variabilidade célula a célula na regulação dos genes.
- **Aprendizagem automática em GRNs:** Os avanços na aprendizagem automática e na inteligência artificial estão a melhorar a precisão da inferência GRN a partir de conjuntos de dados complexos.
- **Integração multiómica:** A integração de dados de diferentes camadas moleculares (por exemplo, genómica, epigenómica, proteómica) está a melhorar a compreensão do modo como diferentes mecanismos reguladores contribuem para as GRN.

- **GRNs espaciais:** Os avanços na transcriptómica espacial estão a fornecer informações sobre o modo como os GRN funcionam no contexto espacial dos tecidos e órgãos.

As redes de regulação génica são fundamentais para compreender como a expressão génica é controlada nos sistemas biológicos. Ao modelar as interações entre os factores de transcrição, os elementos reguladores e os genes alvo, as GRN fornecem um quadro poderoso para estudar o desenvolvimento, os mecanismos de doença e as potenciais intervenções terapêuticas. Com os avanços contínuos em tecnologias de elevado rendimento, métodos computacionais e análise de uma única célula, a investigação das GRN continuará a revelar conhecimentos mais profundos sobre a maquinaria reguladora da vida.

3.11. Análise e modelação de vias de comunicação

A análise e **modelação de vias** são ferramentas essenciais na biologia de sistemas para compreender as complexas interações bioquímicas, celulares e moleculares que conduzem os processos biológicos. A análise de vias envolve o mapeamento de processos biológicos, tais como vias metabólicas, de sinalização ou reguladoras, identificando os componentes (genes, proteínas, metabolitos) envolvidos e as suas relações. A modelização destas vias permite aos investigadores simular e prever o comportamento do sistema em várias condições, ajudando a compreender os mecanismos subjacentes às doenças, às acções dos medicamentos e às funções celulares.

1. Introdução às vias biológicas

As vias biológicas representam uma série de interações ou reacções moleculares que conduzem a resultados específicos numa célula ou organismo, como a síntese de moléculas, a transdução de sinais ou a regulação de genes. Existem vários tipos de vias biológicas:

- **Vias metabólicas:** Série de reacções químicas que decompõem ou acumulam moléculas (por exemplo, glicólise, ciclo do ácido cítrico).
- **Vias de sinalização:** Vias através das quais as células recebem, processam e respondem a sinais externos (por exemplo, MAPK, Wnt e vias de sinalização da insulina).
- **Vias de regulação dos genes:** Vias envolvidas no controlo da expressão genética (por exemplo, expressão genética durante o desenvolvimento ou em resposta a alterações ambientais).

2. Análise de caminhos

A análise de vias refere-se aos métodos computacionais e estatísticos utilizados para identificar vias biológicas significativamente enriquecidas ou interrompidas em dados experimentais, tais como conjuntos de dados de expressão genética, proteómica ou metabolómica.

Etapas da análise de vias:

1. **Recolha de dados:** As tecnologias de elevado rendimento, como o RNA-Seq, os microarrays, a proteómica e a metabolómica, geram grandes conjuntos de dados que contêm níveis de expressão de genes, proteínas ou metabolitos.
2. **Mapeamento de vias:** Os dados experimentais são mapeados para vias conhecidas utilizando bases de dados como KEGG, Reactome ou BioCyc. Este passo identifica quais as vias representadas nos dados.
3. **Análise de enriquecimento estatístico:** Algoritmos como a Análise de Enriquecimento do Conjunto de Genes (GSEA), a Análise de Sobre-Representação (ORA) ou métodos baseados na topologia de vias são utilizados para determinar se determinadas vias são estatisticamente enriquecidas no conjunto de dados.
4. **Visualização:** Ferramentas como Cytoscape, PathVisio ou Ingenuity Pathway Analysis (IPA) são utilizadas para visualizar as vias e as suas interações. Isto ajuda a interpretar os dados e a compreender o significado biológico das vias enriquecidas.

Bases de dados de vias de comunicação:

- **KEGG (Enciclopédia de Genes e Genomas de Quioto):** Um recurso amplamente utilizado para compreender as funções de alto nível dos sistemas biológicos a partir de dados genómicos e moleculares.
- **Reactome:** Uma base de dados com curadoria de vias e reacções, centrada na biologia humana, mas com dados relativos a outros organismos.
- **BioCyc:** Uma coleção de bases de dados de vias e genomas que fornecem informações pormenorizadas sobre as vias metabólicas e reguladoras.

3. Tipos de análise de vias

A análise das vias pode ser efectuada a diferentes níveis, dependendo do tipo de dados e dos objectivos do estudo:

A. Análise de enriquecimento de conjuntos de genes (GSEA)

O GSEA identifica vias ou conjuntos de genes que estão sobre-representados numa lista de genes classificados pela sua expressão diferencial entre condições (por exemplo, saudável vs. doença). Detecta alterações subtis mas coordenadas na expressão genética relacionadas com processos biológicos específicos.

B. Análise de sobre-representação (ORA)

A ORA identifica vias nas quais os genes de uma lista predefinida (por exemplo, genes diferencialmente expressos) estão sobre-representados em comparação com um conjunto de genes de fundo. É um método mais simples que utiliza testes estatísticos como o teste exato de Fisher para encontrar um enriquecimento significativo.

C. Análise de caminhos baseada em topologia

Este método considera a posição de cada gene ou proteína na via, examinando a forma como as perturbações em genes específicos afectam a estrutura global da via. As abordagens baseadas na topologia fornecem informações mais pormenorizadas, considerando a conetividade da rede dos componentes da via.

D. Análise da via metabólica

A análise das vias metabólicas identifica alterações nas reacções bioquímicas e nos fluxos de metabolitos utilizando dados da metabolómica ou da fluxómica. Isto pode fornecer informações sobre a forma como doenças como o cancro ou a diabetes alteram as vias metabólicas para manter o crescimento ou a sobrevivência.

4. Modelação de vias

A modelação de vias envolve a construção de modelos matemáticos ou computacionais para simular vias biológicas e prever o seu comportamento em diferentes condições. Estes modelos ajudam os investigadores a compreender a dinâmica das vias, a identificar os principais nós reguladores e a prever os efeitos de perturbações como a supressão de genes, tratamentos com medicamentos ou alterações ambientais.

A. Tipos de modelos de vias

1. **Modelos determinísticos (baseados em ODE)**

o **Equações diferenciais ordinárias (EDOs):** Os modelos de EDO descrevem a forma como as concentrações dos componentes da via (por exemplo, proteínas, metabolitos) mudam ao longo do tempo com base na cinética da reação. Estes modelos assumem que o sistema se comporta de forma determinística, o que significa que, dadas as mesmas condições iniciais, o sistema evoluirá de forma previsível.

o **Cinética de ação em massa:** Esta abordagem utiliza EDOs para modelar as taxas de reacções bioquímicas com base nas concentrações dos reagentes e nas constantes de taxa.

2. **Modelos estocásticos**

o **Algoritmos de Simulação Estocástica (SSAs):** Nos sistemas biológicos, a aleatoriedade desempenha um papel importante, especialmente quando se lida com pequenos números de moléculas (por exemplo, expressão genética em células individuais). Os modelos estocásticos têm em conta esta aleatoriedade, fornecendo informações sobre a variabilidade e o ruído nas vias biológicas.

o **Algoritmo de Gillespie:** Um método popular para simular modelos estocásticos de reacções químicas, capturando a natureza probabilística das interações moleculares.

3. **Modelos booleanos**

o Os modelos booleanos simplificam as vias, representando os componentes (por exemplo, genes, proteínas) como estados binários (ativo/ativo ou ligado/desligado). Os modelos booleanos são úteis para a análise qualitativa de grandes redes e são particularmente aplicáveis quando não estão disponíveis dados cinéticos pormenorizados.

4. **Análise do equilíbrio do fluxo (FBA)**

o A FBA é uma abordagem computacional utilizada para analisar vias metabólicas, assumindo um estado estacionário em que a produção e o consumo de metabolitos estão equilibrados. É particularmente útil para estudar redes metabólicas e prever o efeito de eliminações de genes ou alterações na disponibilidade de nutrientes nos fluxos metabólicos.

B. Etapas da modelação de vias

1. **Reconstrução de vias:** Com base nos dados biológicos disponíveis, uma via é reconstruída através da identificação dos componentes-chave (genes, proteínas, metabolitos) e das suas interações (ativação, inibição, transformação).
2. **Parametrização:** O modelo requer a definição de parâmetros como as taxas de reação, as afinidades de ligação e outras constantes cinéticas. Os dados experimentais ou a literatura podem fornecer estimativas para estes valores.
3. **Simulação:** O modelo da via é simulado em várias condições para observar o comportamento do sistema ao longo do tempo. São frequentemente utilizadas ferramentas de simulação como COPASI, MATLAB ou SBML (Systems Biology Markup Language).

4. **Validação:** O modelo é validado através da comparação dos resultados da simulação com os dados experimentais. As discrepâncias podem levar ao aperfeiçoamento do modelo.

5. **Previsão:** Uma vez validado, o modelo pode ser utilizado para efetuar previsões sobre o comportamento da via em resposta a perturbações como tratamentos com medicamentos, modificações genéticas ou alterações ambientais.

5. Aplicações da análise e modelação de vias de comunicação

A análise e a modelação de vias de comunicação têm amplas aplicações na biologia e na medicina: **A. Mecanismos de doença**

A análise de vias é frequentemente utilizada para identificar vias perturbadas em doenças. Ao comparar a atividade das vias em tecidos saudáveis com tecidos doentes, os investigadores podem identificar os mecanismos moleculares subjacentes a doenças como o cancro, a diabetes, a neurodegeneração e as doenças auto-imunes.

B. Identificação de alvos e descoberta de medicamentos

A modelação das vias pode ajudar a identificar os principais nós reguladores ou "hubs" que podem ser alvo de medicamentos. Ao simular os efeitos das interações entre fármacos, os modelos de vias podem prever potenciais alvos terapêuticos e mecanismos de resistência aos fármacos, ou identificar novas utilizações para os fármacos existentes (reorientação de fármacos).

C. Medicina personalizada

A análise das vias ajuda a identificar as alterações das vias específicas dos doentes utilizando dados genómicos, transcriptómicos ou proteómicos. Isto apoia estratégias de tratamento personalizadas, identificando quais as vias com maior probabilidade de responder a terapias ou medicamentos específicos.

D. Biologia sintética

A modelação de vias é essencial para a conceção de sistemas biológicos sintéticos, tais como circuitos de genes artificiais ou vias metabólicas para a produção de biocombustíveis, produtos farmacêuticos ou químicos. Os modelos ajudam a otimizar a eficiência das vias e a prever potenciais estrangulamentos ou efeitos indesejados.

E. Compreender os processos de desenvolvimento

Ao analisar e modelar as vias de sinalização e de regulação dos genes que controlam o desenvolvimento, os investigadores podem obter informações sobre a forma como as células se diferenciam e como os tecidos e órgãos se formam durante o desenvolvimento embrionário. As perturbações nestas vias podem conduzir a perturbações do desenvolvimento ou a doenças congénitas.

6. Desafios na análise e modelação de vias de comunicação

- **Qualidade dos dados:** A exatidão da análise das vias depende da qualidade dos dados experimentais, que podem ser incompletos ou ruidosos.
- **Conhecimento incompleto das vias:** Nem todas as vias biológicas estão totalmente caracterizadas, e a falta de componentes ou interações pode limitar a precisão dos modelos de vias.
- **Estimativa de parâmetros:** A determinação de parâmetros exactos para modelos cinéticos pode ser um desafio, especialmente quando os dados experimentais são escassos.
- **Complexidade e escalabilidade:** As vias biológicas são altamente complexas, e a modelação de grandes redes com muitos componentes e interações requer recursos computacionais significativos.
- **Vias dinâmicas:** As vias são dinâmicas e frequentemente dependentes do contexto (por exemplo, diferentes tecidos, fases de desenvolvimento), o que dificulta a criação de modelos que se generalizem a todas as condições.

7. Tendências emergentes

- **Integração de dados multi-ómicos:** A combinação de dados genómicos, transcriptómicos, proteómicos e metabolómicos proporciona uma visão mais abrangente das vias e melhora a precisão dos modelos de vias.
- **Análise de vias de uma única célula:** Os avanços nas tecnologias de célula única estão a permitir a análise de vias na resolução de células individuais, revelando a variabilidade e heterogeneidade de célula para célula na atividade das vias.
- **Aprendizagem automática e IA:** As abordagens de aprendizagem automática estão a ser cada vez mais utilizadas para inferir e prever vias a partir de grandes conjuntos de dados, melhorando a reconstrução e a modelização das vias.
- **Análise espacial de vias:** Novas tecnologias, como a transcriptómica espacial, permitem a análise de vias no contexto espacial dos tecidos, ajudando a compreender o modo como as vias funcionam dentro de

3.12. Integração de dados multi-ómicos

A integração de dados multiómicos é uma abordagem de ponta em biologia de sistemas que combina vários níveis de informação biológica (genómica, transcriptómica, proteómica, epigenómica, metabolómica, etc.) para obter uma compreensão mais abrangente e a nível de sistemas dos processos biológicos, doenças e respostas terapêuticas. Cada camada ómica fornece informações únicas e a sua integração pode revelar as interações complexas e os mecanismos reguladores que os estudos monoómicos podem não detetar.

1. Introdução à integração multi-microscópica

Cada camada ómica capta diferentes fenómenos biológicos:

- **Genómica**: Centra-se nas sequências e variantes de ADN, tais como mutações, polimorfismos de nucleótido único (SNP) e variações estruturais.
- **Transcriptómica**: Analisa os níveis de RNA (mRNA, RNAs não codificantes), capturando padrões de expressão genética e splicing alternativo.
- **Proteómica**: Estuda a composição proteica das células, incluindo a abundância de proteínas, modificações (por exemplo, fosforilação) e interações.
- **Epigenómica**: Examina as alterações na estrutura da cromatina (por exemplo, metilação do ADN, modificações das histonas) que regulam a expressão genética sem alterar a sequência do ADN.
- **Metabolómica**: Investiga as pequenas moléculas (metabolitos) nas células, tecidos ou biofluidos que representam o ponto final da atividade dos genes e das proteínas.
- **Lipidómica, Glicómica, etc.**: Incidem em classes específicas de biomoléculas, proporcionando camadas adicionais de conhecimento.

2. Vantagens da integração multi-microscópica

- **Visão holística**: Ao combinar dados de diferentes camadas ómicas, a multiómica permite uma compreensão mais completa da base molecular dos sistemas biológicos e dos mecanismos das doenças.

- **Captação de redes de regulação**: A multi-ómica permite a exploração de como diferentes camadas moleculares (por exemplo, expressão genética, interações proteicas, níveis de metabolitos) se influenciam mutuamente, descobrindo redes reguladoras.
- **Descoberta de mecanismos de doença**: A integração de várias ómicas pode ajudar a identificar as principais vias e biomarcadores envolvidos em doenças complexas como o cancro, a diabetes e as perturbações neurológicas.
- **Medicina de precisão**: Ao captar várias camadas de dados biológicos, a multi-ómica pode orientar abordagens de medicina personalizada, identificando assinaturas moleculares e alvos terapêuticos específicos dos doentes.

3. Estratégias para a integração multi-microscópica

Existem várias estratégias para a integração de dados multiómicos, desde métodos simples baseados na correlação até abordagens complexas de aprendizagem automática.

A. Integração horizontal e vertical

- **Integração horizontal**: Combina dados da mesma camada ómica, mas de diferentes condições, populações ou espécies. Isto ajuda a identificar pontos comuns e diferenças entre conjuntos de dados.
- **Integração vertical**: Combina diferentes camadas ómicas para as mesmas amostras. A integração vertical capta o fluxo de informação do genótipo para o fenótipo, por exemplo, a forma como as variantes genéticas afectam a expressão genética, a função proteica e os níveis de metabolitos.

B. Integração sequencial

Nesta abordagem, os dados de uma camada ómica são utilizados para informar ou restringir as análises de outras camadas. Por exemplo, as mutações genómicas podem ser identificadas em primeiro lugar e, em seguida, as alterações transcriptómicas analisadas para ver como estas mutações afectam a expressão genética, seguidas de análises proteómicas e metabolómicas.

C. Métodos de consenso

As abordagens de consenso identificam caraterísticas comuns em vários conjuntos de dados ómicos, destacando padrões, vias ou redes partilhados. Por exemplo, a integração de dados transcriptómicos e proteómicos pode revelar genes cuja expressão está correlacionada com a abundância de proteínas.

D. Integração baseada em rede

- **Redes Multi-Ómicas**: Cada camada ómica é representada como uma rede, com nós (por exemplo, genes, proteínas, metabolitos) ligados por arestas que representam interações. As redes de diferentes camadas ómicas são então integradas para formar redes multi-camadas, revelando o cross-talk entre genes, proteínas e metabolitos.

- **Abordagens baseadas em gráficos**: As redes de diferentes dados ómicos são fundidas utilizando métodos baseados na teoria dos grafos, o que permite a identificação de centros e nós-chave que desempenham papéis centrais em várias camadas ómicas.

E. Aprendizagem automática para multi-microscópios

As abordagens de aprendizagem automática e de inteligência artificial (IA) são cada vez mais utilizadas para integrar dados multiómicos. Estes métodos podem tratar dados heterogéneos de elevada dimensão e descobrir padrões ou relações que não são facilmente detectados pelos métodos estatísticos tradicionais.

- **Random Forest, Máquinas de Vectores de Suporte (SVM)**: Utilizadas para tarefas de classificação ou regressão na integração multiómica.
- **Aprendizagem profunda**: As redes neuronais e os algoritmos de aprendizagem profunda podem modelar as relações complexas entre as camadas ómicas. Por exemplo, os autoencoders podem aprender representações de cada camada ómica e combiná-las num modelo unificado.
- **Análise de Factores Multi-Ómicos (MOFA)**: Um método não supervisionado que encontra factores latentes partilhados em vários conjuntos de dados ómicos, fornecendo uma representação de baixa dimensão dos dados que capta os principais sinais biológicos.

4. Ferramentas computacionais para a integração de várias ópticas

Estão disponíveis várias ferramentas e plataformas bioinformáticas para integrar e analisar dados multiómicos:

A. Plataformas de integração de dados

- **iClusterPlus**: Um algoritmo de agrupamento integrativo que combina dados de vários tipos de ómicas para identificar subgrupos de doentes ou amostras com base em caraterísticas moleculares partilhadas.
- **MixOmics**: Um pacote R abrangente para integração multi-ómica, que
fornece ferramentas para redução da dimensionalidade, análise de correlação e visualização de conjuntos de dados multi-ómicos.
- **Análise de Factores Multi-Ómicos (MOFA)**: Esta ferramenta permite a descoberta de factores latentes partilhados em vários conjuntos de dados ómicos, revelando processos biológicos subjacentes.
- **OmicsIntegrator**: Uma ferramenta que utiliza abordagens baseadas em redes para integrar
diferentes camadas ómicas, centrando-se na identificação das principais interações reguladoras e das perturbações das vias.

B. Ferramentas de visualização

- **Cytoscape**: Uma ferramenta amplamente utilizada para visualização e análise de redes, que pode ser alargada com plugins para integrar dados multiómicos em redes biológicas.
- **PathVisio**: Uma ferramenta de análise de vias que integra dados multi-ómicos em vias conhecidas, ajudando a visualizar alterações em diferentes camadas ómicas.
- **Circos**: Uma ferramenta para visualizar relações entre diferentes conjuntos de dados ómicos, frequentemente utilizada para mostrar o impacto das variantes genómicas na expressão genética e nos níveis de metabolitos.

5. Desafios da integração multi-microscópica

- **Heterogeneidade dos dados**: Os diferentes conjuntos de dados ómicos têm diferentes tipos de dados, escalas e dimensões, o que torna difícil a sua integração de forma significativa.
- **Dados em falta**: Nem todas as camadas ómicas podem estar disponíveis para todas as amostras, o que leva a dados em falta, o que pode dificultar a integração.
- **Ruído e efeitos de lote**: Os conjuntos de dados ómicos de elevado rendimento contêm frequentemente ruído técnico e efeitos de lote que têm de ser cuidadosamente tratados antes da integração.
- **Complexidade computacional**: Os dados multiómicos são altamente dimensionais, exigindo métodos computacionais avançados e recursos significativos para análise e integração.
- **Interpretabilidade**: A integração de várias camadas ómicas pode produzir modelos complexos que são difíceis de interpretar biologicamente, especialmente com técnicas de aprendizagem automática.

6. Aplicações da integração multi-microscópica

A. Investigação sobre o cancro

O cancro é uma doença complexa, causada por mutações genéticas, alterações epigenéticas, alterações da expressão genética e reprogramação metabólica. A integração multiómica tem sido particularmente útil para compreender os mecanismos moleculares do cancro, combinando a genómica (por exemplo, mutações), a transcriptómica (por exemplo, alterações da expressão genética) e a proteómica (por exemplo, modificações proteicas). Esta abordagem integrada pode ajudar a identificar subtipos de cancro, mutações determinantes e potenciais alvos terapêuticos. **B. Medicina personalizada**

A integração multiómica desempenha um papel fundamental na medicina de precisão, fornecendo um perfil molecular abrangente dos doentes. Ao integrar dados genómicos (por exemplo, mutações) com dados transcriptómicos, proteómicos e metabolómicos, os investigadores podem identificar biomarcadores específicos dos doentes para o diagnóstico, o prognóstico e a resposta ao tratamento. **C. Perturbações metabólicas**

A integração da genómica, da transcriptómica e da metabolómica é particularmente importante para o estudo de doenças metabólicas como a diabetes e a obesidade. Estas doenças envolvem interações complexas entre factores genéticos, ambientais e metabólicos. As abordagens multi-ómicas ajudam a identificar as principais vias metabólicas e os mecanismos reguladores que se encontram perturbados.

D. Doenças neurodegenerativas

Em doenças como a doença de Alzheimer e a doença de Parkinson, a integração de dados multiómicos tem sido utilizada para identificar as vias moleculares envolvidas na neurodegeneração. Por exemplo, a combinação de dados transcriptómicos e proteómicos ajuda a compreender como as alterações da expressão genética conduzem a uma função proteica alterada e à agregação nos neurónios.

7. Tendências emergentes na integração multi-microscópica

- **Multi-ómicas de célula única**: Os avanços nas tecnologias de célula única estão a permitir a integração de múltiplas camadas ómicas ao nível da célula única, proporcionando uma resolução sem precedentes da heterogeneidade celular. Por exemplo, a sequenciação de ARN de célula única (scRNA-seq) pode ser combinada com ATAC-seq de célula única (acessibilidade da cromatina) para revelar mecanismos reguladores específicos da célula.
- **Multi-ómicas espaciais**: As técnicas de ómicas espaciais permitem a integração de dados ómicos com informações espaciais, fornecendo informações sobre o modo como diferentes tipos de células interagem nos tecidos. A transcriptómica, a proteómica e a metabolómica espaciais estão a ser combinadas para estudar a arquitetura dos tecidos e a comunicação celular.
- **Multi-ómicas longitudinais**: O acompanhamento das alterações em várias camadas ómicas ao longo do tempo pode fornecer informações sobre processos biológicos dinâmicos, como a progressão da doença, a resposta ao tratamento e o envelhecimento.

A integração multiómica está a transformar a investigação biológica e médica ao proporcionar uma compreensão mais abrangente de sistemas complexos. Ao combinar dados de genómica, transcriptómica, proteómica, metabolómica e outras camadas ómicas, os investigadores podem descobrir novos conhecimentos sobre os mecanismos das doenças, identificar biomarcadores para medicina personalizada e prever respostas terapêuticas. Apesar dos desafios, os avanços nos métodos computacionais, a aprendizagem automática e as novas técnicas experimentais continuam a alargar os limites da integração multiómica, tornando-a uma ferramenta poderosa para a biologia de sistemas e a medicina de precisão.

Aplicações avançadas e estudos de caso

As aplicações avançadas da integração multiómica e os seus **estudos de caso** demonstram o poder desta abordagem para desvendar processos biológicos complexos, identificar mecanismos de doença e promover a medicina personalizada. Estas aplicações avançadas tiram frequentemente partido de modelos computacionais sofisticados, aprendizagem automática e técnicas experimentais de ponta para explorar dados biológicos multidimensionais. Seguem-se algumas das principais aplicações avançadas e estudos de casos reais que realçam a utilidade da multiómica em vários domínios.

1. Aplicações avançadas de integração multi-microscópica

A. Medicina personalizada e de precisão

A integração de dados multiómicos permite abordagens personalizadas ao tratamento com base em perfis moleculares individuais, conduzindo à medicina de precisão. A combinação de dados genómicos, transcriptómicos, proteómicos e metabolómicos fornece uma imagem detalhada das vias e biomarcadores específicos de cada doente.

- **Farmacogenómica**: Compreender a forma como o historial genético de um doente influencia o metabolismo e a eficácia dos medicamentos, através da integração da genómica com a metabolómica e a proteómica, pode melhorar as prescrições de medicamentos, minimizando as reacções adversas aos medicamentos e optimizando as dosagens.
- **Terapia do cancro**: A integração de dados multiómicos ajuda a estratificar os doentes com cancro em subtipos baseados em assinaturas moleculares. Isto pode informar a seleção de terapias específicas e prever a probabilidade de resposta ou resistência terapêutica.

Estudo de caso:

- **O Atlas do Genoma do Cancro (TCGA)** integrou dados genómicos, transcriptómicos, epigenómicos e proteómicos de milhares de doentes com cancro. Este esforço conduziu à classificação de subtipos de cancro, à descoberta de novos factores oncogénicos e à identificação de biomarcadores para imunoterapia.

B. Multi-Ómicas para a descoberta de biomarcadores

Os dados multiómicos melhoram a descoberta de biomarcadores para o diagnóstico de doenças, o prognóstico e a resposta à terapêutica. Ao integrar várias camadas ómicas, os investigadores podem identificar biomarcadores mais robustos do que os encontrados utilizando uma única camada ómica.

- **Biomarcadores de Metabolitos e Proteínas**: Para doenças como a doença de Alzheimer ou a diabetes, a combinação de dados metabolómicos e proteómicos fornece potenciais biomarcadores para o diagnóstico precoce ou a progressão da doença.
- **Biópsia líquida para o cancro**: Utilizando dados genómicos (cfDNA), proteómicos e metabolómicos de amostras de sangue, os investigadores podem detetar de forma não invasiva o ADN, as proteínas e os metabolitos tumorais circulantes como biomarcadores para a deteção do cancro.

Estudo de caso:

- **Deteção precoce do cancro**: As abordagens de biópsia líquida multiómica, como as utilizadas pelo teste Galleri da GRAIL, combinam o ADN tumoral circulante (ctDNA) com marcadores de proteínas no sangue para detetar cancros em fase inicial de vários tipos antes do aparecimento de sintomas clínicos.

C. Multi-Ómicas na descoberta e desenvolvimento de medicamentos

A integração multiómica acelera a descoberta de medicamentos ao fornecer informações sobre os mecanismos da doença, a ação dos medicamentos e os efeitos fora do alvo. Permite aos investigadores identificar novos alvos de medicamentos, compreendendo a forma como diferentes camadas ómicas interagem em estados de doença.

- **Reaproveitamento de medicamentos**: A integração multiómica ajuda a identificar medicamentos que podem afetar múltiplas vias, facilitando assim a reorientação de medicamentos existentes para novas indicações.
- **Polifarmacologia**: A exploração da forma como os medicamentos afectam simultaneamente várias camadas ómicas permite uma compreensão holística dos seus efeitos e dos potenciais efeitos secundários.

Estudo de caso:

- **Reaproveitamento de medicamentos para a COVID-19**: Uma abordagem de integração multiómica que combina dados transcriptómicos, proteómicos e metabolómicos de doentes com COVID-19 levou à identificação de medicamentos existentes (como a dexametasona) que poderiam ser reorientados para o tratamento de casos graves através da modulação das vias imunitárias e das respostas inflamatórias.

D. Integração de células individuais multi-ómicas

A multiómica unicelular permite a caraterização de células individuais a diferentes níveis moleculares (por exemplo, transcriptómica, proteómica, epigenómica) para compreender melhor a heterogeneidade celular nos tecidos. Isto é especialmente relevante para sistemas complexos como o sistema imunitário ou os tumores, onde coexistem diferentes tipos ou estados celulares.

- **Transcriptómica de célula única + Epigenómica**: A integração do RNA-seq de célula única (scRNA-seq) com o ATAC-seq de célula única (acessibilidade da cromatina) revela o impacto da regulação epigenética na expressão genética a nível celular.
- **Proteogenómica de célula única**: A caraterização do transcriptoma e do proteoma na mesma célula permite obter informações sobre a regulação pós-transcricional e a dinâmica ao nível das proteínas não captadas apenas pela transcriptómica.

Estudo de caso:

- **Análise do Microambiente Tumoral**: Um estudo que utilizou dados integrados de scRNA-seq e ATAC-seq de tumores de melanoma para mapear a paisagem celular do microambiente tumoral. Esta abordagem revelou a forma como as células imunitárias interagem com as células cancerígenas e identificou novos alvos de imunoterapia.

2. Estudos de caso: Multi-Ómicas na investigação de doenças

A. Estudo de caso 1: Multi-Ómicas na investigação do cancro

O cancro é um dos domínios em que a integração da multiómica teve um impacto mais profundo. A complexidade do cancro, impulsionada pela instabilidade genómica, pela desregulação da expressão genética e pela alteração do metabolismo, torna-o um candidato ideal para abordagens multiómicas.

- **Integração**: A combinação de dados genómicos, epigenómicos, transcriptómicos, proteómicos e metabolómicos pode desvendar as intrincadas redes que impulsionam a progressão do cancro, as metástases e a resistência à terapêutica.
- **Resultados**: No cancro da mama, as abordagens multiómicas identificaram subtipos que respondem de forma diferente aos tratamentos. Este trabalho permitiu o desenvolvimento de terapias específicas, como as que visam o HER2 no cancro da mama HER2-positivo.

Exemplo:

- **Atlas Pan-Cancerígeno (TCGA)**: Ao integrar várias camadas ómicas (genómica, transcriptómica e proteómica), o TCGA revelou que as mutações em determinados genes conduziam a assinaturas transcriptómicas e proteómicas distintas, que, por sua vez, influenciavam a sobrevivência dos doentes. Este estudo levou também à identificação de novos alvos terapêuticos para cancros difíceis de tratar.

B. Estudo de caso 2: Multi-Ómicos em doenças neurodegenerativas

As doenças neurodegenerativas, como a doença de Alzheimer e a doença de Parkinson, envolvem mecanismos moleculares complexos que abrangem as camadas genética, transcriptómica, proteómica e metabolómica. A integração multiómica permitiu obter informações fundamentais sobre os mecanismos das doenças.

- **Integração**: A combinação da genómica (mutações genéticas), da epigenómica (alterações da metilação) e da proteómica (níveis das proteínas amiloide e tau) revelou como a desregulação molecular conduz à neurodegeneração.
- **Resultados**: Na doença de Alzheimer, estudos multi-ómicos identificaram vários
as principais vias moleculares que envolvem a fosforilação da proteína tau, o metabolismo da beta amiloide e a desregulação imunitária, proporcionando novos alvos para o desenvolvimento de medicamentos.

Exemplo:

- **Accelerating Medicines Partnership (AMP-AD)**: Um grande projeto multiómico que integra dados genómicos, transcriptómicos e proteómicos para identificar os factores moleculares da doença de Alzheimer. Este consórcio revelou vários genes e proteínas candidatos envolvidos na patogénese da doença, abrindo novas vias para a intervenção terapêutica.

C. Estudo de caso 3: Doenças Metabólicas e Multi-Ómicas

Nas doenças metabólicas, como a diabetes e a obesidade, a integração multiómica esclarece a forma como as variações genómicas e as alterações metabólicas interagem para impulsionar a progressão da doença.

- **Integração**: A metabolómica combinada com a transcriptómica e a proteómica revela a forma como a expressão genética e a função proteica determinam a disfunção metabólica.
- **Resultados**: Na diabetes tipo 2 (T2D), a integração multi-ómica identificou
vias metabólicas desreguladas por variantes genéticas, fornecendo novos conhecimentos sobre a resistência à insulina e identificando potenciais alvos terapêuticos.

Exemplo:

- **Genómica Integrativa para a Diabetes:** Os estudos multiómicos que integram a metabolómica, a transcriptómica e a proteómica em doentes com diabetes tipo 2 revelaram vias-chave que envolvem a sinalização da insulina, o metabolismo lipídico e a inflamação, levando à identificação de novos alvos terapêuticos, como os agonistas dos receptores GLP-1.

D. Estudo de caso 4: Interações hospedeiro-microbioma

A integração multiómica está a ser cada vez mais aplicada para estudar as interações entre o microbioma e o hospedeiro. O microbioma desempenha um papel fundamental na regulação do metabolismo do hospedeiro, das respostas imunitárias e mesmo da função cerebral. A integração de dados multiómicos do hospedeiro e do microbioma permite uma compreensão mais profunda destas interações.

- **Integração:** A combinação da metagenómica (sequenciação do microbioma) com a transcriptómica e a metabolómica do hospedeiro ajuda a identificar a forma como os metabolitos microbianos influenciam a expressão genética e as respostas imunitárias do hospedeiro.
- **Resultados:** Na doença inflamatória intestinal (DII), os estudos multi-ómicos têm

mostraram como espécies microbianas específicas e os seus metabolitos interagem com o sistema imunitário do hospedeiro, fornecendo novas perspectivas sobre os mecanismos da doença e potenciais tratamentos probióticos.

Exemplo:

- **Projeto Microbioma Humano (HMP):** Ao integrar dados metagenómicos com perfis transcriptómicos e metabolómicos do hospedeiro, o HMP identificou metabolitos microbianos fundamentais que regulam a inflamação em doentes com DII. Isto levou à identificação de alvos terapêuticos e ao desenvolvimento de intervenções baseadas em probióticos.

3. Tendências emergentes em aplicações multi-microscópicas avançadas

A. Multi-Ómicas espaciais

A integração da multiómica com dados espaciais permite o estudo da forma como os processos moleculares estão organizados nos tecidos. Técnicas como a transcriptómica e a proteómica espaciais podem ser combinadas para mapear a paisagem molecular dentro de um tecido, revelando padrões espaciais de expressão de genes e proteínas que influenciam a função dos tecidos e a doença.

B. Multi-Ómicas no envelhecimento e na longevidade

Os estudos multiómicos estão a fornecer informações sobre os mecanismos moleculares do envelhecimento através da integração de dados genómicos, epigenómicos, transcriptómicos e metabolómicos de populações envelhecidas. Estes estudos têm como objetivo identificar biomarcadores de um envelhecimento saudável e potenciais intervenções para retardar os processos de envelhecimento.

C. Integração multi-microscópica orientada por IA

A utilização da aprendizagem automática e da inteligência artificial (IA) na integração de dados multiómicos está a crescer rapidamente. As abordagens baseadas na IA podem revelar padrões ocultos em conjuntos de dados grandes e complexos, prever o risco de doença e identificar alvos terapêuticos através da integração de múltiplas camadas ómicas.

Aplicações avançadas e estudos de casos demonstram como a integração multiómica está a transformar a investigação biomédica e a medicina personalizada. Do cancro às doenças neurodegenerativas, a integração da multi-ómica fornece conhecimentos sem precedentes sobre os mecanismos moleculares que conduzem à doença e à resposta terapêutica, levando à descoberta de novos biomarcadores, alvos de medicamentos e terapias de precisão. As tendências emergentes, como a multiómica espacial e a integração orientada para a IA, prometem revolucionar ainda mais a nossa compreensão da biologia e da medicina nos próximos anos.

4.1 Medicina de precisão e genómica personalizada

A medicina de precisão e **a genómica personalizada** representam o futuro dos cuidados de saúde, em que as decisões médicas, os tratamentos e as intervenções são adaptados a cada doente com base nos seus factores genéticos, ambientais e de estilo de vida. Ao utilizar a informação genómica juntamente com outros dados ómicos, os médicos podem fazer previsões mais precisas sobre o risco de doença, a progressão e as respostas terapêuticas, afastando-se da tradicional abordagem "tamanho único".

1. Medicina de precisão: Uma visão geral

A medicina de precisão centra-se na personalização das estratégias de cuidados de saúde de acordo com o perfil molecular e genético único de cada doente. Esta abordagem procura otimizar a prevenção, o diagnóstico e o tratamento de doenças com base na variabilidade individual.

Principais caraterísticas da Medicina de Precisão:

- **Tratamentos personalizados:** Os tratamentos são personalizados com base no perfil molecular específico de um doente (por exemplo, mutações genéticas, expressões proteicas, marcadores metabólicos).

- **Preditivo e preventivo**: Os dados genómicos ajudam a prever a suscetibilidade de um doente a determinadas doenças (por exemplo, cancro, diabetes, doenças cardíacas), permitindo a adoção de medidas preventivas antes do início da doença.
- **Monitorização em tempo real**: Avanços na saúde digital e tecnologias vestíveis complementam os dados genómicos, fornecendo uma monitorização em tempo real dos parâmetros de saúde do doente, como os níveis de glicose ou os parâmetros cardiovasculares.

Exemplo:

- **Oncologia**: A oncologia de precisão utiliza a genómica dos tumores para selecionar terapias direcionadas com base nas mutações genéticas que impulsionam o crescimento do cancro. Por exemplo, os doentes com cancro da mama HER2-positivo podem ser tratados com terapias específicas como o trastuzumab (Herceptin), que inibe especificamente a proteína HER2.

2. Genómica personalizada

A genómica personalizada refere-se à utilização da informação genómica de um indivíduo para informar as decisões relativas aos cuidados de saúde. Envolve a análise de variantes genéticas, incluindo polimorfismos de nucleótido único (SNPs), variações do número de cópias (CNVs) e rearranjos cromossómicos maiores, para prever o risco de doença ou a resposta terapêutica.

A. Principais aplicações da genómica personalizada

- **Previsão do risco de doença**: O perfil genómico pode revelar variantes genéticas associadas a um risco acrescido de doenças comuns, como as doenças cardiovasculares, a doença de Alzheimer e vários tipos de cancro. Por exemplo, as mutações BRCA1/BRCA2 aumentam significativamente o risco de cancro da mama e dos ovários.
- **Farmacogenómica**: A genómica personalizada também desempenha um papel fundamental na farmacogenómica, que estuda a forma como a composição genética de um indivíduo afecta a sua resposta aos medicamentos. Isto ajuda a escolher o medicamento e a dosagem correta para minimizar as reacções adversas e melhorar a eficácia.
- **Rastreio de portadores**: A genómica personalizada é utilizada na saúde reprodutiva para avaliar o estado de portador de doenças genéticas hereditárias, como a fibrose cística, a doença de Tay-Sachs ou a anemia falciforme, ajudando os casais a tomar decisões informadas sobre planeamento familiar.

Exemplo:

- **23andMe**: Os serviços genómicos diretos ao consumidor, como o 23andMe, fornecem aos indivíduos relatórios personalizados sobre as suas predisposições genéticas para várias caraterísticas e doenças, juntamente com informações farmacogenómicas sobre a forma como podem metabolizar medicamentos específicos, como a varfarina ou as estatinas.

B. Variantes genómicas na genómica personalizada

- **Polimorfismos de nucleótido único (SNP)**: Estes são o tipo mais comum de variação genética, representando uma alteração de uma única base na sequência de ADN. Os SNP estão associados ao risco de doença e à resposta aos medicamentos.
- **Variações do número de cópias (CNVs)**: As CNV envolvem deleções ou duplicações de segmentos maiores de ADN e podem ter um impacto significativo na função dos genes, afectando a suscetibilidade a doenças.

- **Variantes estruturais**: Estas incluem rearranjos cromossómicos maiores, como translocações ou inversões, que podem contribuir para doenças complexas como o cancro.

3. Medicina de precisão na prática: Aplicações e estudos de caso

A. Terapia do cancro

Um dos exemplos mais proeminentes da medicina de precisão é a sua aplicação em oncologia. Os avanços na genómica do cancro revelaram que diferentes cancros, mesmo dentro do mesmo tipo de tecido, podem ser causados por mutações genéticas distintas. Este conhecimento levou ao desenvolvimento de terapias direcionadas que atacam especificamente as células cancerígenas com determinados perfis genéticos, poupando as células normais.

Estudo de caso:

- **Terapia dirigida no cancro do pulmão**: Os doentes com cancro do pulmão de células não pequenas (NSCLC) com mutações específicas no gene **EGFR** podem ser tratados com inibidores da tirosina quinase (por exemplo, erlotinib), que inibem especificamente a sinalização do EGFR. Os doentes sem esta mutação não beneficiariam deste tratamento.

B. Doenças cardiovasculares

Nas doenças cardiovasculares (DCV), a genómica personalizada é utilizada para avaliar as predisposições genéticas para doenças como a doença arterial coronária, a fibrilhação auricular e as cardiomiopatias. Além disso, a farmacogenómica orienta o tratamento com anticoagulantes, estatinas e beta-bloqueadores, identificando variações genéticas que influenciam o metabolismo dos medicamentos.

Estudo de caso:

- **Clopidogrel e variantes do CYP2C19**: Os pacientes com determinadas variantes no gene **CYP2C19** têm uma capacidade reduzida de metabolizar o medicamento antiplaquetário clopidogrel (Plavix), o que os coloca em maior risco de eventos cardiovasculares. A determinação do genótipo destes doentes pode orientar os médicos para a prescrição de medicamentos alternativos, como o ticagrelor.

C. Doenças genéticas raras

A medicina de precisão é particularmente transformadora no caso das doenças genéticas raras, em que a sequenciação do genoma completo ou do exoma pode identificar mutações causadoras que são difíceis de detetar através de diagnósticos clínicos normais.

Estudo de caso:

- **Terapia genética CRISPR para doenças genéticas**: Em doenças como a distrofia muscular de Duchenne (DMD), os investigadores estão a utilizar a tecnologia CRISPR-Cas9 para corrigir as mutações responsáveis pela doença, proporcionando potencialmente um tratamento curativo.

D. Diabetes e distúrbios metabólicos

As abordagens multiómicas integram a genómica com a transcriptómica e a metabolómica para proporcionar um tratamento personalizado para doenças metabólicas como a diabetes tipo 2 (T2D). A medicina de precisão permite a estratificação de doentes diabéticos com base nos seus perfis de risco genético, orientando intervenções mais eficazes.

Estudo de caso:

- **MODY (Maturity-Onset Diabetes of the Young)**: O teste genético para formas monogénicas de diabetes como a MODY permite um diagnóstico preciso e permite que alguns doentes mudem de insulina para sulfonilureias orais, resultando num melhor controlo glicémico.

E. Doenças neurodegenerativas

A investigação genómica identificou múltiplas variantes genéticas associadas a doenças neurodegenerativas como a doença de Alzheimer (DA) e a doença de Parkinson (DP). Na doença de Alzheimer, por exemplo, o APOE4 é um alelo de risco bem conhecido que aumenta a probabilidade de desenvolver a doença, embora não seja determinante.

Estudo de caso:

- **Doença de Alzheimer e genotipagem APOE**: Os testes genómicos personalizados podem identificar indivíduos com maior risco de desenvolver Alzheimer com base no seu genótipo APOE. Este facto pode servir de base a intervenções precoces, mudanças de estilo de vida e participação em ensaios clínicos para tratamentos preventivos.

4. Farmacogenómica: A chave para a medicina de precisão

A farmacogenómica é o estudo da forma como os genes afectam a resposta de uma pessoa aos medicamentos. Este domínio é uma pedra angular da medicina de precisão, uma vez que as variações genéticas podem influenciar o metabolismo, a eficácia e a segurança dos medicamentos. O teste de marcadores farmacogenómicos pode informar a seleção e a dosagem ideais dos medicamentos.

- **. Principais aplicações da farmacogenómica**

- **Metabolismo de medicamentos**: As variantes genéticas de enzimas como o **CYP450** influenciam o metabolismo de uma vasta gama de medicamentos, desde antidepressivos a quimioterapia. A deteção destas variantes pode prevenir reacções adversas a medicamentos e garantir uma dosagem eficaz.

- **Dosagem de varfarina**: A varfarina, um anticoagulante, tem um índice terapêutico estreito e é influenciada por variantes em genes como **CYP2C9** e **VKORC1**. Os testes genéticos podem orientar a dosagem para reduzir o risco de hemorragia ou coagulação.

Estudo de caso:

- **Abacavir e HLA-B*5701**: No tratamento do VIH, os doentes portadores do *alelo* HLA-B5701 *correm o risco de sofrer uma reação de hipersensibilidade grave ao medicamento abacavir. O teste farmacogenómico para o HLA-B5701* é agora uma prática corrente antes de prescrever o abacavir.

5. Desafios da medicina de precisão e da genómica personalizada

Embora a promessa da medicina de precisão seja significativa, subsistem vários desafios na implementação da genómica personalizada na prática clínica.

A. **Preocupações éticas e de privacidade**

- **Privacidade dos dados genómicos**: A recolha e o armazenamento de dados genómicos pessoais suscitam preocupações quanto à privacidade, à potencial utilização indevida e à segurança dos dados. A utilização de informações genómicas em decisões sobre seguros e emprego é uma área particular de preocupação ética.
- **Consentimento informado**: Os doentes devem compreender plenamente as implicações dos testes genómicos, incluindo a potencial descoberta de resultados acidentais, tais como predisposições para doenças não relacionadas com o objetivo original do teste.

B. **Implementação clínica**

- **Integração de dados**: A integração dos dados genómicos nos registos de saúde electrónicos (EHR) e nos fluxos de trabalho clínicos existentes é um desafio devido à complexidade dos dados e à necessidade de formação dos clínicos em genómica.
- **Custo e acesso**: Os testes genómicos, especialmente a sequenciação do genoma completo, podem ser dispendiosos e ainda não estão cobertos por muitos planos de saúde, o que limita o acesso de muitos doentes à medicina de precisão.

C. **Interpretação genómica**

- **Variante de significado incerto (VUS)**: Em alguns casos, os testes genéticos revelam variantes de significado incerto, em que o impacto clínico da variante é desconhecido. Este facto cria incerteza tanto para os médicos como para os doentes na tomada de decisões de tratamento.

6. **Direcções futuras em medicina de precisão e genómica personalizada**

A. **Integração de dados multi-ómicos**

O futuro da medicina de precisão reside na integração de dados multiómicos (genómica, transcriptómica, proteómica, metabolómica) com dados clínicos e ambientais para proporcionar uma visão mais abrangente da saúde do doente. Esta abordagem permitirá um diagnóstico, uma previsão e um tratamento ainda mais precisos.

B. **Inteligência Artificial e Aprendizagem Automática**

A IA e a aprendizagem automática desempenharão um papel essencial na medicina de precisão, analisando dados multiómicos em grande escala e identificando padrões complexos nas doenças e nas respostas terapêuticas. As abordagens baseadas na IA irão melhorar a interpretação das variantes genómicas, permitindo previsões mais precisas e personalizadas.

C. **Edição de genes e CRISPR**

A tecnologia de edição de genes CRISPR-Cas9 está a abrir caminho a intervenções terapêuticas que corrigem diretamente as mutações genéticas responsáveis por doenças. No futuro, as tecnologias de edição de genes poderão proporcionar tratamentos curativos personalizados para uma vasta gama de doenças genéticas.

A medicina de precisão e a genómica personalizada representam uma mudança de paradigma nos cuidados de saúde, permitindo abordagens mais individualizadas, preditivas e direcionadas para a gestão de doenças. Com os avanços contínuos das tecnologias genómicas, da inteligência artificial e da multi-ómica integrativa, a medicina de precisão tornar-se-á cada vez mais acessível, conduzindo a melhores resultados e à redução dos custos dos cuidados de saúde em várias áreas médicas.

4.2. Integrar a genómica nos cuidados de saúde

A integração da genómica nos cuidados de saúde implica uma abordagem transformadora dos cuidados prestados aos doentes, tirando partido da informação genética para informar as decisões clínicas e adaptar os tratamentos a cada doente. Esta integração começa com testes genómicos abrangentes, incluindo a sequenciação do genoma completo e painéis de genes específicos, que identificam variantes genéticas associadas a várias doenças, respostas a medicamentos e riscos para a saúde. Ao incorporar dados genómicos nos registos de saúde electrónicos (EHRs), os prestadores de cuidados de saúde podem aceder aos perfis genéticos dos doentes juntamente com a informação clínica tradicional, permitindo uma visão mais holística da saúde do doente. Isto facilita a elaboração de planos de tratamento personalizados com base na constituição genética única de cada doente, em especial em áreas como a oncologia, em que as terapias direcionadas são concebidas para lidar com mutações genéticas específicas que impulsionam o crescimento do cancro. Além disso, a genómica desempenha um papel crucial na farmacogenómica, em que a compreensão das variantes genéticas que afectam o metabolismo dos medicamentos ajuda a otimizar a seleção e a dosagem dos medicamentos, reduzindo assim as reacções adversas aos mesmos. A integração da genómica também apoia estratégias de cuidados de saúde preventivos, permitindo a identificação precoce de indivíduos com elevado risco de doenças genéticas, conduzindo a intervenções atempadas e a modificações do estilo de vida. No entanto, uma integração bem sucedida exige que se enfrentem desafios como a privacidade dos dados, a necessidade de ferramentas bioinformáticas robustas e a garantia de que os profissionais de saúde estão equipados com a literacia genómica necessária para interpretar e aplicar eficazmente a informação genética na prática clínica. Globalmente, a integração da genómica nos cuidados de saúde promete melhorar os resultados dos doentes, promover a medicina de precisão e remodelar o futuro dos cuidados médicos através de abordagens personalizadas adaptadas às bases genéticas da saúde e da doença.

1. Panorama da integração genómica nos cuidados de saúde

A integração genómica refere-se à incorporação sistemática de dados genómicos na prática clínica, na política de saúde e na saúde pública. Isto inclui a utilização de informação genética para:

- **Diagnóstico e rastreio**: Utilização de testes genómicos para diagnosticar doenças genéticas e identificar predisposições para doenças.
- **Tratamento personalizado**: Adaptar os planos de tratamento com base na composição genética de um indivíduo, conduzindo a terapias mais eficazes e a efeitos adversos reduzidos.
- **Medicina preventiva**: Identificação de factores de risco genéticos para implementar medidas preventivas antes do início da doença.

2. Principais aplicações da integração genómica

A. Diagnóstico clínico

Os testes genómicos são cada vez mais utilizados para diagnosticar uma vasta gama de doenças, desde doenças genéticas hereditárias a cancros.

- **Sequenciação de nova geração (NGS)**: Tecnologias como a sequenciação do exoma completo e do genoma completo permitem uma análise exaustiva das variantes genéticas associadas a doenças específicas, possibilitando um diagnóstico preciso e a identificação de tratamentos adequados.
- **Painéis direcionados**: Os painéis de genes centrados em condições específicas (por exemplo, cancros hereditários) proporcionam uma abordagem mais rápida e rentável ao diagnóstico genómico.

Exemplo:

- **Testes de fibrose cística**: Os testes genéticos para deteção de mutações no gene **CFTR** permitem o diagnóstico precoce da fibrose quística, conduzindo a uma intervenção e tratamento atempados da doença.

B. Farmacogenómica

A integração da farmacogenómica na prática clínica permite aos prestadores de cuidados de saúde prescrever medicamentos com base no perfil genético de um indivíduo, optimizando a eficácia dos medicamentos e minimizando os efeitos adversos.

- **Metabolismo de medicamentos**: As variantes em genes como o **CYP450** podem afetar significativamente o metabolismo dos medicamentos, influenciando a dosagem e a escolha da medicação.
- **Terapia guiada**: Para medicamentos como a varfarina, os testes genéticos ajudam a determinar a dosagem ideal, reduzindo o risco de efeitos secundários graves.

Exemplo:

- **Antidepressivos e SSRIs**: Os testes genéticos podem orientar a escolha dos inibidores selectivos da recaptação da serotonina (ISRS) com base no genótipo metabólico, melhorando os resultados do tratamento dos doentes com depressão.

C. Medicina preventiva

A integração genómica melhora os cuidados de saúde preventivos ao identificar indivíduos com elevado risco de contrair determinadas doenças, permitindo um rastreio orientado e intervenções no estilo de vida.

- **Síndromes de cancro familiar**: O teste de mutações em genes como **BRCA1** e **BRCA2** pode identificar indivíduos em risco de cancro da mama e do ovário, permitindo uma vigilância reforçada e medidas preventivas.
- **Avaliação do risco cardiovascular**: Os marcadores genómicos podem identificar indivíduos em risco de doenças cardiovasculares, levando a modificações do estilo de vida e a intervenções precoces.

Exemplo:

- **Estratégias preventivas para o cancro colorrectal**: O rastreio genético da síndrome de Lynch permite a realização de colonoscopias e vigilância mais precoces, reduzindo significativamente a incidência do cancro.

D. Saúde da população e saúde pública

A integração da genómica nas iniciativas de saúde da população melhora a vigilância e a gestão das doenças a nível comunitário.

-**Epidemiologia genómica**: Rastreio de variantes genéticas em agentes patogénicos (por exemplo, vírus), bactérias) ajuda na gestão de surtos e nas respostas de saúde pública.

- **Disparidades na saúde**: A compreensão da diversidade genética pode servir de base a estratégias de saúde pública destinadas a combater as disparidades de saúde entre diferentes populações.

Exemplo:

- **Vigilância genómica da COVID-19**: A sequenciação genómica das variantes do SARS-CoV-2 tem sido crucial para acompanhar a dinâmica da transmissão e a eficácia da vacina.

3. Desafios da integração da genómica nos cuidados de saúde

A. Questões éticas e jurídicas

- **Preocupações com a privacidade**: A recolha e o armazenamento de dados genéticos suscitam preocupações significativas em matéria de privacidade, nomeadamente no que se refere a uma potencial utilização indevida por parte das companhias de seguros ou dos empregadores.
- **Consentimento informado**: É fundamental garantir que os doentes compreendem plenamente as implicações dos testes genómicos, incluindo a possibilidade de descobertas acidentais.

B. Implementação clínica

- **Formação dos prestadores de cuidados de saúde**: Os prestadores de cuidados de saúde necessitam de formação em genética para interpretar os dados genómicos e incorporá-los eficazmente na tomada de decisões clínicas.
- **Integração com registos de saúde electrónicos (RSE)**: A incorporação de dados genómicos nos registos de saúde electrónicos (RSE) coloca desafios em termos de gestão de dados e interoperabilidade.

C. Custo e acessibilidade

- **Acessibilidade**: Embora o custo dos testes genómicos tenha diminuído, o acesso a estes testes continua a ser limitado para muitas populações, particularmente em locais com poucos recursos.
- **Cobertura dos seguros**: A falta de cobertura consistente para os testes genómicos dificulta a sua adoção generalizada na prática clínica.

4. Direcções futuras da integração genómica

A. Inteligência Artificial e Aprendizagem Automática

A IA e a aprendizagem automática desempenharão um papel importante na análise de grandes conjuntos de dados genómicos, na identificação de padrões e na previsão do risco de doença. Estas tecnologias melhorarão a interpretação dos dados genómicos, tornando-os mais acionáveis em contextos clínicos.

B. Medicina genómica centrada no doente

O futuro da integração genómica centrar-se-á em dar aos doentes acesso à sua informação genómica, permitindo-lhes tomar decisões informadas sobre a sua saúde. As iniciativas que proporcionam aos doentes literacia genética facilitarão uma melhor compreensão e participação nos seus cuidados.

C. Tecnologias de edição de genes

As tecnologias emergentes de edição de genes, como a CRISPR-Cas9, permitirão modificações precisas das sequências genómicas, abrindo caminho a potenciais curas de doenças genéticas. Esta integração exigirá quadros éticos sólidos para orientar a investigação e a aplicação clínica.

D. Colaboração entre disciplinas

O êxito da integração genómica dependerá da colaboração entre vários domínios, incluindo a genética, a bioinformática, a medicina, a ética e a saúde pública. As equipas multidisciplinares serão essenciais para enfrentar as complexidades e os desafios da medicina genómica.

A integração da genómica nos cuidados de saúde tem o potencial de revolucionar os cuidados prestados aos doentes através da medicina personalizada, de diagnósticos melhorados e de estratégias de prevenção orientadas. Apesar dos desafios, os avanços contínuos na tecnologia e na investigação estão a preparar o caminho para uma maior aceitação e implementação dos dados genómicos na prática clínica. À medida que os cuidados de saúde continuam a evoluir, a integração da genómica desempenhará um papel fundamental no avanço da medicina de precisão e na melhoria dos resultados de saúde para diversas populações.

E. 3. Variação genética e suscetibilidade a doenças

A variação genética desempenha um papel crucial na determinação da suscetibilidade de um indivíduo às doenças. As variações na sequência do ADN, frequentemente designadas por polimorfismos, podem influenciar a forma como os genes funcionam e como o organismo responde a vários factores ambientais, tais como agentes patogénicos, medicamentos e toxinas. Estas variações podem ser tão pequenas como os polimorfismos de nucleótido único (SNP) ou envolver alterações estruturais maiores como inserções, deleções e duplicações.

Algumas variantes genéticas podem aumentar a suscetibilidade a determinadas doenças. Por exemplo, mutações específicas nos genes BRCA1 e BRCA2 estão associadas a um maior risco de desenvolvimento de cancros da mama e dos ovários. Da mesma forma, os indivíduos portadores de alelos específicos do gene APOE, especialmente APOE e4, correm um risco elevado de desenvolver a doença de Alzheimer. Por outro

lado, certas variantes podem também oferecer proteção. Por exemplo, as mutações no gene CCR5 podem tornar os indivíduos resistentes à infeção pelo VIH, impedindo a entrada do vírus nas células.
As doenças complexas, como as doenças cardíacas, a diabetes e as doenças auto-imunes, envolvem frequentemente a interação de múltiplas variantes genéticas com factores ambientais. Ao contrário das doenças de gene único, em que uma mutação num único gene conduz à doença, as doenças complexas resultam do efeito cumulativo de muitas variantes genéticas, cada uma contribuindo com um pequeno aumento ou diminuição do risco.
O estudo da variação genética é fundamental para a medicina personalizada, em que os tratamentos e as estratégias de prevenção são adaptados ao perfil genético de cada indivíduo. Ao identificar as variantes genéticas ligadas à suscetibilidade à doença, os cientistas pretendem desenvolver melhores ferramentas de diagnóstico, terapias e medidas preventivas que se adaptem à constituição genética única de cada pessoa. Este conhecimento também informa as estratégias de saúde de toda a população, identificando grupos de risco e permitindo esforços de rastreio e intervenção direcionados. Estas variações ocorrem de muitas formas, tais como:

1. **Polimorfismos de nucleótido único (SNPs):** Estes são o tipo mais comum de variação genética, envolvendo alterações num único par de bases do ADN. Alguns SNP estão associados a um risco acrescido de doenças como o cancro, a diabetes e as doenças cardiovasculares. Por exemplo, os SNP nos genes BRCA1 e BRCA2 aumentam o risco de cancro da mama e dos ovários.
2. **Variações do número de cópias (CNVs):** São grandes secções de ADN que estão duplicadas ou eliminadas. As CNVs podem influenciar o risco de doença ao alterar a dosagem dos genes. Por exemplo, um número elevado de cópias do gene *ERBB2* está associado a um maior risco de cancro da mama.
3. **Inserções e deleções (Indels):** Estas variações ocorrem quando pequenos pedaços de ADN são inseridos ou eliminados do genoma. Os indels podem perturbar a função de genes ou elementos reguladores, conduzindo a doenças como a fibrose quística ou a doença de Crohn.
4. **Variações estruturais:** Estas incluem alterações em grande escala na estrutura dos cromossomas, como translocações, inversões ou duplicações, que podem levar a doenças como a leucemia mieloide crónica (LMC) e outros cancros.

Impacto da variação genética na suscetibilidade a doenças:

1. **Doenças monogénicas:** Causadas por variações num único gene, estas doenças seguem frequentemente padrões de hereditariedade mendelianos. Exemplos incluem a doença de Huntington e a anemia falciforme.
2. **Doenças Complexas ou Multifactoriais:** Estas envolvem interações entre múltiplos genes e factores ambientais. Exemplos incluem diabetes, doenças cardíacas e esquizofrenia. A predisposição genética é apenas um dos factores que contribuem para o risco de doença.
3. **Farmacogenética:** A variação genética também afecta a forma como os indivíduos respondem aos medicamentos. Por exemplo, as pessoas com determinadas variantes do gene *CYP2C9* podem processar a varfarina (um anticoagulante) de forma diferente, levando a riscos variáveis de complicações hemorrágicas ou de coagulação.

A compreensão da variação genética e da sua relação com a suscetibilidade à doença é crucial para o desenvolvimento de abordagens de medicina personalizada, em que os tratamentos e as estratégias de prevenção podem ser adaptados à constituição genética de um indivíduo.
As variações genéticas, como os polimorfismos de nucleótido único (SNP) e as mutações nos genes responsáveis pelo metabolismo, transporte e função recetora dos medicamentos, podem afetar significativamente a forma como um medicamento é absorvido, distribuído, metabolizado e excretado (ADME). Por exemplo, a família de enzimas CYP450, particularmente CYP2D6, CYP2C19 e CYP3A4, desempenha um papel crítico no metabolismo de medicamentos. As variações nestes genes podem classificar os indivíduos como metabolizadores pobres, intermédios, extensos ou ultra-rápidos. Um metabolizador pobre pode acumular um fármaco até níveis tóxicos, enquanto um metabolizador ultrarrápido pode eliminá-lo demasiado depressa para obter efeitos terapêuticos.

4.5. Farmacogenómica

A farmacogenómica já teve impacto na prática clínica. Um dos exemplos mais conhecidos é o do medicamento anticoagulante varfarina, que tem um índice terapêutico estreito. As variantes nos genes CYP2C9 (envolvido no metabolismo do fármaco) e VKORC1 (envolvido no mecanismo de ação do fármaco) podem afetar as necessidades de dosagem, ajudando os médicos a adaptar a dosagem com maior precisão para evitar complicações hemorrágicas ou anticoagulação insuficiente.
A farmacogenómica é o estudo da forma como a composição genética de um indivíduo influencia a sua

resposta aos medicamentos. Combina a farmacologia, a ciência dos medicamentos, com a genómica, o estudo dos genes e das suas funções, para compreender por que razão as pessoas reagem de forma diferente ao mesmo medicamento. O objetivo da farmacogenómica é otimizar a terapêutica medicamentosa, garantindo a máxima eficácia com o mínimo de efeitos secundários, tendo em conta o perfil genético do doente.

Outros exemplos incluem as terapias contra o cancro, em que medicamentos como o tamoxifeno e o trastuzumab são prescritos com base no perfil genético do doente, nomeadamente a expressão de determinados receptores ou enzimas. Na psiquiatria, medicamentos como os antidepressivos e os antipsicóticos são também afectados por variações genéticas nas enzimas metabólicas, influenciando tanto a eficácia como os efeitos secundários.

A farmacogenómica é uma promessa imensa para a medicina personalizada. Ao integrar dados genéticos nas práticas de prescrição, é possível melhorar os resultados terapêuticos, reduzir as reacções adversas a medicamentos e passar de uma abordagem única para uma medicina mais individualizada e de precisão. No entanto, a implementação generalizada ainda está a evoluir, uma vez que o custo dos testes genéticos, os obstáculos regulamentares e a necessidade de provas clínicas mais abrangentes continuam a ser desafios.

Aspectos fundamentais da farmacogenómica:

1. **Metabolismo de medicamentos**: As variações genéticas nas enzimas metabolizadoras de medicamentos podem afetar significativamente as taxas de metabolismo dos medicamentos. O grupo de enzimas mais estudado em farmacogenómica é a família **do citocromo P450** (enzimas CYP), particularmente CYP2D6, CYP2C9 e CYP3A4. Estas enzimas são responsáveis pelo metabolismo de uma grande parte dos medicamentos prescritos.

o **CYP2D6**: Esta enzima metaboliza muitos medicamentos, incluindo antidepressivos (por exemplo, fluoxetina) e opióides (por exemplo, codeína). As variantes no gene CYP2D6 podem resultar em diferentes tipos de metabolizadores:

▪ **Metabolizadores fracos (MP)**: Estes indivíduos metabolizam os medicamentos lentamente, o que leva a concentrações mais elevadas do medicamento e a um maior risco de efeitos secundários. Por exemplo, os metabolizadores fracos da codeína podem não sentir alívio da dor, uma vez que a codeína requer que o CYP2D6 a converta na sua forma ativa, a morfina.

▪ **Metabolizadores ultra-rápidos (UM)**: Metabolizam os fármacos demasiado rapidamente, o que leva a níveis insuficientes do fármaco e a efeitos terapêuticos reduzidos. Por exemplo, os metabolizadores ultra-rápidos de antidepressivos podem necessitar de doses mais elevadas para obter os efeitos desejados.

2. **Transportadores de medicamentos**: As variantes nos genes que codificam os transportadores de fármacos, como o **ABCB1 (glicoproteína-P)**, afectam a forma como os fármacos são absorvidos, distribuídos e eliminados do organismo. O ABCB1 transporta muitos medicamentos através das membranas celulares, incluindo quimioterápicos e antiepilépticos. As variações genéticas da ABCB1 podem afetar a eficácia e a toxicidade dos medicamentos.

o Exemplo: A variação do gene ABCB1 pode influenciar a eficácia da **digoxina**, um medicamento utilizado para tratar problemas cardíacos. Certos polimorfismos podem levar a uma redução da depuração da digoxina e a um aumento do risco de toxicidade.

3. **Alvos dos medicamentos**: A farmacogenómica também investiga variações genéticas nos alvos dos medicamentos, como receptores e enzimas, que podem afetar a eficácia dos medicamentos. As variantes nos genes que codificam estes alvos podem alterar a ligação e a atividade dos medicamentos.

o Exemplo: O gene **VKORC1** codifica o alvo do medicamento anticoagulante **varfarina**. As variações no VKORC1 influenciam a sensibilidade de uma pessoa à varfarina, afectando a dose necessária. Em combinação com as variantes do CYP2C9 (que metabolizam a varfarina), os testes farmacogenómicos podem ajudar a determinar a dose ideal e minimizar o risco de hemorragia ou coagulação.

4. **Reacções adversas a medicamentos (RAM)**: Algumas variações genéticas podem predispor os indivíduos a ADRs graves. Por exemplo, **o HLA-B*57:01** é uma variante associada a um risco acrescido de reacções de hipersensibilidade ao medicamento antiviral **abacavir**, utilizado no tratamento do VIH. O rastreio desta variante é atualmente a norma antes do início da terapêutica com abacavir.

5. **Tratamento do cancro**: A farmacogenómica fez avançar muito o tratamento do cancro, especialmente nas terapias orientadas. Por exemplo, as mutações no gene **EGFR** prevêem a capacidade de resposta aos inibidores da tirosina quinase (TKI) no cancro do pulmão de células não pequenas (NSCLC). Outro exemplo é a amplificação **do HER2** no cancro da mama, em que os doentes com tumores HER2-positivos beneficiam de medicamentos como o trastuzumab (Herceptin).

Aplicações clínicas:

- **Dosagem personalizada de medicamentos**: Os testes farmacogenómicos podem orientar a seleção do medicamento certo e a dose adequada. Por exemplo, o teste das variantes CYP2C9 e VKORC1 ajuda a personalizar a terapia com varfarina, reduzindo o risco de complicações.
- **Redução dos efeitos adversos**: A identificação de doentes em risco de RAM através de testes farmacogenómicos pode evitar reacções potencialmente fatais, como as reacções cutâneas graves à carbamazepina em indivíduos portadores da variante **HLA-B*15:02**, comummente encontrada em populações asiáticas.

- **Adaptação das terapias contra o cancro**: Muitos tratamentos contra o cancro, incluindo imunoterapias e terapias direcionadas, baseiam-se no perfil genético do tumor. Por exemplo, os doentes com mutações **BRAF V600E** no melanoma beneficiam dos inibidores BRAF, como o vemurafenib.

A farmacogenómica representa uma mudança para cuidados de saúde mais precisos e individualizados, permitindo uma melhor eficácia, menos efeitos secundários e decisões terapêuticas mais informadas com base no perfil genético de cada pessoa.

4.6. CRISPR e ferramentas de edição de genomas em bioinformática

As ferramentas CRISPR (Clustered Regularly Interspaced Short Palindromic Repeats) e de edição do genoma são tecnologias revolucionárias da biologia molecular que permitem aos cientistas efetuar alterações precisas no ADN dos organismos. Estas ferramentas abriram vastas oportunidades para a investigação, a medicina, a agricultura e a biotecnologia, e a bioinformática desempenha um papel fundamental na otimização da sua utilização. Eis uma análise pormenorizada do CRISPR e de outras ferramentas de edição do genoma no contexto da bioinformática:

1. Sistema CRISPR-Cas

Os sistemas CRISPR-Cas, em particular **o CRISPR-Cas9**, são ferramentas de edição do genoma amplamente utilizadas, derivadas de um mecanismo de defesa imunitária bacteriano. O sistema é composto por dois componentes:

- **Cas9 Nuclease**: Uma enzima que corta o ADN num local específico.
- **RNA guia (gRNA)**: Uma pequena molécula de ARN que direciona o Cas9 para a localização específica no genoma através do emparelhamento de bases com uma sequência de ADN complementar.

Papel da bioinformática no CRISPR:

1. **Conceção e otimização de gRNA**:

o **Especificidade e eficiência**: As ferramentas bioinformáticas são essenciais para conceber ARN-guia que visem a sequência de ADN correta sem causar efeitos fora do alvo (cortes não intencionais noutros locais do genoma). Os algoritmos são utilizados para prever a ligação do ARNg aos sítios alvo e aos sítios potencialmente não alvo. Exemplos de ferramentas incluem:

- **CRISPR-Cas Designer**: Uma plataforma que prevê sequências de gRNA eficientes para alvos genéticos específicos.
- **CHOPCHOP**: Uma ferramenta de fácil utilização para selecionar alvos CRISPR e minimizar os efeitos fora do alvo.

CCTop: Uma ferramenta para avaliar a eficiência no alvo e o potencial fora do alvo, comparando a sequência do RNA-guia com todo o genoma.

2. **Previsão fora do alvo**:

o As ferramentas bioinformáticas analisam as potenciais incompatibilidades entre o gRNA e o genoma para prever e minimizar os efeitos fora do alvo. Isto envolve a pesquisa no genoma de sequências que sejam semelhantes ao local alvo, uma vez que mesmo alguns desvios de pares de bases podem levar a edições não intencionais. Por exemplo, **o CRISPOR** prevê efeitos fora do alvo considerando a tolerância de incompatibilidade e fornece uma lista de possíveis locais fora do alvo.

3. **Anotação e seleção de genes**:

o Ferramentas como o **Ensembl** e **o UCSC Genome Browser** ajudam a identificar sequências de genes, elementos reguladores e regiões genómicas a editar. Estas bases de dados estão integradas com funcionalidades de anotação, fornecendo informações cruciais sobre o gene alvo, as suas funções e fenótipos associados.

4. **Identificação do sítio PAM**:

o Os sistemas CRISPR dependem da presença de uma sequência **PAM (Protospacer Adjacent Motif)** junto ao ADN alvo para que as proteínas Cas possam cortar eficazmente. As ferramentas de bioinformática ajudam a identificar sítios PAM adequados (por exemplo, NGG para Cas9) no genoma para orientar uma edição bem sucedida do genoma.

5. **Triagem de alto rendimento**:

o O CRISPR pode ser utilizado para o rastreio genético de elevado rendimento, como a eliminação de centenas ou milhares de genes para estudar as suas funções. A bioinformática ajuda na análise de dados, na gestão de grandes conjuntos de dados gerados a partir desses rastreios e na associação de alterações genéticas a resultados fenotípicos.

2. Outras ferramentas de edição do genoma

Embora o CRISPR-Cas9 seja a ferramenta mais conhecida, outras tecnologias de edição do genoma são também utilizadas na bioinformática:

1. **TALENs (Transcription Activator-Like Effector Nucleases)**:

o As TALENs são proteínas modificadas que podem ligar-se a sequências específicas de ADN e introduzir quebras de cadeia dupla. A bioinformática ajuda a conceber TALENs personalizadas, selecionando sítios específicos de ligação ao ADN e prevendo efeitos fora do alvo. Ferramentas como o **TALEN Targeter** e o **TAL Effector Nucleotide Targeter 2.0** são normalmente utilizadas para este fim.

2. **ZFNs (Nucleases de dedo de zinco)**:

o As ZFNs são outra classe de nucleases modificadas que utilizam domínios de dedo de zinco para se ligarem ao ADN e induzirem quebras específicas. A bioinformática desempenha um papel importante na identificação dos locais de ligação adequados e na conceção de construções ZFN eficientes.

3. **Edição principal**:

o Um avanço recente, a edição primária, permite operações precisas de "pesquisa e substituição" no ADN. Ao contrário do CRISPR-Cas9, que se baseia em quebras de ADN, os editores prime utilizam um ARN guia (pegRNA) e uma enzima transcriptase reversa para reescrever diretamente a sequência de ADN. As ferramentas bioinformáticas para a edição prime, como o **PrimeDesign**, ajudam a conceber pegRNAs e a otimizar a eficiência da edição, minimizando as edições não intencionais.

3. Aplicações da bioinformática na edição de genomas:

1. **Modelação de doenças e genómica funcional**:

o O CRISPR e outras ferramentas de edição do genoma são utilizados para criar modelos de doenças (por exemplo, através da introdução de mutações específicas) e estudar a função dos genes. As plataformas de bioinformática são utilizadas para analisar os efeitos destas mutações na expressão dos genes, na função das proteínas e no fenótipo.

2. **Genómica de célula única**:

o A combinação do CRISPR com a sequenciação de ARN de uma única célula (scRNA-seq) permite aos investigadores efetuar rastreios CRISPR e examinar as consequências das edições de genes ao nível de uma única célula. Os pipelines de bioinformática processam e analisam dados de scRNA-seq em grande escala para identificar padrões de expressão genética pós-edição.

3. **Análise de dados genómicos**:

o Após a edição do genoma, as ferramentas de bioinformática são essenciais para analisar os dados de sequenciação e confirmar o sucesso das edições. Por exemplo,

O CRISPResso é utilizado para uma análise profunda dos resultados da edição do genoma, avaliando as frequências de inserção/deleção (indel) e os efeitos fora do alvo a partir de dados de sequenciação de nova geração (NGS).

4. **Terapia genética e medicina personalizada**:

o O CRISPR e a edição do genoma são muito promissores para o tratamento de doenças genéticas através da terapia genética. A bioinformática ajuda a identificar mutações causadoras de doenças, a conceber edições terapêuticas e a prever os resultados. As abordagens da medicina de precisão utilizam ferramentas de edição do genoma para adaptar os tratamentos com base no perfil genético de um indivíduo, o que exige uma análise bioinformática exaustiva dos genomas dos doentes.

4. Desafios e considerações éticas:

1. **Efeitos fora do alvo**:

Uma grande preocupação na edição do genoma são as mutações não intencionais fora do alvo que podem ter consequências prejudiciais. As ferramentas de bioinformática estão a ser continuamente melhoradas para aumentar a precisão das previsões e minimizar estes riscos.

2. **Análise de grandes volumes de dados**:

o Os projectos de edição de genomas geram grandes quantidades de dados, especialmente em experiências de alto rendimento e de célula única. A bioinformática deve tratar, armazenar e analisar estes conjuntos de dados de forma eficiente para extrair resultados significativos.

3. **Questões éticas**:

o A capacidade de editar genomas humanos levanta questões éticas, particularmente no que respeita à edição da linha germinal, em que as alterações podem ser transmitidas às gerações futuras. As ferramentas bioinformáticas podem ajudar na avaliação dos riscos, mas é essencial um debate social mais alargado para determinar a utilização adequada destas tecnologias.

As ferramentas CRISPR e de edição do genoma estão a transformar a biologia e a medicina, com a bioinformática a desempenhar um papel central na conceção, otimização e análise das experiências de edição do genoma. Desde a conceção de gRNA e a previsão fora do alvo até ao rastreio de elevado rendimento e às aplicações terapêuticas, a bioinformática melhora a precisão, a eficiência e a segurança destas tecnologias inovadoras. À medida que a edição do genoma continua a evoluir, a bioinformática será essencial para o avanço da investigação e das aplicações clínicas.

4.7. Ferramentas bioinformáticas para edição do genoma

As ferramentas de bioinformática para edição do genoma desempenham um papel fundamental na conceção, análise e otimização de experiências de edição do genoma, incluindo as que envolvem CRISPR, TALENs e ZFNs. Estas ferramentas ajudam em várias tarefas, como a conceção de RNAs-guia (gRNAs), a previsão de efeitos fora do alvo, a análise de dados de sequenciação e a garantia de edições eficientes e precisas.

Segue-se uma visão geral pormenorizada de algumas das principais ferramentas bioinformáticas utilizadas na edição do genoma: **1. Ferramentas de conceção e otimização de gRNA**

Estas ferramentas ajudam a conceber RNAs-guia que visam especificamente um gene ou uma região genómica de interesse, optimizando para uma elevada eficiência e efeitos mínimos fora do alvo.

- **CRISPR-Cas Designer**: Uma plataforma intuitiva para conceber gRNAs com base na sequência de ADN alvo. Oferece opções personalizáveis para variantes CRISPR e inclui previsão integrada fora do alvo.

o Sítio Web: crispr.cos.uni-heidelberg.de

- **CHOPCHOP**: Uma ferramenta versátil de conceção de gRNA CRISPR que suporta múltiplas nucleases CRISPR (por exemplo, Cas9, Cpf1). Também concebe gRNAs para TALENs e shRNAs e fornece avaliação fora do alvo comparando as sequências guia com o genoma de referência.

o Sítio Web: chopchop.cbu.uib.no

- **CRISPOR**: Esta ferramenta concebe gRNAs para edição do genoma com base em CRISPR, prevendo simultaneamente a eficiência no alvo e os sítios fora do alvo. Integra vários algoritmos de pontuação para eficiência e verifica a especificidade do gRNA.

o Sítio Web: crispor.tefor.net

- **E-CRISP**: Fornece uma interface fácil de utilizar para a conceção de gRNA e permite a seleção dos gRNAs mais eficazes para experiências CRISPR. Suporta múltiplos genomas e avalia potenciais efeitos fora do alvo.

o Sítio Web: e-crisp.org/E-CRISP

- **CRISPRscan**: Uma ferramenta especificamente focada na otimização da eficiência do gRNA com base no contexto da sequência, particularmente no peixe-zebra e noutros organismos modelo. Utiliza um conjunto de dados empíricos para classificar a eficiência do gRNA.

o Sítio Web: crisprscan.org

2. Ferramentas de previsão fora do alvo

Os efeitos fora do alvo são uma preocupação fundamental na edição do genoma, uma vez que podem ocorrer mutações não intencionais em locais semelhantes ao sítio alvo. Estas ferramentas ajudam a prever e a minimizar a edição fora do alvo.

- **CCTop** (CRISPR/Cas9 Target Online Predictor): Identifica potenciais locais fora do alvo e classifica-os com base na semelhança com a sequência de gRNA, fornecendo uma visão abrangente dos riscos associados às edições CRISPR.

o Sítio Web: crispr.cos.uni-heidelberg.de

- **GUIAS**: Uma ferramenta para conceber guias CRISPR que minimiza a atividade fora do alvo, considerando os determinantes estruturais e baseados na sequência da especificidade de ligação do guia.

o Sítio Web: guides.sidnet.info

- **CRISPRoff**: Utiliza algoritmos de aprendizagem automática para prever a probabilidade de efeitos fora do alvo com base na sequência de gRNA e no contexto do genoma.

o Sítio Web: crispr.med.stanford. edu/crisproff

3. **Anotação do genoma e identificação de alvos**

Estas ferramentas são utilizadas para identificar e anotar genes e regiões-alvo no genoma, fornecendo informações valiosas sobre o contexto genómico dos alvos de edição.

- **Navegador de genomas Ensembl**: Fornece anotação detalhada de genes, elementos reguladores e outras caraterísticas genómicas, facilitando a seleção de alvos CRISPR adequados.

o Sítio Web: ensembl.org

- **Navegador do genoma da UCSC**: Permite aos investigadores explorar sequências e anotações do genoma, visualizar localizações de genes e aceder a uma vasta gama de dados genómicos para informar o design CRISPR.

o Sítio Web: genome.ucsc.edu

- **GENCODE**: Oferece uma anotação completa dos genes, incluindo genes codificantes e não codificantes. Os investigadores podem utilizar os dados GENCODE para selecionar com precisão a região genómica a editar.

o Sítio Web: gencodegenes.org

4. **Ferramentas de análise pós-edição**

Uma vez efectuada a edição do genoma, são necessárias ferramentas para analisar os dados de sequenciação, verificar se as edições foram bem sucedidas e avaliar as modificações fora do alvo.

- **CRISPResso2**: Uma ferramenta amplamente utilizada para analisar os resultados da edição CRISPR a partir de dados de sequenciação de alto rendimento (HTS). Identifica inserções, deleções (indels) e outras mutações nos sítios alvo e fora do alvo.

o Sítio Web: crispresso.pinellolab.org

- **CRISPR-GA** (Analisador de Genoma): Um pipeline para analisar dados de sequenciação profunda após experiências de edição do genoma. Visualiza a extensão dos indels e avalia a eficiência do processo de edição.

o Sítio Web: disponível no GitHub

- **TIDE** (Tracking of Indels by Decomposition): Uma ferramenta simples e rápida para avaliar a eficiência do CRISPR através da análise de dados de sequenciação Sanger. O TIDE decompõe traços de sequenciação mistos para quantificar os indels induzidos pela edição do genoma.

o Sítio Web: tide.nki.nl

5. **Ferramentas de edição principais**

A edição primária é uma tecnologia avançada de edição do genoma que permite edições precisas de ADN "procurar e substituir" sem criar quebras de cadeia dupla. As ferramentas bioinformáticas para a edição primária concebem pegRNAs (RNAs-guia de edição primária) e prevêem os resultados da edição.

- **PrimeDesign**: Uma ferramenta abrangente para a conceção de pegRNAs para edição de primers. Permite aos utilizadores especificar a sequência alvo e a edição desejada, e fornece pegRNAs optimizados para eficiência e especificidade.

o Sítio Web: primedesign.pinellolab.org

6. **Ferramentas de conceção TALEN e ZFN**

Estas ferramentas ajudam a conceber as construções de edição do genoma baseadas em TALEN e ZFN, identificando sítios-alvo e optimizando a interação proteína-ADN.

- **TAL Effector Nucleotide Targeter 2.0**: Uma ferramenta para conceber sequências alvo TALEN, incluindo o par ideal de proteínas TALE necessárias para induzir quebras de cadeia dupla num local específico do ADN.

o Sítio Web: tale-nt.cac.cornell.edu

- **PROGNOS**: Uma ferramenta bioinformática para prever a atividade fora do alvo para ZFNs e TALENs, semelhante às ferramentas de previsão fora do alvo para sistemas CRISPR.

o Sítio Web: prognos.teslabio.com

7. **Bibliotecas CRISPR para rastreio de elevado rendimento**

As ferramentas de rastreio CRISPR permitem aos investigadores efetuar rastreios genéticos em grande escala, visando vários genes em simultâneo. A bioinformática ajuda a gerir e a analisar os dados maciços gerados por estas experiências.

- **Criador de bibliotecas CRISPR**: Ajuda a criar bibliotecas CRISPR personalizadas para análises de todo o genoma, selecionando RNAs guia que visam vários genes ou vias.

o Sítio Web: librarydesigner.org

- **MAGeCK**: Uma ferramenta de bioinformática para analisar os ecrãs CRISPR knockout. A ferramenta avalia o impacto da supressão de genes específicos na viabilidade celular ou noutros fenótipos, analisando as frequências de ARN-guia após o rastreio.

o Sítio Web: sourceforge.net/projects/mageck/

As ferramentas de bioinformática são indispensáveis para a edição do genoma, fornecendo um suporte robusto para todas as fases do processo - desde a conceção do RNA-guia até à análise pós-edição. Estas ferramentas não só aumentam a precisão e a eficiência da edição do genoma, como também minimizam os riscos, como os efeitos fora do alvo, garantindo aplicações mais seguras e eficazes na investigação e nas intervenções terapêuticas.

4.8. Aplicações na terapia genética e na agricultura

A aplicação de tecnologias de edição do genoma, em particular a CRISPR e outras ferramentas, na **terapia genética** e na **agricultura** revolucionou ambos os domínios. Ao permitir modificações precisas no ADN dos organismos, estas ferramentas abriram novas possibilidades de tratamento de doenças genéticas e de melhoria da produção agrícola e pecuária. Segue-se uma análise pormenorizada das aplicações específicas em cada domínio:

1. Aplicações em terapia genética

A terapia genética visa tratar ou prevenir doenças através da modificação direta de genes nas células de um doente. As ferramentas de edição do genoma, como o CRISPR-Cas9, são muito valiosas neste contexto, porque podem corrigir, substituir ou interromper com precisão os genes defeituosos que causam doenças.

a. Correção de mutações genéticas

- **Doenças monogénicas**: A CRISPR tem sido utilizada para corrigir mutações responsáveis por doenças de um único gene, como por exemplo:

o **Doença falciforme**: Os cientistas utilizaram o CRISPR para corrigir a mutação pontual no gene HBB responsável pela doença falciforme. Ao editar células estaminais hematopoiéticas (HSCs) derivadas do doente e ao reinfundi-las, esta terapia mostra-se promissora para curar a doença.

o **Distrofia Muscular de Duchenne (DMD)**: Mutações no gene **DMD** causam esta doença, e o CRISPR tem sido utilizado para restaurar a função da proteína distrofina, removendo ou reparando os segmentos defeituosos do gene.

- **Fibrose cística**: O CRISPR está a ser explorado para corrigir mutações no gene **CFTR**, que conduz à fibrose cística. A edição genética direcionada nas células pulmonares tem como objetivo restaurar a produção da proteína CFTR funcional e melhorar a função respiratória.

b. Terapia do cancro

- **Imunoterapia**: O CRISPR está a ser aplicado na engenharia de células T para aumentar a sua capacidade de combater o cancro. Isto é feito através de:

o **Eliminação dos pontos de controlo imunitário**, como o **PD-1**, para aumentar a capacidade das células T para atacar as células cancerígenas (inibidores dos pontos de controlo).

o **Terapia com células T de Recetor de Antigénio Quimérico (CAR)**: A CRISPR é utilizada para modificar as células T de modo a que estas expressem receptores sintéticos (CARs) dirigidos a antigénios específicos do cancro, melhorando a sua capacidade de destruir os tumores.

- **Acções contra os oncogenes**: O CRISPR também pode interromper os oncogenes ou reintroduzir genes supressores de tumores em células cancerígenas para parar o crescimento e a proliferação do cancro. **c. VIH/SIDA**

- **Edição do gene CCR5**: Uma das aplicações promissoras do CRISPR no tratamento do VIH envolve a edição do gene **CCR5**, que codifica um recetor que o VIH utiliza para entrar nas células humanas. Ao interromper o CCR5, o CRISPR pode tornar as células resistentes à infeção pelo VIH. Alguns pacientes tratados com esta abordagem já mostraram reduções significativas nas cargas virais.

d. Tratamento de doenças oculares

- **Amaurose Congénita de Leber (ACL)**: As terapias baseadas em CRISPR estão a ser testadas para tratar a ACL, uma doença genética que causa cegueira. Ao editar o gene **CEP290** defeituoso, esta abordagem visa restaurar a visão nos indivíduos afectados.
- **Retinite pigmentosa**: outra doença ocular em que o CRISPR é promissor. As mutações em genes como o **RHO** causam cegueira progressiva e a terapia genética com CRISPR pode potencialmente parar ou reverter os danos.

e. Edição somática vs. edição da linha germinativa

- **Terapia genética somática**: O CRISPR está atualmente a ser utilizado para editar células somáticas (células não reprodutivas) para fins terapêuticos. Esta forma de terapia não afecta as gerações futuras, uma vez que as alterações não são transmitidas.

- **Edição da linha germinal**: Embora controverso devido a preocupações éticas, o CRISPR poderia teoricamente ser utilizado para editar a linha germinal (óvulos, espermatozóides, embriões), corrigindo permanentemente mutações causadoras de doenças que seriam transmitidas à descendência. Esta área está fortemente regulamentada e a edição da linha germinal não é amplamente praticada para uso terapêutico.

2. Aplicações na agricultura

Na agricultura, as ferramentas de edição do genoma, como a CRISPR e as TALEN, têm sido utilizadas para aumentar o rendimento das culturas, melhorar a resistência a pragas e doenças e aumentar o valor nutricional. Estas ferramentas permitem alterações genéticas precisas e direcionadas, acelerando o desenvolvimento de variedades de plantas e gado melhoradas em comparação com os métodos tradicionais de reprodução.

a. Melhoramento das culturas

1. **Resistência a doenças**

o **Resistência a fungos, bactérias e vírus**: O CRISPR tem sido utilizado para desenvolver culturas com maior resistência a agentes patogénicos. Por exemplo:

▪ **Resistência ao oídio no trigo**: Ao anular o gene **MLO**, os investigadores criaram variedades de trigo resistentes ao oídio, uma doença fúngica comum.

▪ **Resistência ao vírus Banana Bunchy Top (BBTV)**: O CRISPR está a ser aplicado para desenvolver variedades de banana resistentes ao BBTV, que devasta as culturas de banana.

2. **Conteúdo nutricional melhorado**

o **Arroz dourado**: A edição do genoma tem sido utilizada para aumentar a produção de beta-caroteno no arroz, um precursor da vitamina A, para combater a deficiência de vitamina A em regiões onde o arroz é um alimento básico.

o **Soja com alto teor de ácido oleico**: O CRISPR tem sido utilizado para criar variedades de soja com perfis de óleo mais saudáveis, especificamente mais ricos em ácido oleico, que é benéfico para a saúde do coração.

3. **Aumento da produtividade e tolerância ao stress abiótico**

o **Tolerância à seca**: A edição do genoma pode modificar as culturas para que resistam melhor a stresses ambientais como a seca. O CRISPR tem sido utilizado para direcionar genes como o **DREB** e **o NF-YA** para melhorar a resistência à seca em culturas como o arroz e o trigo.

o **Melhoria da fotossíntese**: O CRISPR tem sido aplicado para otimizar as vias fotossintéticas em plantas como o **tabaco**, com o objetivo de aumentar a produção de biomassa e o rendimento.

4. **Redução da utilização de pesticidas**

o **Culturas resistentes a insectos**: O CRISPR pode ser utilizado para conferir resistência a pragas em culturas como o milho e o algodão, através da edição de genes que naturalmente detêm as pragas ou aumentam a produção de compostos repelentes de pragas. Por exemplo, a edição de genes relacionados com a produção de **toxinas Bt** nas culturas permite-lhes resistir aos insectos sem pesticidas químicos.

b. Melhoramento do gado

1. **Resistência a doenças**

o **Resistência ao vírus PRRS em suínos**: Uma das aplicações mais significativas do CRISPR na pecuária foi a criação de porcos resistentes à **Síndrome Reprodutiva e Respiratória dos Suínos (PRRS)**, uma doença viral devastadora. Ao editar o gene **CD163**, os cientistas tornaram os porcos imunes ao PRRSV sem afetar a saúde dos animais.

2. **Melhoria do crescimento e da eficiência alimentar**

o **Crescimento muscular em animais de criação**: O CRISPR tem sido utilizado para aumentar a massa muscular em animais como vacas e porcos, editando o gene **da miostatina (MSTN)**, que normalmente limita o crescimento muscular. Os animais com este gene editado produzem mais carne por indivíduo.

3. **Reduzir o impacto ambiental**

o **Animais com baixo teor de fósforo**: O CRISPR pode ser utilizado para modificar o gado de modo a reduzir a pegada ambiental da agricultura. Por exemplo, a edição de genes em porcos permite-lhes digerir melhor o fósforo, reduzindo assim o impacto ambiental dos resíduos.

4. **Caraterísticas reprodutivas melhoradas**

o **Aumento da fertilidade**: Ao editar os genes envolvidos na reprodução, os cientistas estão a trabalhar para melhorar os traços de fertilidade em animais como as vacas, levando a uma maior produtividade nas indústrias de lacticínios e de carne de bovino.

c. **Segurança alimentar e sustentabilidade**

• **Ciclos de reprodução mais rápidos**: A edição do genoma acelera os ciclos de reprodução ao efetuar alterações genéticas precisas numa só geração, permitindo o rápido desenvolvimento de variedades de culturas e de gado adaptadas a condições ambientais em mudança.

• **Culturas resistentes ao clima**: O CRISPR e outras tecnologias de edição do genoma são para desenvolver culturas que possam prosperar em condições meteorológicas extremas, como secas, inundações ou temperaturas extremas, que estão a tornar-se mais frequentes devido às alterações climáticas.

d. **Considerações regulamentares e éticas**

• **Panorama regulamentar**: As culturas e os animais com edição genética enfrentam frequentemente um cenário regulamentar complexo. Alguns países (como os EUA) são mais permissivos em relação aos organismos editados por CRISPR que não envolvem a introdução de ADN estranho, enquanto outros (como a UE) têm regulamentos mais rigorosos, tratando-os de forma semelhante aos OGM.

• **Considerações éticas**: Tanto na terapia genética como na agricultura, surgem preocupações éticas relativamente à edição do genoma. Na agricultura, há debates sobre os efeitos ecológicos a longo prazo, os riscos potenciais para a biodiversidade e os impactos económicos nos pequenos agricultores.

As ferramentas de edição do genoma, nomeadamente o CRISPR, têm aplicações transformadoras na terapia genética e na agricultura. Na **terapia genética**, estas ferramentas oferecem a esperança de curar ou tratar doenças genéticas através da correção de mutações causadoras de doenças. Na **agricultura**, a edição do genoma melhora a resistência das culturas, aumenta os rendimentos e melhora a produtividade do gado, contribuindo para a segurança alimentar e a sustentabilidade. À medida que estas tecnologias avançam, prometem ter um impacto profundo nos cuidados de saúde, na produção alimentar e nos esforços de sustentabilidade global.

4.9. Biologia Sintética e Modelação Computacional

A biologia sintética e a modelação computacional são dois domínios interligados que alargaram drasticamente o âmbito da investigação e das aplicações biológicas. A biologia sintética envolve a conceção e a engenharia de novas peças, dispositivos e sistemas biológicos, ou a reformulação de sistemas biológicos existentes para fins úteis. A modelação computacional apoia este processo, permitindo aos investigadores simular e prever comportamentos biológicos antes de os construírem no laboratório, melhorando assim a eficiência e a taxa de sucesso das experiências de biologia sintética.

Biologia Sintética

A biologia sintética funde a biologia, a engenharia, a química e a informática para criar novos sistemas biológicos com funções predefinidas. Envolve a conceção de componentes biológicos (genes, proteínas ou vias metabólicas) a partir do zero ou a reengenharia dos já existentes. O objetivo é construir partes biológicas padronizadas que possam ser combinadas de novas formas, como "circuitos biológicos", semelhantes aos circuitos electrónicos.

Conceitos-chave em biologia sintética

1. **Peças e dispositivos biológicos**

o **Biobricks**: Sequências de ADN normalizadas que codificam funções biológicas específicas (por exemplo, promotores, terminadores, locais de ligação de ribossomas). Estas partes modulares podem ser combinadas para criar sistemas biológicos complexos.

o **Circuitos de genes**: Redes de genes concebidos que regulam a expressão uns dos outros de forma previsível. Podem ser concebidos para efetuar operações lógicas como AND, OR e NOT, semelhantes aos circuitos digitais.

2. **Engenharia do genoma**

o **Síntese de genomas inteiros**: Os cientistas podem sintetizar e montar genomas inteiros. Por exemplo, a biologia sintética foi utilizada para criar o primeiro genoma bacteriano sintético (**Mycoplasma laboratorium**), demonstrando o potencial para conceber organismos a partir do zero.

o **Reprogramação de células**: As células podem ser reprogramadas para produzir resultados específicos, como a produção de biocombustíveis, produtos farmacêuticos ou novos materiais. Os micróbios podem ser projectados para sintetizar moléculas complexas que são difíceis ou dispendiosas de produzir quimicamente.

3. **Aplicações da biologia sintética**

o **Medicina**: Engenharia de células para produzir fármacos, como insulina ou anticorpos, ou conceção de células "inteligentes" que possam detetar estados de doença e responder com acções terapêuticas (por exemplo, células imunitárias concebidas para atacar células cancerígenas).

o **Soluções ambientais**: Desenvolvimento de microrganismos capazes de degradar os poluentes (bioremediação) ou de capturar o dióxido de carbono da atmosfera para combater as alterações climáticas.

o **Agricultura**: Engenharia de plantas para melhorar a resistência a pragas, doenças e stress ambiental, ou conceção de micróbios sintéticos para aumentar o crescimento das plantas através da fixação de azoto ou solubilização de fósforo no solo.

o **Biomanufacturação**: Criação de organismos que produzem produtos químicos, materiais e combustíveis de base biológica, proporcionando uma alternativa sustentável aos produtos petroquímicos e reduzindo o impacto ambiental.

4. **Organismos do chassis**

o Os biólogos sintéticos utilizam frequentemente organismos-modelo como a **E. coli**, a **levedura** ou **o Bacillus subtilis** como chassis para a construção de novas funções biológicas. Estes organismos são bem caracterizados e facilmente manipulados, tornando-os plataformas ideais para a bioengenharia.

5. **Sistemas baseados em CRISPR**

o A biologia sintética utiliza a tecnologia CRISPR não só para a edição do genoma, mas também para a construção de redes reguladoras sintéticas. Os sistemas baseados em CRISPR podem ser utilizados para a ativação, repressão ou edição precisa de genes, permitindo aos cientistas construir circuitos genéticos mais complexos.

Modelação computacional em biologia sintética

A modelação computacional desempenha um papel crucial na biologia sintética, ajudando a conceber, simular e prever o comportamento dos sistemas biológicos sintéticos antes de serem construídos. Isto reduz o custo e o tempo de experimentação e permite a otimização e a resolução de problemas de concepções in silico.

Principais funções da modelação computacional

1. **Conceção e Simulação de Circuitos Genéticos**

o Os modelos computacionais permitem aos investigadores simular o comportamento dos circuitos genéticos sintéticos em diferentes condições. Ferramentas como **SBML (Systems Biology Markup Language)** e plataformas como **CellDesigner** ou **COPASI** são utilizadas para modelar e visualizar vias bioquímicas e circuitos de genes.

o **Modelação dinâmica**: Ao modelar o comportamento temporal da expressão genética, dos fluxos metabólicos ou das vias de sinalização, as ferramentas computacionais ajudam a prever a resposta do sistema a estímulos (por exemplo, um fármaco ou uma alteração ambiental).

2. **Previsão de vias metabólicas**

o **Análise do equilíbrio do fluxo (FBA)**: Esta técnica é amplamente utilizada para prever como as alterações nas redes metabólicas afectam a produção dos compostos desejados. A FBA pode otimizar as vias sintéticas em microrganismos para maximizar a produção de biocombustíveis, produtos farmacêuticos ou outros produtos valiosos.

o **Modelos baseados em restrições**: Modelos computacionais que integram dados genómicos, proteómicos e metabolómicos para simular o funcionamento das vias metabólicas sob diferentes restrições (por exemplo, disponibilidade de nutrientes). Estes modelos são utilizados para otimizar as concepções de biologia sintética para produção em sistemas microbianos.

3. **Conceção de proteínas e enzimas**

o **Simulações de dinâmica molecular**: Estas simulações modelam a forma como as proteínas ou enzimas se dobram, interagem com substratos ou se comportam num ambiente celular. Na biologia sintética, isto é útil para conceber novas enzimas com maior eficiência ou novas funções (por exemplo, enzimas que catalisam reacções não naturais).

o **Rosetta**: Uma ferramenta amplamente utilizada para prever e conceber estruturas e interações de proteínas. A Rosetta pode ajudar os biólogos sintéticos a conceber proteínas que se dobram em formas desejadas ou que se ligam a moléculas específicas, tornando-a útil no desenvolvimento de biossensores ou enzimas para vias sintéticas.

4. **Otimização das vias de síntese**

o **OptKnock e OptFlux**: Ferramentas computacionais que permitem a otimização de vias de síntese em organismos como a **E. coli** ou **a levedura**. São utilizadas para identificar supressões ou adições de genes que maximizem o rendimento de um produto desejado.

o **Ciclo Conceber-Construir-Testar-Aprender (DBTL)**: Esta abordagem iterativa combina a modelação computacional com a validação experimental. Os modelos orientam a conceção de sistemas biológicos sintéticos, que são depois construídos e testados em laboratório. Os dados dos testes são utilizados para aperfeiçoar os modelos e otimizar ainda mais a conceção.

5. **Aprendizagem automática em biologia sintética**

o **Conceção baseada em IA**: Os algoritmos de aprendizagem automática são cada vez mais utilizados para prever os resultados das experiências de biologia sintética. Por exemplo, a aprendizagem automática pode ajudar a identificar alvos CRISPR óptimos ou a prever os efeitos das mutações na expressão genética e na função das vias.

o **Ferramentas de previsão**: Plataformas como **a AlphaFold da DeepMind** estão a revolucionar a previsão da estrutura das proteínas, o que é crucial para conceber novas proteínas e compreender o seu funcionamento em sistemas sintéticos.

6. **Modelação de células inteiras**

o **Simulações de células inteiras**: Estas simulações envolvem a simulação de todos os componentes moleculares de uma célula para prever a forma como os circuitos genéticos projectados irão interagir com a maquinaria celular nativa. Plataformas como o **BioSPICE** e **o VCell** permitem simulações exaustivas do comportamento celular, incluindo a expressão genética, a atividade metabólica e a sinalização celular, permitindo aos biólogos sintéticos prever o comportamento das suas concepções num contexto biológico real.

Aplicações da biologia sintética e da modelação computacional

1. **Cuidados de saúde e terapêutica**

o **Probióticos projectados**: Os modelos computacionais ajudam a conceber probióticos que podem detetar e responder a marcadores de doença no intestino humano, libertando moléculas terapêuticas quando necessário. Por exemplo, **a E. coli** foi projectada para produzir compostos anti-inflamatórios em resposta à inflamação.

o **Vacinas sintéticas**: Os modelos computacionais ajudam a identificar os melhores alvos antigénicos para a criação de vacinas sintéticas, optimizando a sua eficácia.

2. **Engenharia do ambiente**

o **Bioremediação**: Os organismos sintéticos podem ser concebidos para decompor poluentes, como plásticos ou derrames de petróleo. São utilizados modelos computacionais para prever o modo como as vias artificiais funcionarão em diferentes ambientes e otimizar o processo de degradação.

o **Captura de carbono**: A biologia sintética e a modelação são utilizadas para conceber microrganismos capazes de capturar e converter CO_2 em produtos químicos úteis, ajudando nos esforços de combate às alterações climáticas.

3. **Biotecnologia industrial**

o **Produção de biocombustíveis**: Os modelos computacionais ajudam na conceção de vias metabólicas em microrganismos que podem produzir biocombustíveis a partir de recursos renováveis de forma mais eficiente. Por exemplo, as leveduras e as bactérias foram projectadas para converter açúcares em etanol ou butanol.

o **Materiais sintéticos**: A biologia sintética é utilizada para criar micróbios que podem produzir novos materiais, como bioplásticos ou seda de aranha sintética. Os modelos computacionais são cruciais para otimizar os processos de produção nas fábricas microbianas.

4. **Agricultura**

o **Simbiose sintética**: Os microrganismos artificiais podem ser introduzidos nas culturas para promover o crescimento através da fixação de azoto ou da solubilização de nutrientes essenciais. A modelação computacional ajuda a prever a forma como estes micróbios artificiais irão interagir com o microbioma da planta e otimizar os seus efeitos benéficos.

A biologia sintética e a modelação computacional estão a transformar a investigação biológica e as suas aplicações. A biologia sintética permite a construção de novos sistemas biológicos para a saúde, a indústria e a sustentabilidade ambiental. A modelação computacional, por outro lado, fornece o poder de previsão necessário para conceber, otimizar e resolver problemas destes sistemas antes de os implementar no laboratório. Juntos, estão a impulsionar o desenvolvimento de novas terapias, práticas agrícolas sustentáveis e processos industriais inovadores.

4.10. Conceção de redes de genes sintéticos

A conceção de redes de genes sintéticos é uma componente chave da biologia sintética, permitindo aos investigadores criar sistemas biológicos personalizados com controlo preciso da expressão genética e do comportamento celular. Estas redes funcionam de forma semelhante aos circuitos electrónicos, onde os genes, os elementos reguladores e as proteínas interagem para controlar os processos biológicos de uma forma previsível e ajustável.

Análise pormenorizada da forma como são concebidas as redes genéticas sintéticas, os componentes envolvidos e algumas das suas aplicações:

1. Componentes de redes genéticas sintéticas

Uma rede genética sintética consiste em várias partes biológicas que podem ser montadas para criar as funções desejadas. Estas partes incluem:

a. Promotores

- **Os promotores** são sequências de ADN que controlam a transcrição de genes a jusante. Os promotores sintéticos podem ser concebidos para serem fortes, fracos ou induzíveis, permitindo o controlo do nível de expressão do gene.

o **Promotores constitutivos**: Promovem a expressão constante do gene.

o **Promotores induzíveis**: Respondem a estímulos específicos (por exemplo, temperatura, luz, pequenas moléculas) para ativar ou desativar a expressão genética.

b. Proteínas reguladoras

- **Factores de transcrição (TFs)**: Proteínas que se ligam a sequências de ADN específicas (promotores ou operadores) e que activam ou reprimem a transcrição. Os factores de transcrição sintéticos podem ser concebidos para responder a sinais externos ou fazer parte de circuitos lógicos sintéticos.

c. Operadores

- **As sequências operadoras** são elementos de ADN reconhecidos por proteínas reguladoras (como factores de transcrição ou repressores). Estas sequências actuam como interruptores no circuito do gene para modular a expressão genética.

d. Sítios de ligação de ribossomas (RBS)

- As sequências **RBS** são necessárias para o início da tradução. Ao modificar a força da RBS, a eficiência da síntese proteica pode ser controlada.

e. Sequências de codificação

- **Os genes** que codificam as proteínas desejadas (por exemplo, enzimas, biossensores, marcadores fluorescentes) são componentes essenciais de uma rede de genes. Estes podem ser genes sintéticos ou genes naturais concebidos para funções específicas.

f. Sequências do Exterminador

- **Os terminadores** assinalam o fim da transcrição. A colocação correta dos terminadores garante que a transcrição termina onde se pretende e evita a leitura não intencional para outros genes.

g. RNAs não-codificantes e Riboswitches

- **RNAs não-codificantes (por exemplo, siRNAs, miRNAs)**: Utilizados para regular a expressão genética a nível pós-transcricional através da degradação do ARNm ou do bloqueio da tradução.
- **Riboswitches**: Elementos de ARN que mudam de conformação em resposta a pequenas moléculas, controlando a tradução ou a transcrição numa rede genética sintética.

h. Sistemas CRISPR/dCas9

- Os sistemas de **interferência CRISPR (CRISPRi)** e **de ativação CRISPR (CRISPRa)** utilizam Cas9 cataliticamente inativo (dCas9) para reprimir ou ativar a expressão genética, visando promotores ou corpos de genes. Estes sistemas são cada vez mais utilizados em redes genéticas sintéticas para um controlo preciso e programável dos genes.

2. Portas lógicas em redes genéticas sintéticas

As redes genéticas sintéticas imitam frequentemente as portas lógicas dos circuitos electrónicos para controlar a expressão dos genes com base nas entradas. Estas "portas lógicas biológicas" processam a informação através de interações de expressão genética.

a. Porta AND

- Requer que duas ou mais condições sejam verdadeiras (ou seja, duas entradas devem estar presentes) para que a saída (expressão do gene) seja activada. Por exemplo, o gene A só é expresso quando ambos os factores de transcrição X e Y estão presentes.

b. Porta OR

- A saída é activada se qualquer uma das entradas estiver presente. Por exemplo, o gene B é expresso se o fator de transcrição X ou o fator de transcrição Y se ligarem ao seu promotor.

c. NÃO Porta

- Reprime a produção quando está presente uma determinada entrada. Por exemplo, o gene C é expresso a menos que o fator de transcrição Z esteja ligado ao promotor, bloqueando a transcrição.

d. Portas NAND, NOR, XOR

- Combinações mais complexas de regulação de genes:

o **Porta NAND**: Ativa a expressão genética a menos que ambas as entradas estejam presentes. o **Porta NOR**: Reprime a expressão se uma das entradas estiver presente.

o **Porta XOR**: Ativa a expressão se apenas uma das duas entradas estiver presente, mas não ambas.

Estas portas são úteis para programar as células para realizarem tarefas específicas em função de múltiplas condições, como a deteção de uma combinação de sinais ambientais ou de estados celulares.

3. Estratégias de conceção de redes genéticas sintéticas

a. Abordagem descendente

- Os engenheiros partem de sistemas biológicos conhecidos e modificam-nos para introduzir novas funcionalidades. Por exemplo, os investigadores podem pegar numa via metabólica natural e adicionar circuitos de genes sintéticos para otimizar a produção de um determinado composto (por exemplo, biocombustível).

b. Abordagem ascendente

- Começando do zero, os cientistas concebem redes genéticas sintéticas montando partes biológicas padronizadas (como promotores, RBS, genes e terminadores) em novas configurações que produzem os comportamentos desejados (por exemplo, oscilações, memória ou comutação).

c. Modelação matemática e computacional

- Os modelos matemáticos são essenciais para prever o comportamento das redes genéticas sintéticas antes de as construir. Estes modelos descrevem a dinâmica da expressão genética, as interações entre proteínas e o comportamento global do sistema.

o **Equações diferenciais ordinárias (EDOs)**: Amplamente utilizadas para modelar os níveis de expressão genética ao longo do tempo, permitindo a previsão de estados estáveis, oscilações ou respostas a estímulos.

o **Modelos estocásticos**: Simular a aleatoriedade na expressão genética (devido ao baixo número de cópias de moléculas) e fornecer informações sobre o ruído em circuitos sintéticos.

d. Ciclo Conceber-Construir-Testar-Aprender (DBTL)

- Uma abordagem de engenharia comum na biologia sintética:

o **Conceção**: Utilizando ferramentas computacionais, os circuitos de genes sintéticos são concebidos com as propriedades desejadas.

o **Construir**: O circuito é construído no laboratório utilizando técnicas de montagem de ADN.

o **Teste**: O desempenho do circuito é validado experimentalmente.

o **Aprender**: Os dados das experiências são utilizados para aperfeiçoar os modelos e melhorar a conceção na iteração seguinte.

4. Aplicações das redes genéticas sintéticas

a. Biossensorização

- As redes de genes sintéticos podem ser utilizadas para detetar sinais ambientais ou celulares específicos. Por exemplo, as bactérias artificiais podem ser concebidas para detetar metais pesados, poluentes ou agentes patogénicos na água, desencadeando uma saída visível ou fluorescente.

b. Aplicações terapêuticas

- **Libertação inteligente de medicamentos**: As redes de genes sintéticos podem ser utilizadas para desenvolver células "inteligentes" que libertem moléculas terapêuticas em resposta a marcadores de doenças. Por exemplo, as células modificadas poderiam detetar sinais específicos de cancro e libertar medicamentos anti-cancro apenas quando necessário.
- **Probióticos sintéticos**: Bactérias artificiais com circuitos de genes que detectam condições intestinais e segregam compostos terapêuticos para tratar doenças como a inflamação ou a diabetes.

c. Engenharia Metabólica

- As redes de genes sintéticos podem otimizar as vias metabólicas em microrganismos para produzir produtos químicos valiosos, como biocombustíveis, produtos farmacêuticos ou bioplásticos. Estes circuitos regulam a expressão das enzimas envolvidas na via biossintética, maximizando o rendimento do produto desejado.

d. Osciladores e temporizadores sintéticos

- Os circuitos genéticos podem ser concebidos para criar osciladores biológicos que geram uma expressão genética rítmica. Estes podem ser utilizados para controlar processos que necessitam de atividade periódica, como os ritmos circadianos em organismos artificiais.

o **Repressilador**: Um dos primeiros osciladores sintéticos, que consiste num ciclo de feedback com três repressores que se inibem sequencialmente uns aos outros, criando um padrão de expressão genética oscilatório.

e. **Memória biológica**

- **Interruptor de alternância**: Um circuito biestável que tem dois estados estáveis e pode "lembrar-se" de uma entrada mesmo depois de o sinal ter desaparecido. Isto é útil na conceção de células com memória, em que um único estímulo pode colocar a célula num novo estado funcional (por exemplo, de "desligada" para "ligada").
- **Contadores genéticos**: Circuitos que contam o número de vezes que um determinado estímulo foi encontrado e respondem após um determinado número de exposições. São úteis em aplicações em que é necessária uma resposta diferida no tempo.

5. **Desafios na conceção de redes genéticas sintéticas**

a. **Complexidade e previsibilidade**

- À medida que as redes de genes se tornam mais complexas, a previsão do seu comportamento torna-se mais difícil. As interações entre componentes podem levar a efeitos imprevistos, como o silenciamento de genes, ciclos de feedback não intencionais ou perda de controlo da expressão genética.

b. **Ruído e robustez**

- A expressão dos genes pode ser inerentemente ruidosa, especialmente em sistemas pequenos onde o número de moléculas é reduzido. A conceção de redes que possam funcionar de forma fiável apesar das flutuações estocásticas é um grande desafio.

c. **Conversa cruzada entre circuitos**

- Os circuitos de genes sintéticos podem interferir com processos celulares nativos ou entre si, causando efeitos indesejáveis. Minimizar este "cross-talk" é crucial para a construção de circuitos robustos e modulares.

d. **Escalabilidade**

- Embora os circuitos genéticos simples possam ser facilmente construídos, o aumento para redes mais complexas envolvendo múltiplas entradas, saídas e circuitos de feedback requer técnicas sofisticadas de conceção e otimização.

A conceção de redes genéticas sintéticas envolve a construção de circuitos modulares e programáveis que permitem um controlo preciso da expressão genética e do comportamento celular. Ao utilizar componentes como promotores, factores de transcrição e portas lógicas genéticas, os biólogos sintéticos podem criar sistemas biológicos capazes de detetar, computar e responder a sinais ambientais. Estas redes têm amplas aplicações nos cuidados de saúde, na deteção ambiental e no fabrico de produtos biológicos, e são ferramentas essenciais no domínio crescente da biologia sintética. No entanto, desafios como o ruído, a interação e a escalabilidade têm de ser abordados à medida que a biologia sintética continua a avançar.

4.11. Ferramentas para síntese de ADN e modelação de circuitos de genes

A conceção de circuitos genéticos sintéticos e de sequências de ADN requer uma combinação de ferramentas laboratoriais para a síntese de ADN e de ferramentas computacionais para a modelação e simulação de circuitos genéticos. Aqui está uma visão geral das ferramentas essenciais utilizadas para a síntese de ADN e para a modelação de circuitos de genes:

1. Ferramentas para a síntese de ADN

a. **Plataformas de síntese de ADN**

- **Serviços de síntese de genes**: Empresas como a **Integrated DNA Technologies (IDT)**, **Twist Bioscience** e **Genscript** fornecem serviços de síntese de genes personalizados. Os utilizadores podem conceber sequências in silico, submetê-las e receber o ADN físico para validação experimental.
- **Síntese de Oligonucleótidos**: Os fragmentos curtos de ADN, conhecidos como oligonucleótidos (oligos), são sintetizados quimicamente. Estes são utilizados para montar construções de ADN maiores (por exemplo, através da montagem Gibson).

b. **Métodos de montagem de ADN**

As técnicas de montagem do ADN são essenciais para criar circuitos genéticos complexos a partir de múltiplos fragmentos de ADN.

1. **Montagem Gibson**

o Um método que permite a união perfeita de múltiplos fragmentos de ADN, explorando as actividades naturais de exonuclease, polimerase e ligase numa única reação.

o É útil para a construção de grandes circuitos de genes, vias ou genomas inteiros a partir de partes de ADN sintético.

2. **Montagem da Golden Gate**

o Utiliza enzimas de restrição do tipo IIS (como **BsaI** ou **BsmBI**) para cortar o ADN fora dos seus locais de reconhecimento, gerando extremidades pegajosas que podem ser ligadas numa ordem específica. Esta técnica permite a montagem rápida e eficiente de múltiplas partes (promotores, genes, terminadores) numa única reação.

3. **Padrão BioBrick**

o Um método normalizado de montagem de ADN em que as partes de ADN (promotores, sequências de codificação, terminadores) têm saliências específicas, permitindo uma montagem fácil em circuitos de genes. As peças compatíveis com BioBrick podem ser facilmente combinadas e trocadas.

4. **Montagem mediada por CRISPR/Cas9**

o O CRISPR/Cas9 pode ser utilizado para a integração ou supressão selectiva de ADN em células vivas, permitindo a edição precisa de genes e a construção de circuitos genéticos sintéticos in vivo.

c. **Síntese automatizada de ADN**

- Os avanços nas máquinas de síntese automática de ADN permitem que os laboratórios sintetizem oligonucleótidos personalizados ou mesmo genes inteiros no local. Por exemplo, **o Sintetizador da Biomatters** permite a construção automatizada de sequências de ADN mais longas, aumentando a eficiência e reduzindo o erro humano.

2. Ferramentas para Modelação e Simulação de Circuitos Genéticos

a. **Software de modelação matemática**

Os circuitos genéticos baseiam-se frequentemente em modelos matemáticos para prever o seu comportamento e otimizar as concepções. Estes modelos baseiam-se normalmente em sistemas de **equações diferenciais ordinárias (EDO)** que descrevem a forma como os níveis de expressão dos genes se alteram ao longo do tempo.

1. **COPASI**

o Uma ferramenta popular para simular e analisar redes bioquímicas. Suporta simulações dinâmicas, análise de estado estacionário e modelação estocástica de circuitos de genes.

o Útil para explorar a forma como diferentes elementos reguladores (por exemplo, promotores, factores de transcrição) interagem e afectam os níveis de expressão genética numa rede genética sintética.

2. **SBML (Linguagem de Marcação de Biologia de Sistemas)**

o Uma linguagem normalizada para representar modelos computacionais de sistemas biológicos. A SBML permite que os modelos sejam partilhados e reutilizados em diferentes plataformas de software.

o Muitas ferramentas de simulação, como o **CellDesigner**, **COPASI** e **BioNetGen**, suportam SBML para construir e simular redes genéticas.

3. **BioNetGen**

o Uma estrutura de modelação baseada em regras utilizada para simular redes de regulação de genes, reacções bioquímicas e vias de sinalização. É especialmente útil quando os circuitos de genes são complexos e envolvem múltiplos ciclos de feedback ou eventos estocásticos.

b. **Plataformas de simulação de circuitos genéticos**

1. **TinkerCell**

o Uma ferramenta gráfica para conceber e simular circuitos de genes sintéticos. Permite aos utilizadores construir visualmente redes de genes arrastando e largando partes biológicas (por exemplo, promotores, RBS, genes) e simulando depois o comportamento dinâmico destes circuitos.

o Suporta simulações estocásticas e determinísticas e pode exportar modelos para SBML.

2. **CellDesigner**

o Um ambiente estruturado para modelar redes de regulação de genes e vias bioquímicas. Permite a conceção visual de circuitos de genes e é compatível com SBML para simulação e análise. O CellDesigner também suporta interações com bases de dados como KEGG e BioModels para integrar dados experimentais nos modelos.

3. **iBioSim**

o Um conjunto de software para a conceção, modelação e análise de circuitos genéticos e vias metabólicas. É compatível com SBML e inclui uma interface gráfica de fácil utilização para a construção de circuitos genéticos complexos.

o O iBioSim oferece funcionalidades de simulação (determinística e estocástica) e ferramentas de otimização, tornando-o uma plataforma abrangente para a conceção de biologia sintética.

4. **Suíte SynBioCAD**

o Um conjunto integrado de ferramentas que faz a ponte entre o desenho assistido por computador (CAD) e as partes biológicas. Fornece aos utilizadores ferramentas para a conceção de circuitos genéticos, otimização e previsão do comportamento dos circuitos.

o O SynBioCAD também facilita o processo de conversão de desenhos de redes de genes em modelos executáveis para simulação e síntese de ADN.

c. **Aprendizagem automática e IA na conceção de circuitos genéticos**

Os algoritmos de aprendizagem automática estão a tornar-se cada vez mais importantes para prever o comportamento dos circuitos genéticos sintéticos e melhorar as concepções com base em dados experimentais.

1. **DeepCRISPR**

o Uma ferramenta baseada na aprendizagem automática que prevê os resultados da edição do genoma CRISPR/Cas9 com elevada precisão. Isto é valioso para a conceção de circuitos de genes que envolvem regulação baseada em CRISPR.

2. **GeneNet**

o Uma ferramenta de IA utilizada para prever interações em redes de regulação de genes com base em dados experimentais. Pode ser integrada noutras plataformas de simulação para orientar a conceção de circuitos genéticos sintéticos.

3. **CAMEOS**

o Uma ferramenta computacional que aplica algoritmos de aprendizagem profunda para prever o desenho ideal do circuito genético. Gera desenhos com maior probabilidade de sucesso em sistemas biológicos do mundo real, aprendendo com uma grande base de dados de experiências anteriores de circuitos genéticos.

3. **Ferramentas de automatização do design**

A automatização da conceção de circuitos de genes é uma tendência crescente na biologia sintética, permitindo aos investigadores gerar e testar várias concepções in silico antes de passarem para o laboratório.

1. **CLOTHO**

o Uma ferramenta de código aberto para a criação de projectos biológicos sintéticos. O CLOTHO fornece uma plataforma para conceber circuitos de genes, aceder a bibliotecas de peças biológicas (como BioBricks) e testar modelos de circuitos de genes.

o Integra várias outras ferramentas e bases de dados, oferecendo fluxos de trabalho para simulação, otimização e iteração de design.

2. **CIRCADIA**

o Uma plataforma de software para automatizar o processo de construção de circuitos genéticos sintéticos. Gera possíveis desenhos de circuitos genéticos com base em especificações definidas pelo utilizador e avalia o seu comportamento previsto.

o O CIRCADIA integra dados de bibliotecas de peças e utiliza algoritmos para otimizar a conceção de circuitos com base em critérios de desempenho como a robustez ou o tempo de resposta.

3. **Genial**

o Um conjunto abrangente de bioinformática para conceção, clonagem e análise de genes. O Geneious permite aos utilizadores conceberem construções de genes sintéticos, simularem procedimentos de clonagem e optimizarem circuitos de genes para aplicações específicas.

o Suporta ferramentas como a conceção de RNA-guia CRISPR, modelação da estrutura de proteínas e anotação de sequências.

4. **Benchling**

o Uma plataforma baseada na nuvem para a investigação em ciências da vida, que fornece ferramentas para conceber construções de ADN, organizar sequências de genes e colaborar em projectos de biologia sintética. A interface intuitiva do Benchling facilita o planeamento e a simulação de circuitos de genes antes da experimentação real.

o Inclui funcionalidades para conceção CRISPR, mapeamento de plasmídeos e integração com ferramentas de modelação externas.

4. Validação experimental de circuitos genéticos

Uma vez concebido e modelado um circuito genético sintético, este deve ser testado em sistemas biológicos. As plataformas experimentais comuns incluem:

- **Circuitos baseados em plasmídeos**: Os circuitos genéticos projectados são frequentemente incorporados em plasmídeos, que são introduzidos em organismos modelo (como a *E. coli* ou a levedura) para testes funcionais.
- **Sistemas sem células**: Os sistemas de expressão sem células permitem aos investigadores testar genes circuitos in vitro sem as complexidades das células vivas, permitindo uma iteração mais rápida.
- **Plataformas microfluídicas**: Os dispositivos microfluídicos podem ser utilizados para testar circuitos genéticos em ambientes altamente controlados, permitindo a regulação precisa das condições e a monitorização em tempo real do comportamento do circuito.

A conceção e a construção de redes genéticas sintéticas requerem a integração de tecnologias de síntese de ADN e de poderosas ferramentas de modelação computacional. Ferramentas como **Gibson Assembly** e **Golden Gate Assembly** facilitam a construção de circuitos de ADN no laboratório, enquanto plataformas computacionais como **COPASI**, **TinkerCell** e **iBioSim** permitem aos investigadores simular e otimizar estes circuitos antes da implementação física. Os avanços na aprendizagem automática, na automatização e no software de conceção estão a simplificar ainda mais o processo, tornando mais fácil e mais rápida a criação de circuitos genéticos sofisticados com um controlo preciso das funções celulares.

PARTE V

FERRAMENTAS E SOFTWARE DE BIOINFORMÁTICA

As ferramentas e o software de bioinformática são essenciais para a análise e interpretação de dados biológicos, especialmente em genómica, proteómica e transcriptómica. Estas ferramentas permitem aos investigadores gerir grandes conjuntos de dados gerados por sequenciação de alto rendimento, experiências de microarray e outras tecnologias ómicas. O software de bioinformática comummente utilizado inclui o **BLAST** para alinhamento de sequências, o **Bowtie** e **o BWA** para alinhamento de genomas e o **Galaxy** para gestão do fluxo de trabalho e análise de dados. Além disso, ferramentas como o **Bioconductor** fornecem um conjunto abrangente para análise estatística de dados genómicos em R, enquanto **o Geneious** oferece uma plataforma integrada para alinhamento, anotação e visualização de sequências. **O Cufflinks** e o **DESeq2** são amplamente utilizados para a análise da expressão diferencial em dados de RNA-seq, ajudando a identificar genes que são regulados positivamente ou negativamente em condições específicas. Em geral, as ferramentas de bioinformática facilitam a compreensão de processos biológicos complexos, contribuem para a descoberta de novos biomarcadores e apoiam o desenvolvimento da medicina personalizada, permitindo a integração de informações genéticas com dados clínicos.

Software e bases de dados de bioinformática

O software e as bases de dados bioinformáticos são essenciais para a análise, gestão e interpretação de dados biológicos. Permitem aos investigadores processar grandes volumes de informação genómica, proteómica e transcriptómica. Segue-se uma panorâmica pormenorizada de algumas das principais ferramentas de software e bases de dados de bioinformática, destacando as suas caraterísticas e aplicações.

1. Ferramentas de software de bioinformática

a. BLAST (Ferramenta básica de pesquisa de alinhamento local)

- **Descrição**: O BLAST é um algoritmo amplamente utilizado para comparar informações de sequências biológicas primárias, tais como sequências de ADN, ARN e proteínas.
- **Funcionalidade**: Identifica regiões de semelhança entre sequências e ajuda a encontrar sequências homólogas em bases de dados.
- **Aplicações**: Útil para a identificação de genes, previsão da função de proteínas e estudos evolutivos.

b. Bowtie e BWA (Alinhador Burrows-Wheeler)

- **Descrição**: Tanto o Bowtie como o BWA são algoritmos rápidos e eficientes para alinhar sequências curtas de ADN (leituras) a um genoma de referência.
- **Funcionalidade**: Utilizam a transformada de Burrows-Wheeler e outras técnicas de compressão para tratar grandes conjuntos de dados e proporcionar um alinhamento rápido.
- **Aplicações**: Normalmente utilizado na análise de dados de sequenciação de nova geração (NGS) para mapeamento do genoma e identificação de variantes.

c. Galáxia

- **Descrição**: Galaxy é uma plataforma de código aberto para a investigação biomédica de dados intensivos, fornecendo uma interface baseada na Web para a análise de dados.
- **Funcionalidade**: Os utilizadores podem criar, executar e partilhar fluxos de trabalho de bioinformática sem necessitarem de grandes conhecimentos de programação. Integra várias ferramentas para análise de sequências, visualização de dados e análise estatística.
- **Aplicações**: Útil para o processamento de dados genómicos, análise de RNA-seq e estudos metagenómicos.

d. Genial

- **Descrição**: O Geneious é um software comercial de bioinformática que oferece um conjunto abrangente de ferramentas para alinhamento de sequências, filogenética e biologia molecular.
- **Funcionalidade**: Permite aos utilizadores importar, analisar e visualizar sequências; conceber primers; e realizar análises estruturais.
- **Aplicações**: Comummente utilizado na investigação académica e industrial para a análise de sequências de ADN e de proteínas.

e. Bioconductor

- **Descrição**: O Bioconductor é um projeto de software de código aberto que fornece ferramentas para a análise e compreensão de dados genómicos no ambiente de programação R.
- **Funcionalidade**: Inclui pacotes para análise estatística, visualização de dados e manipulação de dados especificamente adaptados para aplicações de bioinformática.
- **Aplicações**: Amplamente utilizado para análise de RNA-seq, análise de dados de microarray e

visualização de dados genómicos.

f. **Botões de punho**

- **Descrição**: Cufflinks é uma suite de software para analisar dados de RNA-seq para quantificar a expressão de genes.
- **Funcionalidade**: Monta transcrições a partir de leituras de RNA-seq e estima os seus níveis de expressão, permitindo a análise da expressão diferencial.
- **Aplicações**: Útil em estudos que comparam a expressão de genes em diferentes condições ou tratamentos.

g. **DESeq2**

- **Descrição**: DESeq2 é um pacote R para analisar dados de contagem de experiências de RNA-seq.
- **Funcionalidade**: Fornece métodos estatísticos para identificar genes diferencialmente expressos com base em dados de contagem brutos, normalizando para a profundidade e variabilidade da sequenciação.
- **Aplicações**: Normalmente utilizado em estudos de genómica e transcriptómica para detetar alterações na expressão genética.

2. **Bases de dados bioinformáticas**

a. **NCBI (Centro Nacional de Informação Biotecnológica)**

- **Descrição**: O NCBI aloja uma grande quantidade de dados biológicos, incluindo o GenBank (sequências de nucleótidos), PubMed (literatura) e dbSNP (polimorfismos de nucleótidos simples).
- **Funcionalidade**: Fornece ferramentas para pesquisa, alinhamento e análise de sequências, juntamente com um repositório abrangente de artigos de investigação biológica.
- **Aplicações**: Amplamente utilizado para recuperação de sequências, pesquisas bibliográficas e cruzamento de informações biológicas.

b. **Navegador de genomas da UCSC**

- **Descrição**: O UCSC Genome Browser é uma ferramenta baseada na Web para visualizar dados genómicos de várias espécies.
- **Funcionalidade**: Os utilizadores podem explorar anotações de genomas, estruturas de genes e dados de genómica comparativa, juntamente com carregamentos de pistas personalizadas.
- **Aplicações**: Útil para a investigação genómica, mapeamento de genes e compreensão da regulação dos genes no contexto do genoma.

c. **Ensembl**

- **Descrição**: Ensembl é um navegador de genomas que dá acesso a genomas anotados de vertebrados e outras espécies, juntamente com dados de genómica comparativa.
- **Funcionalidade**: Oferece ferramentas para explorar modelos de genes, variantes, regiões reguladoras e famílias de proteínas.
- **Aplicações**: Normalmente utilizado em estudos de genómica funcional, biologia evolutiva e genómica comparativa.

d. **STRING (Ferramenta de pesquisa para a recuperação de genes/proteínas em interação)**

- **Descrição**: STRING é uma base de dados e um recurso web para explorar interações proteína-proteína e associações funcionais.
- **Funcionalidade**: Fornece informações sobre interações conhecidas e previstas, incluindo dados experimentais, previsões computacionais e dados de co-expressão de genes.
- **Aplicações**: Útil para compreender funções celulares, vias e interações de proteínas num contexto de biologia de sistemas.

e. **KEGG (Enciclopédia de Genes e Genomas de Quioto)**

- **Descrição**: KEGG é uma base de dados abrangente que integra informação genómica, química e funcional sistémica.
- **Funcionalidade**: Fornece informações sobre vias, interações moleculares e medicamentos relacionadas com sistemas biológicos.
- **Aplicações**: Frequentemente utilizado para análise de vias, estudos de redes metabólicas e investigação sobre a descoberta de medicamentos.

f. **Reactoma**

- **Descrição**: O Reactome é uma base de dados com curadoria de vias biológicas, que fornece informações sobre as interações e os processos moleculares em vários organismos.
- **Funcionalidade**: Oferece ferramentas para visualização de trajectórias, análise de dados e integração com outras bases de dados.
- **Aplicações**: Utilizado na biologia de sistemas para compreender as vias biológicas e os mecanismos das

doenças.

g. **PDB (Banco de Dados de Proteínas)**

- **Descrição**: O PDB é um repositório de dados estruturais 3D de macromoléculas biológicas, incluindo proteínas e ácidos nucleicos.
- **Funcionalidade**: Os utilizadores podem pesquisar, visualizar e analisar estruturas de proteínas e os seus complexos utilizando várias ferramentas de software.
- **Aplicações**: Amplamente utilizado em biologia estrutural, conceção de medicamentos e compreensão da função e interações das proteínas.

O software e as bases de dados bioinformáticos desempenham um papel crucial na investigação biológica moderna, facilitando a análise e interpretação de grandes quantidades de dados biológicos. Ferramentas como BLAST, Bowtie e Galaxy permitem o processamento eficiente de dados, enquanto bases de dados como NCBI, UCSC e Ensembl fornecem acesso a informações biológicas críticas. A integração destes recursos melhora a nossa compreensão dos sistemas biológicos complexos e contribui para os avanços na genómica, proteómica e medicina personalizada.

5.2. Ferramentas populares: BLAST, BWA, GATK

BLAST (Basic Local Alignment Search Tool) é uma poderosa ferramenta de bioinformática utilizada para comparar sequências biológicas, tais como ADN, ARN e proteínas. Identifica regiões de semelhança entre sequências, ajudando os investigadores a encontrar sequências homólogas em grandes bases de dados. Abaixo está uma visão geral abrangente do BLAST, incluindo sua funcionalidade, tipos, aplicações e limitações.

1. **Visão geral do BLAST**

- **Criador**: O BLAST foi desenvolvido por Stephen Altschul e colegas do National Center for Biotechnology Information (NCBI) em 1990.
- **Objetivo**: O principal objetivo do BLAST é encontrar sequências numa base de dados que sejam semelhantes a uma determinada sequência de consulta, fornecendo informações sobre relações funcionais e evolutivas.

2. **Funcionalidade**

O BLAST funciona pegando numa sequência de consulta e pesquisando-a numa base de dados de sequências. O processo pode ser resumido em várias etapas principais:

1. **Entrada da sequência de consulta**: Os utilizadores introduzem uma sequência biológica (nucleótido ou proteína) que pretendem comparar.
2. **Seleção da base de dados**: Os utilizadores selecionam uma base de dados para pesquisa, como GenBank, Swiss-Prot ou bases de dados personalizadas.
3. **Correspondência de palavras**: O BLAST divide a sequência de consulta em segmentos curtos (designados por palavras) e procura na base de dados as correspondências exactas dessas palavras.
4. **Extensão de correspondências**: Quando são encontradas correspondências, o BLAST estende essas correspondências em ambas as direcções para encontrar alinhamentos mais longos, calculando pontuações com base na qualidade das correspondências.
5. **Análise estatística**: O algoritmo avalia o significado das correspondências utilizando medidas estatísticas, reportando valores E (valores de expetativa) para indicar a probabilidade de a correspondência ocorrer por acaso.
6. **Resultados de saída**: Os resultados incluem sequências alinhadas, pontuações, valores E e informações adicionais sobre as sequências correspondentes, tais como as suas anotações biológicas.

3. **Tipos de BLAST**

O BLAST tem diversas variações concebidas para tipos específicos de sequências:

1. **BLASTN**:
   - o Compara sequências de nucleótidos com uma base de dados de nucleótidos.
   - o Utilizado habitualmente para análise de sequências de ADN, identificação de genes e estudos filogenéticos.
2. **BLASTP**:
   - o Compara sequências de proteínas com uma base de dados de proteínas.
   - o Útil para a previsão da função das proteínas e para o estudo da evolução das proteínas.
3. **BLASTX**:
   - o Traduz uma sequência de consulta de nucleótidos em todos os seis quadros de leitura e compara-a com uma base de dados de proteínas.
   - o Ideal para identificar potenciais regiões codificadoras de proteínas em genomas recentemente

sequenciados.

4. **TBLASTN**:

o Compara uma sequência de proteínas com uma base de dados de nucleótidos traduzidos em todos os seis quadros de leitura.

o Útil para identificar genes homólogos em diferentes espécies.

5. **TBLASTX**:

o Traduz a consulta de nucleótidos e as sequências da base de dados em proteínas e compara-as.

o Isto é útil para encontrar homólogos distantes quando ambas as sequências são desconhecidas.

4. Aplicações do BLAST

O BLAST tem uma vasta gama de aplicações em vários domínios da investigação biológica:

- **Identificação de genes**: Os investigadores utilizam o BLAST para encontrar genes conhecidos em genomas recentemente sequenciados, comparando-os com bases de dados estabelecidas.
- **Previsão da função das proteínas**: Ao identificar sequências homólogas, o BLAST pode ajudar a prever a função de proteínas desconhecidas com base nas suas semelhanças com proteínas caracterizadas.
- **Análise filogenética**: O BLAST pode fornecer informações sobre as relações evolutivas, comparando sequências de diferentes organismos e construindo árvores filogenéticas.
- **Análise de variantes**: Em genómica, o BLAST pode identificar polimorfismos de nucleótido único (SNPs) e outras variantes comparando sequências de indivíduos com genomas de referência.
- **Metagenómica**: O BLAST é utilizado na genómica ambiental para identificar e classificar microrganismos de amostras complexas através da comparação de sequências de bibliotecas metagenómicas.

5. Limitações do BLAST

Embora o BLAST seja uma ferramenta poderosa, tem algumas limitações:

- **Velocidade vs. Sensibilidade**: O BLAST foi concebido para ser rápido e pode falhar homólogos distantes devido à sua natureza heurística. Para comparações mais sensíveis, podem ser utilizados outros métodos como o **Smith-Waterman**, embora sejam mais lentos.
- **Interpretação do valor E**: Os valores E podem ser enganadores, especialmente em grandes bases de dados. Um valor E baixo indica uma correspondência significativa, mas os investigadores devem ter sempre em conta a relevância biológica.
- **Dependência da base de dados**: A eficácia dos resultados BLAST depende em grande medida da exaustividade e exatidão da base de dados escolhida. As sequências novas ou mal caracterizadas podem produzir resultados menos fiáveis.
- **Sem informações estruturais**: O BLAST centra-se na semelhança de sequências e não fornece informações sobre a estrutura tridimensional ou o contexto funcional das proteínas.

6. Utilização e acesso ao BLAST

O BLAST pode ser acedido através do sítio Web do NCBI, onde os utilizadores podem submeter sequências e personalizar os parâmetros de pesquisa. As instalações locais do BLAST também podem ser configuradas utilizando as ferramentas de linha de comandos BLAST+ para análises de elevado rendimento ou necessidades de investigação específicas.

O BLAST é uma ferramenta fundamental na bioinformática, oferecendo aos investigadores um meio robusto para comparar sequências biológicas e obter informações sobre relações funcionais e evolutivas. Os seus vários tipos acomodam diferentes comparações de sequências, tornando-o versátil em numerosas aplicações em genómica, proteómica e biologia molecular. Apesar das suas limitações, o BLAST continua a ser uma ferramenta essencial para os investigadores que procuram analisar dados biológicos e descobrir novas relações genéticas.

BWA (Alinhador Burrows-Wheeler)

O BWA (Burrows-Wheeler Aligner) é um pacote de software amplamente utilizado para mapear sequências pouco divergentes em relação a um genoma de referência. É especialmente popular no domínio da genómica e da bioinformática devido à sua eficiência e precisão no alinhamento de leituras curtas geradas por tecnologias de sequenciação de nova geração (NGS). Segue-se uma descrição geral pormenorizada do BWA, incluindo a sua funcionalidade, algoritmos, aplicações e limitações.

1. Visão geral do BWA

- **Criador**: O BWA foi desenvolvido por Heng Li e faz parte de um conjunto mais alargado de ferramentas de bioinformática para análise de dados NGS.
- **Objetivo**: O principal objetivo do BWA é proporcionar um alinhamento rápido e preciso de sequências curtas de ADN com um genoma de referência, tornando-o uma ferramenta fundamental em vários estudos

genómicos, incluindo a deteção de variantes, a análise de RNA-seq e a sequenciação de todo o genoma.

2. Funcionalidade

O BWA funciona com o algoritmo da transformada de Burrows-Wheeler (BWT), que permite o alinhamento eficiente de sequências. A sua funcionalidade pode ser dividida em várias etapas:

1. **Indexação do genoma de referência**:

o Antes do alinhamento, o BWA cria um índice do genoma de referência. Este índice permite uma rápida consulta e comparação de leituras com a referência.

o O BWT é utilizado para transformar o genoma de referência num formato comprimido que facilita o alinhamento rápido.

2. **Alinhamento de leituras**:

o O BWA pega num conjunto de leituras de sequenciação (normalmente leituras curtas de NGS) e alinha-as com o genoma de referência indexado.

o Utiliza uma estratégia de semente e extensão, em que as correspondências curtas e exactas (sementes) são identificadas primeiro, seguindo-se a extensão destas correspondências para encontrar alinhamentos mais longos.

3. **Tratamento de inserções e eliminações**:

o O BWA pode tratar eficazmente as lacunas (inserções e eliminações) no alinhamento, o que é crucial para mapear com precisão as leituras que podem não se alinhar perfeitamente com o genoma de referência.

4. **Saída**:

o A saída do BWA é tipicamente no formato SAM (Sequence Alignment/Map), que contém informações sobre o alinhamento, incluindo a posição de cada leitura, a sua qualidade e quaisquer incompatibilidades ou lacunas.

3. Algoritmos utilizados no BWA

O BWA implementa vários algoritmos para acomodar diferentes tipos de dados de sequenciação:

1. **BWA-MEM**:

o O algoritmo mais utilizado no BWA, o BWA-MEM foi concebido para alinhar leituras longas (até 1 MB) e é particularmente eficaz tanto para leituras curtas como para leituras longas de tecnologias como PacBio e Oxford Nanopore.

o Suporta o alinhamento com lacunas, que permite o mapeamento exato de leituras que contêm inserções ou eliminações.

2. **BWA-SW**:

o BWA-SW é um algoritmo baseado em Smith-Waterman para alinhar sequências que podem ter um maior grau de divergência (por exemplo, sequências de espécies diferentes).

o É mais lento do que o BWA-MEM, mas proporciona um alinhamento mais sensível, tornando-o adequado para aplicações em que é crucial uma elevada precisão.

3. **BWA-Backtrack**:

Este é um algoritmo mais antigo que utiliza um método de retrocesso para o alinhamento, mas é menos utilizado atualmente devido à velocidade e eficiência do BWA-MEM.

4. Aplicações do BWA

O BWA é amplamente utilizado em vários estudos genómicos e tem várias aplicações importantes:

- **Sequenciação de todo o genoma (WGS)**: O BWA é normalmente utilizado para alinhar leituras curtas geradas a partir de projectos de sequenciação de todo o genoma, facilitando a identificação de variantes genéticas, como polimorfismos de nucleótido único (SNP) e inserções/deleções (indels).
- **Sequenciação direcionada**: Em estudos de sequenciação direcionada, em que são sequenciadas regiões específicas de interesse, o BWA pode alinhar eficazmente as leituras com as sequências de referência direcionadas.
- **Sequenciação de RNA (RNA-seq)**: O BWA também é utilizado para alinhar as leituras de RNA-seq com um genoma de referência, o que é essencial para quantificar os níveis de expressão dos genes e identificar os genes diferencialmente expressos.
- **Chamada de variantes**: Após o alinhamento, o BWA é frequentemente utilizado como uma etapa de pré-processamento
em pipelines de identificação de variantes, em que as variantes são identificadas a partir de leituras alinhadas.
- **Metagenómica**: O BWA pode ser aplicado em estudos metagenómicos para alinhar leituras de sequências obtidas a partir de amostras ambientais com bases de dados de referência, ajudando na

identificação de comunidades microbianas.

5. **Limitações do BWA**

Embora o BWA seja uma ferramenta poderosa, tem algumas limitações que os investigadores devem ter em conta:

- **Sensibilidade**: Embora o BWA-MEM seja eficiente, pode falhar alguns alinhamentos ao lidar com sequências altamente divergentes ou leituras de baixa qualidade, especialmente se o genoma de referência não estiver intimamente relacionado com a amostra que está a ser analisada.
- **Utilização de memória**: O BWA requer uma memória significativa para indexar grandes genomas de referência, o que pode colocar desafios quando se trabalha com conjuntos de dados extremamente grandes ou com recursos computacionais limitados.
- **Enviesamento em leituras curtas**: O BWA tem um bom desempenho com leituras curtas, mas os resultados podem ser distorcidos por tecnologias de sequenciação específicas, especialmente se existirem erros sistemáticos no processo de sequenciação.
- **Não é adequado para leituras longas**: Embora o BWA-MEM possa lidar com leituras mais longas em comparação com outros algoritmos BWA, ele ainda pode ter dificuldades com as leituras muito longas produzidas por tecnologias de sequenciamento mais recentes, como as da Oxford Nanopore ou PacBio.

6. **Utilização e acesso ao BWA**

O BWA está disponível como software de código aberto e pode ser descarregado do seu repositório oficial no GitHub. Pode ser executado em várias plataformas, incluindo Linux e macOS, e é frequentemente utilizado em conjunto com outras ferramentas de bioinformática em pipelines de análise de dados. Os utilizadores podem utilizar o BWA através da linha de comandos ou integrá-lo em sistemas de gestão de fluxos de trabalho como o **Snakemake** ou **o Nextflow**.

O BWA é uma ferramenta essencial na caixa de ferramentas da bioinformática, fornecendo um alinhamento rápido e exato das leituras de sequenciação aos genomas de referência. Os seus algoritmos, em particular o BWA-MEM, tornam-no adequado para uma vasta gama de aplicações, desde a sequenciação de todo o genoma até à análise de RNA-seq. Apesar de algumas limitações, a eficiência e a versatilidade do BWA tornaram-no uma escolha padrão para os investigadores que analisam dados de sequenciação de nova geração, desempenhando um papel vital no avanço da nossa compreensão da genética e da genómica.

GATK (Conjunto de ferramentas de análise do genoma)

O GATK (Genome Analysis Toolkit) é um poderoso pacote de software desenvolvido para analisar dados de sequenciação de elevado rendimento, nomeadamente para a descoberta de variantes e a genotipagem. É amplamente utilizado em genómica e bioinformática devido às suas metodologias robustas e fluxos de trabalho abrangentes. Segue-se uma descrição geral pormenorizada do GATK, incluindo as suas caraterísticas, funcionalidade, aplicações e limitações.

1. **Visão geral do GATK**

- **Desenvolvedor**: O GATK foi desenvolvido pelo Broad Institute, uma instituição de investigação líder em genómica e ciências biomédicas.
- **Objetivo**: O principal objetivo do GATK é fornecer ferramentas para a descoberta de variantes e a genotipagem em dados de sequenciação de ADN e ARN, apoiando os investigadores na compreensão da variação genética e das suas implicações na saúde e na doença.

2. **Funcionalidade**

O GATK inclui um conjunto de ferramentas de linha de comandos que podem ser utilizadas para várias tarefas de análise de dados genómicos. A sua funcionalidade inclui:

1. **Pré-processamento**:

o **Preparação de dados**: O GATK fornece ferramentas para pré-processar dados de sequenciamento brutos, incluindo:

- **MarkDuplicates**: Identifica e marca as leituras duplicadas geradas durante a sequenciação.
- **BaseRecalibrator**: Ajusta as pontuações de qualidade da base para corrigir os erros sistemáticos introduzidos pelo sequenciador.

2. **Descoberta de variantes**:

o **HaplotypeCaller**: Esta é uma das principais ferramentas do GATK, concebida para identificar variantes (SNPs e indels) a partir de dados de sequenciação alinhados. Utiliza uma abordagem baseada em haplótipos, modelando a montagem local de leituras para melhorar a precisão.

o **UnifiedGenotyper**: Um método mais antigo de identificação de variantes que identifica variantes, mas que foi largamente substituído pelo HaplotypeCaller devido a uma maior exatidão.

3. **Filtragem de variantes**:

o O GATK fornece ferramentas para filtrar variantes com base em várias métricas de qualidade, tais como:

■ **VariantFiltration**: Permite aos utilizadores aplicar filtros a conjuntos de chamadas com base em critérios definidos pelo utilizador.

■ **ApplyRecalibration**: Aplica **uma calibração** baseada na aprendizagem automática recalibração das chamadas de variantes para melhorar a exatidão.

4. **Genotipagem**:

o O GATK pode fazer o genótipo de variantes em várias amostras, permitindo aos investigadores identificar genótipos em estudos populacionais ou análises tumorais.

5. **Genotipagem conjunta**:

o O GATK inclui ferramentas para genotipagem conjunta, que permitem aos utilizadores identificar variantes de várias amostras em simultâneo, melhorando a sensibilidade e a especificidade.

6. **Anotação**:

o O GATK oferece ferramentas para anotar as variantes com informações biológicas relevantes, ajudando os investigadores a compreender o impacto funcional das variantes.

3. Principais ferramentas do GATK

Aqui estão algumas das ferramentas mais importantes incluídas no kit de ferramentas GATK:

- **HaplotypeCaller**: A principal ferramenta para a chamada de variantes, que reconstrói haplótipos e chama variantes simultaneamente.
- **GenotypeGVCFs**: Esta ferramenta é utilizada para a genotipagem conjunta de várias amostras com base no GVCF (Genome Variant Call Format) produzido pelo HaplotypeCaller.
- **BaseRecalibrator**: Uma ferramenta para recalibrar as pontuações de qualidade da base, melhorando a precisão das análises a jusante.
- **Mutect2**: Especificamente concebido para a identificação de variantes somáticas em amostras de tumores, distinguindo as mutações específicas do tumor das variantes da linha germinal.
- **IndelRealigner**: Usado para realinhar leituras em torno de indels, melhorando a precisão do alinhamento para a chamada de variantes.

4. Aplicações do GATK

O GATK é utilizado em vários estudos genómicos e tem várias aplicações importantes:

- **Descoberta de variantes**: O GATK é amplamente utilizado para a descoberta de variantes genéticas (SNPs e indels) a partir de dados de sequenciação de todo o genoma e de dados de sequenciação direcionada, facilitando os estudos sobre a variação genética e a sua associação com doenças.
- **Genómica do cancro**: O conjunto de ferramentas é fundamental para a genómica do cancro, onde ajuda a identificar mutações somáticas em amostras de tumores, auxiliando na compreensão da biologia do cancro e no desenvolvimento de terapias orientadas.
- **Genómica de Populações**: O GATK pode analisar dados genómicos de estudos populacionais, permitindo aos investigadores compreender a diversidade genética, a estrutura populacional e os processos evolutivos.
- **Sequenciamento de RNA (RNA-seq)**: O GATK pode ser utilizado para a identificação de variantes em dados de RNA-seq, ajudando a identificar mutações em genes expressos e contribuindo para estudos sobre expressão e regulação de genes.

5. Limitações do GATK

Embora o GATK seja um conjunto de ferramentas robusto, tem algumas limitações:

- **Complexidade**: A configuração e execução do GATK pode ser complexa, especialmente para utilizadores que não estejam familiarizados com ferramentas de linha de comandos ou com a análise de dados genómicos.
- **Recursos intensivos**: Os algoritmos do GATK, especialmente o HaplotypeCaller, podem ser computacionalmente intensivos e requerem uma memória e capacidade de processamento significativas, o que pode colocar desafios em análises de grande escala.
- **Dependência da qualidade dos dados de entrada**: A exatidão da identificação de variantes utilizando o GATK depende fortemente da qualidade dos dados de entrada. Dados de má qualidade ou incorretamente processados podem levar a chamadas de variantes imprecisas.
- **Curva de aprendizagem**: Devido às suas caraterísticas e funcionalidades abrangentes, os utilizadores podem enfrentar uma curva de aprendizagem acentuada quando utilizam o GATK pela primeira vez, especialmente quando navegam pela sua documentação e melhores práticas.

6. Utilização e acesso ao GATK

O GATK está disponível como um pacote de software de código aberto no repositório GitHub do Broad Institute. Pode ser executado em vários sistemas operativos, incluindo Linux e macOS, e é normalmente executado a partir da linha de comandos. O kit de ferramentas fornece documentação extensa, tutoriais e melhores práticas para diferentes aplicações, ajudando os utilizadores a utilizar eficazmente as suas capacidades.

O GATK é uma ferramenta crucial na caixa de ferramentas da bioinformática, oferecendo um conjunto de ferramentas para a descoberta de variantes, genotipagem e análise de dados genómicos. As suas metodologias robustas e fluxos de trabalho abrangentes fazem dele uma escolha padrão para investigadores que trabalham com dados de sequenciação de elevado rendimento. Apesar das suas limitações, a precisão e a flexibilidade do GATK na análise de conjuntos de dados genómicos complexos tornaram-no um recurso essencial para o avanço da nossa compreensão da genética e da genómica, particularmente em áreas como a investigação do cancro e a genómica populacional.

5.3. Computação em nuvem para grandes conjuntos de dados

A computação em nuvem para grandes conjuntos de dados é um paradigma cada vez mais importante na gestão de dados, permitindo às organizações armazenar, processar e analisar grandes quantidades de dados de forma eficiente e económica. A flexibilidade, a escalabilidade e a acessibilidade da computação em nuvem tornam-na particularmente adequada para lidar com grandes conjuntos de dados em vários campos, incluindo genómica, finanças, redes sociais e análise de grandes volumes de dados. Segue-se uma descrição detalhada da computação em nuvem para grandes conjuntos de dados, incluindo a sua arquitetura, vantagens, desafios e aplicações.

1. Panorâmica da computação em nuvem

A computação em nuvem refere-se à prestação de serviços de computação - tais como servidores, armazenamento, bases de dados, redes, software e análises - através da Internet ("a nuvem"). Em vez de possuírem e manterem centros de dados e servidores físicos, as organizações podem recorrer a fornecedores de serviços de computação em nuvem para acederem a estes recursos numa base de pagamento conforme o uso. Os principais fornecedores de serviços de nuvem incluem Amazon Web Services (AWS), Microsoft Azure, Google Cloud Platform (GCP) e IBM Cloud.

2. Arquitetura da computação em nuvem

A arquitetura da computação em nuvem é normalmente constituída por três camadas principais:

1. **Infraestrutura como serviço (IaaS)**:

o Esta camada fornece recursos de computação virtualizados através da Internet. Os utilizadores podem alugar máquinas virtuais (VMs), armazenamento e redes, permitindo-lhes aumentar ou diminuir os recursos com base na procura. Os exemplos incluem AWS EC2, Azure Virtual Machines e Google Compute Engine.

2. **Plataforma como um serviço (PaaS)**:

o A PaaS fornece uma plataforma que permite aos programadores criar, implementar e gerir aplicações sem terem de lidar com a infraestrutura subjacente. Inclui ferramentas de desenvolvimento, middleware e sistemas de gestão de bases de dados. Os exemplos incluem o AWS Elastic Beanstalk, o Azure App Services e o Google App Engine.

3. **Software como um serviço (SaaS)**:

o O SaaS fornece aplicações de software através da Internet com base numa subscrição. Os utilizadores podem aceder às aplicações através de navegadores Web sem necessidade de instalação ou manutenção. Os exemplos incluem o Google Workspace, o Microsoft 365 e o Salesforce.

3. Vantagens da computação em nuvem para grandes conjuntos de dados

1. **Escalabilidade**:

o A computação em nuvem permite que as organizações aumentem ou diminuam os seus recursos com base nas suas necessidades actuais. Isto é crucial para lidar com grandes conjuntos de dados, uma vez que o armazenamento e a capacidade de computação podem ser ajustados dinamicamente sem investimento inicial em infra-estruturas físicas.

2. **Custo-eficácia**:

o Com um modelo de pagamento conforme o uso, as organizações pagam apenas pelos recursos que utilizam. Isto reduz as despesas de capital e permite uma melhor gestão do orçamento, especialmente no caso de projectos que envolvam grandes conjuntos de dados cuja procura pode variar.

3. **Acessibilidade e colaboração**:

o Os serviços em nuvem permitem que os utilizadores acedam a dados e aplicações a partir de qualquer lugar com uma ligação à Internet. Isto promove a colaboração entre equipas e partes interessadas em diferentes locais.

4. **Armazenamento e gestão de dados**:

o Os fornecedores de serviços em nuvem oferecem várias soluções de armazenamento optimizadas para lidar com grandes conjuntos de dados, incluindo armazenamento de objectos (por exemplo, Amazon S3, Google Cloud Storage) e lagos de dados. Essas soluções podem lidar com dados não estruturados, semiestruturados e estruturados de forma eficiente.

5. **Análise avançada e aprendizagem automática**:

o Muitas plataformas de nuvem fornecem ferramentas integradas para análise de dados, aprendizagem automática e processamento de Big Data. Esses serviços permitem que as organizações obtenham insights de grandes conjuntos de dados sem precisar de uma infraestrutura ou conhecimento extensivo.

6. **Segurança e conformidade**:

o Os principais provedores de nuvem investem significativamente em medidas de segurança para proteger os dados. Eles geralmente oferecem criptografia, controles de acesso e certificações de conformidade (por exemplo, HIPAA, GDPR) para ajudar as organizações a atender aos requisitos regulamentares.

4. Desafios da computação em nuvem para grandes conjuntos de dados

1. **Custos de transferência de dados e latência**:

o Mover grandes conjuntos de dados de e para a nuvem pode incorrer em custos significativos e levar um tempo considerável. Isso é especialmente relevante para organizações que precisam transferir dados com frequência.

2. **Privacidade e segurança dos dados**:

o O armazenamento de dados confidenciais na nuvem levanta preocupações sobre violações de dados e acesso não autorizado. As organizações devem garantir que o seu fornecedor de serviços na nuvem cumpra normas de segurança rigorosas.

3. **Fechamento do fornecedor**:

o As organizações podem tornar-se dependentes de um único fornecedor de serviços de computação em nuvem, o que dificulta a migração para outro fornecedor ou de volta à infraestrutura local sem incorrer em custos significativos.

4. **Complexidade da gestão da nuvem**:

o A gestão de recursos na nuvem pode ser complexa, especialmente quando se lida com grandes conjuntos de dados e vários serviços. As organizações precisam de pessoal qualificado para gerir e otimizar os recursos da nuvem de forma eficaz.

5. **Variabilidade de desempenho**:

o O desempenho da nuvem pode variar devido à partilha de recursos entre utilizadores. Esta variabilidade pode afetar o tempo de processamento de grandes conjuntos de dados, especialmente durante os períodos de pico de utilização.

5. Aplicações da computação em nuvem para grandes conjuntos de dados

1. **Genómica e Bioinformática**:

o A computação em nuvem é amplamente utilizada na genómica para armazenar e analisar grandes conjuntos de dados genómicos, permitindo aos investigadores realizar análises complexas, como a identificação de variantes e a montagem do genoma de forma eficiente.

2. **Análise de grandes volumes de dados**:

o As empresas utilizam plataformas de nuvem para analisar grandes conjuntos de dados para obter informações sobre o comportamento dos clientes, tendências de mercado e eficiência operacional. Ferramentas como o Apache Spark e o Hadoop podem ser implantadas na infraestrutura de nuvem.

3. **Serviços financeiros**:

o As instituições financeiras utilizam a computação em nuvem para processar e analisar grandes volumes de dados transaccionais para deteção de fraudes, avaliação de riscos e relatórios de conformidade.

4. **Media e entretenimento**:

o As empresas do sector dos media utilizam o armazenamento em nuvem para alojar grandes ficheiros de vídeo e conteúdos de streaming. Também utilizam a computação em nuvem para tarefas de renderização e edição de vídeo.

5. **IoT e dados de sensores**:

o A Internet das Coisas (IoT) gera enormes quantidades de dados de dispositivos conectados. A computação em nuvem permite o armazenamento, o processamento e a análise desses dados para aplicações em cidades inteligentes, agricultura e saúde.

A computação em nuvem transformou a forma como as organizações lidam com grandes conjuntos de dados, oferecendo soluções escaláveis, económicas e acessíveis para armazenamento e análise de dados. As suas inúmeras vantagens, incluindo a análise avançada e a colaboração melhorada, tornam-na uma opção atractiva para várias aplicações em todos os sectores. Apesar dos desafios, como os custos de transferência de dados e as preocupações com a segurança, as vantagens da computação em nuvem posicionam-na como um componente essencial das estratégias modernas de gestão de dados. À medida que a tecnologia da nuvem continua a evoluir, é provável que venha a desempenhar um papel ainda mais significativo na gestão e análise de grandes conjuntos de dados no futuro.

5.4. Automatização e gestão do fluxo de trabalho

A automatização e a gestão do fluxo de trabalho são componentes cruciais nos processos empresariais modernos, permitindo às organizações otimizar as operações, melhorar a eficiência e reduzir os erros humanos. Com o rápido avanço da tecnologia e a crescente complexidade das tarefas, a automatização dos fluxos de trabalho tornou-se essencial para manter a competitividade e a agilidade. Segue-se uma descrição detalhada da automatização e da gestão do fluxo de trabalho, incluindo definições, vantagens, ferramentas, melhores práticas, desafios e aplicações.

1. Definições

- **Automatização**: A automatização refere-se à utilização da tecnologia para efetuar tarefas com um mínimo de intervenção humana. Envolve a utilização de software e ferramentas para executar processos predefinidos automaticamente, melhorando a eficiência e a consistência. A automatização pode abranger uma vasta gama de actividades, desde tarefas simples como a introdução de dados até operações complexas como a gestão da cadeia de fornecimento.
- **Gestão do fluxo de trabalho**: A gestão do fluxo de trabalho envolve a conceção, execução e monitorização de fluxos de trabalho numa organização. Engloba as sequências de tarefas, responsabilidades e regras que regem a forma como o trabalho é concluído. Os sistemas de gestão do fluxo de trabalho (WMS) ajudam as organizações a visualizar, otimizar e automatizar estes processos.

2. Componentes-chave da automatização e gestão do fluxo de trabalho

1. **Mapeamento de processos**:

o Compreender e documentar os processos existentes é o primeiro passo para a automatização. O mapeamento de processos envolve a criação de representações visuais de fluxos de trabalho, identificando cada etapa, as partes responsáveis e os recursos necessários.

2. **Automatização de tarefas**:

o É fundamental identificar as tarefas repetitivas que podem ser automatizadas. Isto pode incluir a introdução de dados, notificações por correio eletrónico, aprovações e criação de relatórios.

3. **Integração**:

o A automatização requer frequentemente a integração de várias ferramentas e sistemas para facilitar o fluxo de dados entre aplicações. Esta integração pode envolver a utilização de APIs, middleware ou plataformas de integração especializadas.

4. **Controlo e apresentação de relatórios**:

o Uma vez automatizados os fluxos de trabalho, as organizações precisam de monitorizar as métricas de desempenho para garantir a eficiência e identificar estrangulamentos. As ferramentas de criação de relatórios fornecem informações sobre o desempenho do fluxo de trabalho e ajudam as partes interessadas a tomar decisões baseadas em dados.

5. **Loops de feedback**:

o A melhoria contínua é vital na gestão do fluxo de trabalho. A implementação de circuitos de feedback permite que as organizações aperfeiçoem os processos com base nos dados dos utilizadores e na análise do desempenho.

3. Benefícios da automatização e da gestão do fluxo de trabalho

1. **Aumento da eficiência**:

o A automatização reduz o tempo gasto em tarefas repetitivas, permitindo que os funcionários se concentrem em actividades de maior valor, o que pode levar a um aumento da produtividade.

2. **Redução de custos**:

o Ao automatizar os fluxos de trabalho, as organizações podem reduzir os custos de mão de obra e minimizar os erros, o que conduz a poupanças de custos significativas ao longo do tempo.

3. **Precisão melhorada**:

o A automatização ajuda a eliminar os erros humanos associados aos processos manuais, o que resulta em resultados mais precisos e fiáveis.

4. **Conformidade reforçada**:

o Os fluxos de trabalho automatizados podem ser concebidos para cumprir os requisitos regulamentares, assegurando que os processos estão em conformidade com as normas da indústria e reduzindo o risco de sanções.

5. **Maior visibilidade**:

o Os sistemas de gestão do fluxo de trabalho fornecem informações em tempo real sobre o estado das tarefas e dos processos, permitindo uma melhor tomada de decisões e afetação de recursos.

6. **Escalabilidade**:

o Os fluxos de trabalho automatizados podem ser facilmente escalonados para acomodar cargas de trabalho crescentes, tornando as organizações mais ágeis e receptivas às novas exigências.

4. Ferramentas para automatização e gestão do fluxo de trabalho

1. **Software de gestão de processos empresariais (BPM)**:

o As ferramentas de BPM, como **Bizagi**, **Appian** e **Bonita**, permitem que as organizações modelem, automatizem e optimizem os seus processos empresariais.

2. **Automação Robótica de Processos (RPA)**:

o As ferramentas de RPA como **UiPath**, **Automation Anywhere** e **Blue Prism** permitem que as organizações automatizem tarefas repetitivas em várias aplicações sem alterar a infraestrutura existente.

3. **Plataformas de automatização do fluxo de trabalho**:

o Plataformas como o **Zapier**, o **Microsoft Power Automate** e **o Integromat** permitem aos utilizadores criar fluxos de trabalho automatizados ligando diferentes aplicações e serviços.

4. **Ferramentas de gestão de projectos**:

o Ferramentas como o **Trello**, **Asana** e **Jira** fornecem funcionalidades para gerir fluxos de trabalho, atribuir tarefas e acompanhar o progresso, muitas vezes com capacidades de automatização.

5. **Sistemas de gestão das relações com os clientes (CRM)**:

o Os CRM, como o **Salesforce** e **o HubSpot**, incluem frequentemente funcionalidades de automatização para gerir contactos, acompanhar as interações com os clientes e automatizar campanhas de marketing.

5. Melhores práticas para implementar a automatização e a gestão do fluxo de trabalho

1. **Definir objectivos claros**:

o Estabelecer objectivos claros para as iniciativas de automatização e gestão do fluxo de trabalho. Identificar pontos problemáticos específicos que precisam de ser resolvidos e os resultados desejados.

2. **Envolver as partes interessadas**:

o Envolver as partes interessadas relevantes de diferentes departamentos nas fases de mapeamento de processos e planeamento da automatização para garantir o alinhamento e a adesão.

3. **Começar pequeno**:

o Comece com projectos-piloto ou esforços de automatização em pequena escala para testar e aperfeiçoar os processos antes de passar para fluxos de trabalho mais complexos.

4. **Foco na experiência do utilizador**:

o Assegurar que os fluxos de trabalho automatizados são fáceis de utilizar e intuitivos. A prestação de formação e apoio pode ajudar os utilizadores a adaptarem-se aos novos processos.

5. **Monitorizar e otimizar continuamente**:

o Rever regularmente os fluxos de trabalho automatizados para identificar áreas a melhorar. Recolher feedback dos utilizadores e ajustar os processos com base nos dados de desempenho.

6. Desafios da automatização e da gestão do fluxo de trabalho

1. **Gestão da mudança**:

o A resistência à mudança por parte dos empregados pode dificultar a implementação bem sucedida da automatização. As organizações precisam de gerir esta mudança de forma eficaz e comunicar os benefícios.

2. **Complexidade da integração**:

o A integração de várias ferramentas e sistemas pode ser complexa, especialmente se a infraestrutura existente estiver desactualizada ou não for interoperável.

3. **Segurança dos dados**:

o A automatização dos fluxos de trabalho pode envolver o tratamento de dados sensíveis, o que suscita preocupações quanto à segurança dos dados e à conformidade com os regulamentos em matéria de privacidade.

4. **Custos iniciais elevados**:

o Embora a automatização possa conduzir a poupanças a longo prazo, o investimento inicial em ferramentas, tecnologia e formação pode ser substancial.

5. **Manutenção e conservação**:

o Os fluxos de trabalho automatizados requerem manutenção contínua para garantir que continuam a funcionar eficazmente à medida que as necessidades da empresa evoluem.

7. Aplicações de automatização e gestão do fluxo de trabalho

1. **Recursos Humanos**:

o A automatização dos processos de RH, como o recrutamento, a integração, as avaliações de desempenho e a folha de pagamentos, pode melhorar significativamente a eficiência e a satisfação dos funcionários.

2. **Finanças e Contabilidade**:

o A automatização pode simplificar tarefas como a faturação, os relatórios de despesas e os relatórios financeiros, reduzindo os erros e acelerando os processos.

3. **Serviço ao cliente**:

o A automatização dos fluxos de trabalho de apoio ao cliente, incluindo a gestão de bilhetes e a automatização de respostas, melhora a experiência do cliente e reduz os tempos de resposta.

4. **Fabrico**:

o Na indústria transformadora, a automatização pode otimizar os fluxos de trabalho de produção, gerir o inventário e simplificar os processos da cadeia de fornecimento.

5. **Marketing**:

o As equipas de marketing podem automatizar a gestão de campanhas, a criação de leads e a publicação nas redes sociais, permitindo uma comunicação direcionada e um maior envolvimento.

A automatização e a gestão do fluxo de trabalho são componentes essenciais para as organizações que procuram melhorar a eficiência, reduzir os custos e melhorar o desempenho geral. Ao tirar partido das ferramentas corretas e das melhores práticas, as organizações podem simplificar os seus processos, eliminar redundâncias e obter uma maior visibilidade das suas operações. Apesar dos desafios relacionados com a integração, a gestão da mudança e a segurança, os benefícios da automatização tornam-na uma estratégia vital para as empresas que pretendem prosperar num cenário competitivo. À medida que a tecnologia continua a evoluir, a automatização e a gestão do fluxo de trabalho desempenharão um papel cada vez mais importante na definição do futuro do trabalho.

5.5. Pipelines de bioinformática: Snakemake, Nextflow

Os pipelines bioinformáticos são essenciais para gerir fluxos de trabalho complexos de análise de dados em genómica, transcriptómica e proteómica. Automatizam o processamento de grandes conjuntos de dados, assegurando a reprodutibilidade e a eficiência das análises. Dois sistemas de gestão de fluxos de trabalho proeminentes em bioinformática são o **Snakemake** e o **Nextflow**. Segue-se uma descrição detalhada de ambas as ferramentas, incluindo as suas caraterísticas, vantagens e casos de utilização.

1. Snakemake

Visão geral: O Snakemake é um sistema de gestão de fluxo de trabalho que permite aos utilizadores criar pipelines de análise de dados reproduzíveis e escaláveis. Foi concebido com foco na simplicidade e facilidade de utilização, tornando-o acessível a investigadores sem grande experiência em programação.

Caraterísticas principais:

- **Linguagem Declarativa**: O Snakemake usa uma sintaxe simples, baseada em Python, para definir fluxos de trabalho, o que o torna fácil de entender e escrever. Os utilizadores podem definir regras que especificam como produzir ficheiros de saída a partir de ficheiros de entrada.
- **Gestão automática de dependências**: O Snakemake rastreia automaticamente as dependências entre as tarefas e executa apenas as etapas necessárias, garantindo a utilização eficiente dos recursos.
- **Escalabilidade**: O Snakemake pode executar pipelines em várias plataformas, incluindo máquinas locais, clusters e ambientes de nuvem. Ele também pode lidar com grandes conjuntos de dados e paralelizar tarefas de forma eficaz.
- **Integração com ferramentas existentes**: Os utilizadores podem integrar facilmente o Snakemake com ferramentas e scripts de bioinformática existentes, permitindo uma abordagem modular ao desenvolvimento de pipelines.
- **Reprodutibilidade**: O Snakemake suporta o uso de ambientes conda, o que ajuda a gerenciar dependências de software e garantir que as análises sejam reproduzíveis.

Vantagens:

- **Fácil de utilizar**: A sua sintaxe intuitiva e abordagem simples tornam o Snakemake fácil de aprender, mesmo para utilizadores com experiência mínima em programação.
- **Suporte da comunidade**: O Snakemake tem uma comunidade forte, fornecendo uma grande quantidade de documentação, tutoriais e exemplos para os utilizadores.
- **Fluxo de trabalho flexível**: Pode ser utilizado para várias aplicações bioinformáticas, desde análises simples a fluxos de trabalho complexos em várias etapas.

Casos de utilização:

- **Análise de dados genómicos**: O Snakemake é normalmente utilizado para analisar dados de sequenciação de nova geração (NGS), incluindo a identificação de variantes, análise RNA-Seq e metagenómica.
- **Integração de dados**: É também utilizada para integrar vários tipos de dados, como dados genómicos, transcriptómicos e proteómicos, para análises exaustivas.

2. Fluxo seguinte

Visão geral: O Nextflow é um sistema de gestão de fluxos de trabalho concebido especificamente para bioinformática e computação com grande volume de dados. Permite aos utilizadores escrever pipelines que podem ser executados em vários ambientes de computação, incluindo máquinas locais, clusters e infra-estruturas de nuvem.

Caraterísticas principais:

- **Orientado por dados**: O Nextflow utiliza um modelo de programação de fluxo de dados, permitindo aos utilizadores definir a forma como os dados fluem entre processos, tornando-o adequado para lidar com dependências de dados complexas.

- **Containerização**: O Nextflow suporta tecnologias de contentores como o Docker e o Singularidade, facilitando o agrupamento de dependências de software e garantindo a reprodutibilidade em diferentes ambientes.
- **Execução em várias plataformas**: Os utilizadores podem executar pipelines Nextflow em sistemas locais, plataformas de nuvem ou clusters HPC sem modificar os scripts do fluxo de trabalho.
- **Paralelização incorporada**: O Nextflow pode paralelizar automaticamente as tarefas com base nos recursos disponíveis, optimizando os tempos de execução e a utilização dos recursos.
- **Ecossistema rico**: O Nextflow tem uma biblioteca abrangente de processos contribuídos pela comunidade, facilitando aos utilizadores a incorporação de ferramentas de bioinformática estabelecidas nos seus pipelines.

Vantagens:

- **Flexibilidade**: A conceção do Nextflow permite aos utilizadores criar fluxos de trabalho complexos que pode adaptar-se facilmente à evolução dos dados e dos requisitos de análise.
- **Reprodutibilidade**: Com o seu suporte para contentores, o Nextflow garante que os fluxos de trabalho são reproduzíveis em diferentes ambientes, reduzindo o risco de discrepâncias nos resultados.
- **Comunidade ativa**: O Nextflow tem uma comunidade vibrante, fornecendo documentação extensa, exemplos e apoio aos utilizadores.

Casos de utilização:

- **Processamento de dados NGS**: O Nextflow é amplamente utilizado para várias aplicações NGS, incluindo sequenciação de todo o genoma, transcriptómica e epigenómica.
- **Metagenómica**: É também utilizada em estudos metagenómicos, permitindo a integração e análise de grandes conjuntos de dados provenientes de múltiplas fontes.

3. Comparação entre o Snakemake e o Nextflow

Caraterística	**Snakemake**	**Próximo fluxo**
Língua	Sintaxe baseada em Python	DSL (Domain-Specific Linguagem) com a sintaxe Groovy
Dependência Gestão	Automático, com base nos resultados dos ficheiros	Orientada para os dados, permitindo fluxo de dados dinâmico
Ambientes de execução	Local, cluster, nuvem (através de vários backends de execução)	Orquestração local, de clusters, de nuvens e de contentores
Reprodutibilidade	Ambientes Conda, rastreio baseado em ficheiros	Suporte de contentores (Docker, Singularity)

Comunidade e Apoio	Comunidade forte com documentação exaustiva	Comunidade ativa com uma rica ecossistema
Curva de aprendizagem	Mais fácil para principiantes	Ligeiramente mais íngreme devido a caraterísticas mais avançadas
Casos de utilização	Genómica, RNA-Seq, integração de múltiplos tipos de dados	NGS, metagenómica, análises de dados em grande escala

Tanto o Snakemake como o Nextflow são poderosos sistemas de gestão do fluxo de trabalho que permitem aos bioinformáticos criar análises de dados reprodutíveis e escaláveis. A escolha entre os dois depende frequentemente dos requisitos específicos de um projeto, das preferências do utilizador e da familiaridade com as linguagens de programação. O Snakemake é particularmente fácil de utilizar para quem está familiarizado com Python, enquanto o Nextflow oferece maior flexibilidade e é adequado para fluxos de trabalho complexos que requerem programação de fluxo de dados. Em última análise, ambas as ferramentas desempenham um papel significativo na bioinformática moderna, facilitando a análise eficiente de grandes conjuntos de dados e promovendo a reprodutibilidade na investigação científica.

5.6. Ferramentas para computação de alto desempenho

A computação de alto desempenho (HPC) desempenha um papel crucial na bioinformática, permitindo aos investigadores analisar eficazmente grandes conjuntos de dados biológicos. Eis uma panorâmica pormenorizada das ferramentas especificamente utilizadas em HPC para bioinformática:

1. **Clusters HPC**

Descrição: Os clusters são essenciais para lidar com as grandes quantidades de dados gerados em bioinformática. São constituídos por computadores interligados (nós) que trabalham em conjunto para efetuar cálculos em paralelo.

- **Casos de utilização**: Alinhamento de sequências genómicas, previsão de estruturas proteicas e simulações em grande escala.

2. **Supercomputadores**

Descrição: Os supercomputadores fornecem um imenso poder computacional, essencial para aplicações complexas de bioinformática, como a sequenciação de todo o genoma e a modelação de sistemas biológicos.

- **Exemplos**:

o **Fugaku**: Utilizado para investigação sobre a COVID-19, estudos de dobragem de proteínas e várias aplicações genómicas.

o **Cimeira**: Facilita a investigação no domínio da descoberta de medicamentos e da medicina personalizada.

3. **Software de bioinformática**

• **BLAST (Basic Local Alignment Search Tool)**:

o **Descrição**: Uma ferramenta para comparar uma sequência de entrada com uma base de dados de sequências para encontrar regiões de semelhança.

o **Casos de utilização**: Identificação de genes homólogos, anotação funcional de genomas.

• **Bowtie/Bowtie2**:

o **Descrição**: Ferramentas rápidas e eficientes em termos de memória para alinhar leituras de sequenciação com grandes genomas de referência.

o **Casos de utilização**: Utilizado na análise de RNA-Seq e DNA-Seq.

• **BWA (Alinhador Burrows-Wheeler)**:

o **Descrição**: Um pacote de software para mapear sequências de baixa divergência contra um grande genoma de referência.

o **Casos de uso**: Alinhamento eficiente de dados de sequenciação do genoma completo.

• **GATK (Genome Analysis Toolkit)**:

o **Descrição**: Um conjunto de ferramentas para a descoberta de variantes em dados de sequenciação de alto rendimento.

o **Casos de utilização**: Chamada de variantes em estudos genómicos.

4. **Bibliotecas de programação**

• **Bioconductor**:

o **Descrição**: Um projeto de código aberto que fornece ferramentas para a análise e compreensão de dados genómicos de elevado rendimento, construído em R.

o **Casos de utilização**: Análise de dados genómicos, visualização e modelação estatística.

- **BioPython**:

o **Descrição**: Uma coleção de ferramentas Python para computação biológica.

o **Casos de utilização**: Análise de ficheiros bioinformáticos, realização de cálculos biológicos e visualização de dados.

5. **Bibliotecas de processamento paralelo**

- **MPI (Message Passing Interface)**:

o **Descrição**: Uma API normalizada para a passagem de mensagens que permite que os processos comuniquem num ambiente de computação distribuída.

o **Casos de uso**: Paralelizar tarefas como o alinhamento de sequências genómicas ou simulações.

- **OpenMP**:

o **Descrição**: Um conjunto de diretivas de compilador para programação paralela de memória partilhada em C, C++ e Fortran.

o **Casos de uso**: Acelerar os algoritmos de bioinformática que podem beneficiar de multi-threading.

6. **Ferramentas de gestão de dados**

- **Apache Hadoop**:

o **Descrição**: Uma estrutura para armazenamento distribuído e processamento de grandes conjuntos de dados em clusters de computadores.

o **Casos de utilização**: Análise de conjuntos de dados genómicos maciços e gestão de grandes volumes de dados em bioinformática.

- **Apache Spark**:

o **Descrição**: Um motor analítico unificado para processamento de dados em grande escala, oferecendo computação na memória.

o **Casos de utilização**: Processamento de dados em tempo real e análise de grandes conjuntos de dados bioinformáticos.

7. **Ferramentas de visualização**

- **IGV (Integrative Genomics Viewer)**:

o **Descrição**: Uma ferramenta de visualização de alto desempenho para a exploração interactiva de dados genómicos em grande escala.

o **Casos de uso**: Visualização de alinhamentos, chamadas de variantes e dados de expressão.

- **Cytoscape**:

o **Descrição**: Uma plataforma de software para a visualização de redes complexas e a sua integração com qualquer tipo de dados de atributos.

o **Casos de utilização**: Análise de redes de interação molecular e vias biológicas.

8. **Bibliotecas de aprendizagem automática**

\- **TensorFlow e PyTorch**:

o **Descrição**: Bibliotecas de código aberto para aprendizagem automática e aprendizagem profunda que podem tirar partido da HPC para processamento de dados em grande escala.

o **Casos de uso**: Previsão de estruturas proteicas, análise de padrões de dados genómicos e descoberta de medicamentos.

9. **Ferramentas de gestão do fluxo de trabalho**

- **Próximo fluxo**:

o **Descrição**: Um sistema de gestão de fluxo de trabalho que permite o desenvolvimento e a execução de pipelines de bioinformática.

o **Casos de utilização**: Gerir fluxos de trabalho complexos de bioinformática de forma escalável e reprodutível.

- **Snakemake**:

o **Descrição**: Um sistema de gestão do fluxo de trabalho que permite análises de dados reprodutíveis e escaláveis.

o **Casos de utilização**: Criação de fluxos de trabalho para pipelines de análise genómica.

10. **Plataformas de computação em nuvem para bioinformática**

- **Lote AWS**:

o **Descrição**: Um serviço de nuvem que executa eficientemente centenas a milhares de trabalhos de computação em lote.

o **Casos de uso**: Execução de análises bioinformáticas em grande escala sem a necessidade de hardware dedicado.

- **Google Genomics**:

o **Descrição**: Um serviço baseado na nuvem que simplifica o armazenamento, o processamento e a análise de dados genómicos.

o **Casos de uso**: Processamento de conjuntos de dados genómicos e execução de fluxos de trabalho de bioinformática na nuvem.

11. **Repositórios de dados e ferramentas**

- **NCBI (Centro Nacional de Informação Biotecnológica)**:

o **Descrição**: Fornece acesso a uma vasta gama de dados genómicos e ferramentas de bioinformática.

o **Casos de utilização**: Recuperação de dados de sequência, pesquisas em bases de dados e análise funcional.

- **Navegador do genoma da UCSC**:

o **Descrição**: Uma ferramenta baseada na Web para visualizar dados genómicos de muitas espécies.

o **Casos de utilização**: Anotação e exploração de caraterísticas genómicas.

Estas ferramentas, quando integradas num ambiente HPC, permitem que os bioinformáticos realizem análises em grande escala de forma eficiente, revelando conhecimentos sobre questões biológicas complexas e fazendo avançar a investigação em genómica, proteómica e biologia de sistemas.

PARTE VI

Tendências futuras e considerações éticas

O futuro da bioinformática está preparado para avanços transformadores através de técnicas como a sequenciação de uma única célula, que permite a análise de células individuais, revelando a heterogeneidade dos tecidos e melhorando a nossa compreensão de sistemas biológicos complexos. Os algoritmos de aprendizagem automática conduzirão cada vez mais à modelação preditiva em genómica, permitindo uma medicina personalizada e avaliações mais precisas do risco de doença. Uma vez que as plataformas baseadas na nuvem facilitam a colaboração e a partilha de recursos, os investigadores podem aceder a vastos conjuntos de dados e à capacidade computacional. No entanto, as considerações éticas são importantes, sobretudo no que diz respeito à privacidade e à propriedade dos dados, à medida que os dados genómicos se tornam mais integrados nas informações pessoais de saúde. Assegurar o consentimento informado, evitar a utilização indevida de dados genéticos e abordar os preconceitos algorítmicos são fundamentais para promover a confiança e a equidade na investigação bioinformática, orientando, em última análise, a utilização responsável destas técnicas avançadas na ciência dos dados genómicos.

6.1. Tecnologias emergentes em bioinformática

As tecnologias emergentes em bioinformática estão a transformar a forma como os dados biológicos são recolhidos, analisados e interpretados. Eis algumas das tecnologias emergentes mais proeminentes

1. Inteligência artificial (IA) e aprendizagem automática (ML)

- **A IA e o ML** são cada vez mais utilizados na bioinformática para analisar conjuntos de dados grandes e complexos, como sequências genómicas e estruturas proteicas. Os algoritmos de aprendizagem automática podem identificar padrões e relações nos dados que seriam impossíveis de detetar pelos humanos.
- As aplicações incluem a descoberta de medicamentos, a previsão de resultados de doenças e a identificação de potenciais mutações genéticas associadas a doenças.

2. Sequenciação de nova geração (NGS)

- As tecnologias **NGS** reduziram drasticamente o custo e o tempo necessários para sequenciar genomas. Esta tecnologia permite a sequenciação de genomas inteiros ou de regiões específicas de interesse a alta velocidade, permitindo estudos mais pormenorizados das variações genéticas e das suas implicações na saúde e na doença.
- As tendências emergentes incluem a sequenciação de uma única célula, que permite aos investigadores estudar a expressão genética com a resolução de células individuais.

3. CRISPR e tecnologias de edição do genoma

- **O CRISPR-Cas9** e outras ferramentas de edição do genoma revolucionaram a biologia molecular e a bioinformática. Permitem a modificação precisa de sequências genéticas, permitindo aos investigadores corrigir mutações genéticas, criar modelos animais de doenças humanas ou mesmo conceber genes sintéticos.
- A bioinformática desempenha um papel fundamental na identificação de alvos genéticos para CRISPR e na análise dos resultados das modificações genéticas.

4. Computação em nuvem e grandes volumes de dados

- À medida que a quantidade de dados biológicos cresce exponencialmente, as soluções de computação em nuvem estão a tornar-se essenciais para o armazenamento, processamento e partilha de dados. As plataformas de computação em nuvem permitem a colaboração entre investigadores e fornecem recursos escaláveis para projectos de bioinformática em grande escala.
- Os exemplos incluem plataformas como Google Cloud, AWS e Microsoft Azure, que oferecem ferramentas e infra-estruturas de bioinformática.

5. Tecnologia de cadeia de blocos

- **A cadeia de blocos** está a ser explorada como uma solução para proteger e partilhar dados genómicos sensíveis. Oferece um sistema descentralizado e inviolável para armazenar informações médicas e genéticas, melhorando a privacidade e facilitando a partilha de dados entre investigadores.

6. Biologia Sintética e Biologia Computacional

- **A biologia sintética** utiliza a bioinformática para conceber e construir novos sistemas biológicos ou reestruturar os já existentes. A biologia computacional é fundamental para modelizar estes sistemas e prever o seu comportamento.
- Ferramentas como a síntese de genes e a engenharia metabólica estão a ser melhoradas com algoritmos de bioinformática para otimizar as concepções biológicas.

7. **Metabolómica e proteómica**

- **A metabolómica** e **a proteómica** são áreas em que a bioinformática está a ajudar a decifrar as vastas quantidades de dados relacionados com metabolitos e proteínas nas células. Estas abordagens podem levar a uma melhor compreensão dos processos celulares, dos mecanismos das doenças e dos potenciais alvos de medicamentos.

8. **Computação quântica**

- Embora ainda esteja a dar os primeiros passos, **a computação quântica** é muito promissora para resolver problemas complexos no domínio da bioinformática que ultrapassam as capacidades dos computadores clássicos. Poderá revolucionar tarefas como a previsão da dobragem de proteínas, simulações de dinâmica molecular e problemas de otimização na conceção de medicamentos.

9. **Dispositivos de saúde móveis e portáteis**

- **Os dispositivos vestíveis** e as tecnologias móveis de saúde estão a gerar novos tipos de dados biológicos, como a monitorização contínua de sinais vitais, movimento e biomarcadores. A bioinformática está a ajudar a analisar estes dados em tempo real, oferecendo potencial para cuidados de saúde personalizados.

10. **Transcriptómica espacial**

- **A transcriptómica espacial** combina tecnologias de imagem e sequenciação para mapear a expressão genética nos tecidos com contexto espacial. Isto é crucial para compreender como as células se comportam no seu ambiente natural, contribuindo para avanços em áreas como a investigação do cancro e a biologia do desenvolvimento.

11. **Mapeamento do genoma 3D**

- As tecnologias que permitem o mapeamento da estrutura 3D do genoma estão a tornar-se mais acessíveis. Compreender a organização espacial do genoma é fundamental para revelar como a expressão dos genes é regulada em diferentes contextos, como a diferenciação celular ou estados de doença.

12. **Descoberta de medicamentos com base em IA**

- As plataformas baseadas em IA estão a transformar a descoberta de medicamentos através da análise de dados químicos, biológicos e clínicos para identificar novos candidatos a medicamentos. Isto reduz o tempo e o custo do desenvolvimento de novas terapias.

Estas tecnologias emergentes no domínio da bioinformática estão a impulsionar os avanços na saúde, medicina, agricultura e biotecnologia, permitindo a análise de dados biológicos a uma escala e precisão sem precedentes.

6.2. A computação quântica na genómica

A computação quântica tem um grande potencial para transformar a genómica, especialmente em áreas que requerem um enorme poder computacional e uma análise de dados complexa. A genómica envolve a análise de grandes quantidades de dados e os computadores quânticos, com as suas capacidades únicas, poderiam acelerar drasticamente a velocidade e a eficiência destas análises. Eis como a computação quântica poderá ter impacto na genómica:

1. Acelerar o alinhamento de sequências

- Uma das tarefas computacionalmente mais intensivas em genómica é o **alinhamento de sequências**, em que as sequências de ADN ou ARN são comparadas para identificar semelhanças ou mutações. Os algoritmos clássicos actuais podem ser lentos, especialmente para grandes conjuntos de dados. A computação quântica pode acelerar este processo ao encontrar alinhamentos óptimos mais rapidamente, utilizando **o paralelismo quântico** para avaliar muitas possibilidades em simultâneo.

2. Estudos de associação do genoma (GWAS)

- **Os GWAS** têm como objetivo identificar variantes genéticas associadas a caraterísticas ou doenças específicas através da análise de genomas inteiros. Estes estudos implicam a análise de vastos conjuntos de dados com milhões de variantes, o que exige um poder computacional significativo.
- A computação quântica pode otimizar e acelerar estas análises ao resolver os complexos problemas de otimização inerentes ao GWAS, permitindo aos investigadores identificar variantes relevantes de forma mais eficiente.

3. Dobragem de proteínas e previsão de estruturas

- Compreender a forma como as proteínas se dobram é fundamental para compreender muitas doenças genéticas e desenvolver terapias direcionadas. O problema da previsão das estruturas das proteínas a partir de dados genómicos é conhecido como o **problema da dobragem das proteínas**, que é extremamente exigente em termos computacionais devido ao vasto número de configurações possíveis.
- **Os computadores quânticos** poderão revolucionar este domínio ao simularem as interações moleculares

ao nível quântico, prevendo as estruturas tridimensionais das proteínas com maior rapidez e precisão do que os computadores clássicos.

4. Descoberta de medicamentos e medicina personalizada

- Na **descoberta de medicamentos** com base na genómica, a computação quântica pode acelerar significativamente a procura de moléculas de medicamentos que interagem com alvos genómicos específicos. Ao simular as interações moleculares com maior precisão, os computadores quânticos podem ajudar a identificar potenciais candidatos a medicamentos adaptados a perfis genéticos individuais.
- Isto permitirá a **medicina personalizada**, em que os tratamentos são adaptados com base na constituição genética de uma pessoa, conduzindo a terapias mais eficazes e direcionadas.

5. Modelação da interação gene-ambiente

- Compreender a forma como os genes interagem com os factores ambientais (por exemplo, dieta, estilo de vida, exposição a toxinas) é crucial para prever os resultados em termos de saúde. A complexidade destas interações cria um desafio computacional que a computação quântica poderia ajudar a resolver, executando simulações altamente complexas para explorar todas as interações gene-ambiente possíveis.

6. Criptografia e privacidade nos dados genómicos

- A gestão da privacidade e da segurança dos dados genómicos é uma preocupação crescente, sobretudo à medida que os dados genómicos se tornam cada vez mais integrados nos cuidados de saúde. **A criptografia quântica** poderá proporcionar um nível mais elevado de segurança dos dados, garantindo a proteção das informações genómicas sensíveis contra as ciberameaças, como as que representam os futuros computadores quânticos.

7. Otimização de redes genéticas

- Os sistemas biológicos são regidos por redes complexas de genes e proteínas que interagem entre si. O mapeamento destas redes (redes de regulação genética) é essencial para compreender as funções celulares e os mecanismos das doenças. A capacidade da computação quântica para processar problemas combinatórios em grande escala poderia otimizar estes modelos de redes genéticas de forma mais eficiente do que as abordagens clássicas.

8. Simulação de sistemas biológicos

- Os computadores quânticos têm o potencial de simular sistemas biológicos, incluindo **vias genéticas e interações moleculares**, a um nível quântico. Essas simulações poderão revelar novos conhecimentos sobre a forma como os genes influenciam os processos biológicos e as doenças, conduzindo a intervenções mais precisas em áreas como a terapia genética ou a biologia sintética.

9. Aprendizagem automática quântica para a genómica

- Os algoritmos **de aprendizagem automática quântica** (QML) podem ser utilizados para analisar grandes conjuntos de dados genómicos mais rapidamente do que os algoritmos clássicos de aprendizagem automática. O QML tem potencial para lidar com a complexidade e a escala dos dados genómicos, conduzindo a previsões mais precisas em áreas como a caraterização da expressão genética, a previsão do risco de doença e a identificação de mutações associadas a doenças.

Desafios e limitações actuais

Apesar de promissora, a computação quântica em genómica está ainda a dar os primeiros passos. Alguns dos principais desafios incluem:

- **Limitações de hardware**: Os computadores quânticos ainda estão nas primeiras fases de desenvolvimento e as máquinas actuais ainda não são suficientemente potentes para lidar com os enormes conjuntos de dados envolvidos na genómica.
- **Taxas de erro**: Os computadores quânticos são propensos a erros devido à decoerência quântica, e a construção de computadores quânticos tolerantes a falhas continua a ser um desafio significativo.
- **Desenvolvimento de algoritmos**: O desenvolvimento de algoritmos quânticos especificamente para a genómica é ainda uma área de investigação em curso. Muitos algoritmos clássicos ainda têm de ser adaptados à computação quântica.

Olhando para o futuro

À medida que a tecnologia da computação quântica amadurece, a sua integração na genómica poderá revolucionar muitos aspectos da investigação genética e da medicina, permitindo aos investigadores resolver problemas que atualmente não podem ser resolvidos com computadores clássicos. Isto poderá levar a avanços na compreensão das doenças genéticas, na medicina personalizada e até na criação de novos sistemas biológicos através da biologia sintética.

6.3. Descoberta biológica baseada em IA

A descoberta biológica impulsionada pela IA refere-se à utilização de tecnologias de inteligência artificial (IA), nomeadamente a aprendizagem automática (ML) e a aprendizagem profunda (DL), para acelerar e melhorar o processo de descoberta de novos conhecimentos biológicos, medicamentos, terapias e sistemas biológicos. Esta abordagem está a transformar as ciências da vida ao lidar com grandes conjuntos de dados, ao reconhecer padrões em dados biológicos complexos e ao fazer previsões que anteriormente estavam para além das capacidades humanas ou computacionais.

Eis as principais áreas em que a IA está a revolucionar a descoberta biológica:

1. Descoberta e desenvolvimento de medicamentos

- **A descoberta de medicamentos baseada na IA** utiliza a aprendizagem automática para analisar vastos dados químicos e biológicos para prever a forma como as moléculas de medicamentos irão interagir com alvos biológicos (por exemplo, proteínas, receptores). Os modelos de IA podem identificar novos candidatos a medicamentos mais rapidamente e de forma mais económica do que os métodos tradicionais.
- **Exemplos:**

o As plataformas de IA, como **a AlphaFold da DeepMind**, prevêem estruturas proteicas a partir de sequências de aminoácidos, ajudando na conceção de medicamentos.

o **A Medicina Insilico** utiliza a IA para identificar novos compostos de medicamentos e potenciais alvos terapêuticos.

2. Genómica e medicina personalizada

- A IA está a ajudar os investigadores a interpretar dados genómicos em grande escala para identificar mutações genéticas associadas a doenças, prever o risco de doença e adaptar os tratamentos a cada doente (medicina personalizada).
- **As aplicações incluem:**

o Identificação de mutações cancerígenas através da análise de sequências genómicas com base em IA.

o Prever respostas individuais a medicamentos com base na composição genética, permitindo a criação de terapias personalizadas.

o Utilizar a aprendizagem automática para aplicações **de edição de genes**, como a previsão de efeitos fora do alvo das edições CRISPR.

3. Proteómica e previsão da estrutura das proteínas

- Os modelos de IA podem prever a forma como as proteínas se dobram, um desafio que há décadas tem vindo a bloquear os cientistas. A previsão das estruturas proteicas é fundamental para compreender o funcionamento das proteínas e a sua interação com outras moléculas, o que é vital para o desenvolvimento de medicamentos e para a compreensão das doenças a nível molecular.
- **O AlphaFold 2 da DeepMind** revolucionou a previsão da estrutura das proteínas, alcançando uma precisão quase experimental em muitos casos, o que acelera a compreensão das funções das proteínas e ajuda a desenvolver medicamentos direcionados para proteínas específicas.

4. Biologia de sistemas com recurso a IA

- **A biologia de sistemas** visa compreender as interações complexas entre genes, proteínas e metabolitos que ocorrem nas células e nos organismos. A IA está a melhorar este aspeto, analisando e modelando estas intrincadas redes biológicas.
- As ferramentas de IA estão a ser utilizadas para modelar a forma como os genes se regulam mutuamente, simular sistemas biológicos e prever respostas celulares a alterações genéticas ou ambientais. Isto ajuda a compreender doenças como o cancro, em que as redes de regulação dos genes não funcionam corretamente.

5. Biologia Sintética

- Na **biologia sintética**, a IA é utilizada para conceber e projetar novos sistemas biológicos, como genes sintéticos ou organismos personalizados. Ao prever o comportamento dos circuitos genéticos, a IA pode ajudar os cientistas a criar organismos com novas funções, como bactérias capazes de produzir biocombustíveis ou plantas mais resistentes a doenças.

- Os modelos orientados por Al podem conceber **sequências de ADN** para aplicações de biologia sintética, otimizar vias metabólicas ou criar microrganismos para executar tarefas específicas.

6. IA na Imagiologia e Microscopia

- A IA está a transformar a imagiologia biológica, melhorando a resolução das técnicas de microscopia e automatizando a análise de imagens complexas. Os modelos de aprendizagem profunda podem analisar milhões de imagens de células para identificar diferenças subtis na estrutura ou função celular, detetar anomalias como tumores e quantificar alterações nos fenótipos celulares.

- **Aplicações:**

o Ferramentas de IA que podem detetar sinais precoces de doença em imagens médicas, como células cancerosas ou sinais de neurodegeneração.

o Os algoritmos de IA podem reconstruir imagens de alta resolução a partir de dados de baixa qualidade, revolucionando técnicas como a **microscopia crioelectrónica**.

7. Genómica funcional baseada em IA

- Na **genómica funcional**, os modelos de IA são utilizados para prever as funções dos genes e dos elementos reguladores, como os potenciadores e os promotores. Os modelos de aprendizagem automática treinados em dados de expressão genética podem identificar genes envolvidos em processos biológicos ou doenças específicas.
- A IA está a ser utilizada para analisar dados de rastreios **CRISPR** e experiências **de interferência de RNA (RNAi)** para compreender a função dos genes e as vias reguladoras a um ritmo muito mais rápido.

8. IA para a descoberta de biomarcadores

- Os biomarcadores são indicadores mensuráveis de uma condição biológica ou doença, tais como proteínas ou variantes genéticas. A IA está a ajudar a identificar novos biomarcadores através da análise de dados de elevado rendimento da genómica, proteómica e metabolómica.
- Estes biomarcadores podem ser utilizados para o diagnóstico precoce, a estratificação dos doentes e a monitorização da progressão da doença ou da resposta ao tratamento.

9. IA no desenvolvimento de vacinas

- A IA tem sido crucial para acelerar o desenvolvimento de vacinas, como no caso da COVID-19, prevendo a imunogenicidade das proteínas virais e concebendo vacinas com base em epítopos virais identificados computacionalmente.
- Os modelos de IA podem simular a resposta imunitária aos agentes patogénicos, ajudando a conceber melhores vacinas e a prever a sua eficácia.

10. Epidemiologia e modelação de doenças baseadas em IA

- Em epidemiologia, a IA é utilizada para modelar a propagação de doenças, prever surtos e identificar factores que contribuem para a transmissão de doenças. Isto é crucial para a gestão de doenças infecciosas como a COVID-19.
- Os modelos de IA analisam dados de saúde em tempo real e factores sociais para prever trajectórias de doenças e identificar populações de alto risco.

11. IA e Metabolómica

- Na **metabolómica**, a IA está a ajudar a identificar padrões na vasta gama de pequenas moléculas (metabolitos) produzidas pelos organismos vivos. Os modelos de aprendizagem automática podem prever a forma como as vias metabólicas são alteradas em doenças ou em resposta a tratamentos, fornecendo informações sobre os mecanismos das doenças e identificando alvos terapêuticos.

12. Processamento de linguagem natural (PNL) na literatura biológica

- As ferramentas **de processamento de linguagem natural (PNL)** com recurso à IA são cada vez mais utilizadas para explorar grandes volumes de documentos de investigação biológica, patentes e dados de ensaios clínicos. Ao extrair e sintetizar as principais conclusões desta literatura, a IA pode acelerar o processo de descoberta e identificar relações anteriormente ignoradas entre genes, doenças e potenciais tratamentos.

Desafios e direcções futuras

Embora a descoberta biológica baseada na IA seja extremamente promissora, existem vários desafios:

- **Qualidade e normalização dos dados:** Os modelos de IA requerem grandes quantidades de dados padronizados e de alta qualidade, mas os dados biológicos podem ser ruidosos, incompletos ou tendenciosos.
- **Interpretabilidade dos modelos de IA:** Muitos modelos de IA, especialmente os modelos de aprendizagem profunda, são "caixas negras", o que dificulta a interpretação da forma como as previsões são efectuadas. É fundamental melhorar a transparência e a interpretabilidade destes modelos.
- **Preocupações éticas:** A utilização da IA nos cuidados de saúde e na biologia suscita preocupações éticas, nomeadamente no que respeita à privacidade dos dados, a potenciais enviesamentos nos modelos de IA e aos impactos sociais de tecnologias como a edição de genes.

A descoberta biológica impulsionada pela IA está a revolucionar a forma como compreendemos a biologia, desenvolvemos novas terapias e personalizamos os tratamentos médicos. Ao automatizar e melhorar a análise de dados biológicos complexos, a IA está a acelerar as descobertas que poderão conduzir a grandes avanços na saúde, na medicina e na biotecnologia. Esta integração da IA e da biologia representa uma nova era na descoberta científica.

6.4. Ética e segurança dos dados em bioinformática

A ética e a segurança dos dados em bioinformática são cada vez mais importantes devido às grandes quantidades de dados biológicos sensíveis que estão a ser gerados, analisados e partilhados. medida que a bioinformática continua a crescer e a cruzar-se com os cuidados de saúde, a biotecnologia e a genética, as considerações éticas que envolvem a utilização e a proteção destes dados são fundamentais. As principais preocupações incluem a privacidade, a propriedade dos dados, o consentimento informado e a utilização responsável da informação genética.

1. Privacidade e confidencialidade

- **A privacidade dos dados genómicos** é uma questão ética importante na bioinformática, uma vez que o genoma de um indivíduo contém informações únicas que podem revelar não só a sua identidade, mas também a sua suscetibilidade a determinadas doenças, a sua ascendência e até caraterísticas que podem ser utilizadas para discriminação.
- **Desafios:**

o **Risco de reidentificação:** Mesmo os dados genómicos anonimizados podem, por vezes, ser reidentificados através do cruzamento com outras informações publicamente disponíveis, conduzindo a potenciais violações da privacidade.

o **Violações de dados:** Com a utilização crescente da computação em nuvem e da partilha de dados, aumenta o risco de acesso não autorizado a dados genómicos sensíveis.

- **Soluções:**

o É necessária uma encriptação forte e plataformas seguras de partilha de dados para proteger os dados dos doentes.

o As diretrizes éticas devem garantir que os dados só estão acessíveis a pessoal autorizado para fins aprovados.

2. Consentimento informado

- A recolha e utilização de dados biológicos requerem **o consentimento informado** dos participantes, garantindo que estes compreendem a forma como os seus dados serão utilizados, quem terá acesso aos mesmos e os potenciais riscos envolvidos.
- **Desafios:**

o **Utilização dos dados a longo prazo:** Os dados genómicos podem ser reutilizados em múltiplos estudos futuros para além do âmbito original para o qual foi dado o consentimento.

o **Modelos de consentimento dinâmicos:** O consentimento tradicional pode não abranger a investigação futura, o que pode levar a dilemas éticos relativamente à utilização continuada dos dados.

- **Soluções:**

o Implementar **modelos de consentimento dinâmicos** que permitam às pessoas atualizar as suas preferências em matéria de utilização de dados ao longo do tempo.

o Comunicação clara das potenciais utilizações dos seus dados, incluindo a sua aplicação em investigação futura ou em produtos comerciais.

3. Propriedade e controlo dos dados genéticos

- **A quem pertencem os dados genéticos?** é uma questão ética central. Enquanto os indivíduos se sentem naturalmente proprietários da sua informação genómica, as empresas e as instituições de investigação recolhem, armazenam e analisam frequentemente estes dados.
- **Desafios:**

o **Comercialização:** As empresas privadas podem lucrar com os dados recolhidos durante a investigação ou os cuidados de saúde, o que levanta preocupações éticas sobre a forma como os indivíduos beneficiam das descobertas efectuadas utilizando os seus dados genéticos.

o **Populações indígenas:** Quando se estuda o material genético de populações específicas, particularmente de grupos indígenas, devem ser feitas considerações éticas relativamente à propriedade dos dados e ao consentimento, bem como ao significado cultural da informação genética.

- **Soluções:**

o Quadros e acordos jurídicos que garantam **uma partilha transparente dos benefícios** das descobertas efectuadas com base em dados genéticos.

o Colaborar com as comunidades para garantir que o seu material genético é tratado com respeito e que estas mantêm o controlo sobre a forma como é utilizado.

4. Discriminação e determinismo genético

- Os dados genéticos podem ser potencialmente utilizados de forma abusiva para **discriminar** indivíduos com base nas suas predisposições genéticas, especialmente em áreas como os seguros, o emprego ou o estatuto social.
- **Desafios:**

o **Discriminação genética:** As companhias de seguros ou os empregadores podem utilizar informações genéticas para recusar cobertura ou emprego a indivíduos com determinadas predisposições genéticas.

o **Determinismo genético:** A confiança excessiva na informação genética pode levar à crença de que a saúde e as caraterísticas futuras de um indivíduo são inteiramente predeterminadas pelos seus genes, ignorando os factores ambientais e de estilo de vida.

- **Soluções:**

o **Legislação** mais forte, como a **Lei de Não Discriminação da Informação Genética (GINA)** nos EUA, que protege os indivíduos da discriminação com base na informação genética.
o Educação sobre os limites da informação genética para evitar a má utilização e a interpretação excessiva.

5. Partilha de dados e ciência aberta

- A partilha de dados é crucial para o progresso da investigação bioinformática e genómica, mas deve ser equilibrada com a necessidade de proteger a privacidade dos participantes.
- **Desafios:**

o **Partilha internacional:** A investigação envolve frequentemente a colaboração entre países, e os dados genómicos partilhados internacionalmente podem não estar sujeitos aos mesmos regulamentos de privacidade ou normas éticas.
o **Bases de dados públicas:** As grandes bases de dados públicas, como **a dbGaP** (Database of Genotypes and Phenotypes) e **a Ensembl**, são recursos inestimáveis, mas também suscitam preocupações quanto à segurança e à privacidade dos dados que armazenam.

- **Soluções:**

o Estabelecer acordos e normas internacionais em matéria de privacidade e segurança dos dados para garantir uma utilização ética dos dados além-fronteiras.
o Desenvolver modelos **de acesso escalonado** que permitam aos investigadores aceder aos dados a vários níveis com base nas suas credenciais e necessidades de investigação.

6. Utilização ética da IA e da aprendizagem automática

- A IA e a aprendizagem automática (ML) estão a tornar-se parte integrante da bioinformática, especialmente para a análise de dados genómicos. No entanto, a utilização destas tecnologias levanta questões éticas sobre **parcialidade, transparência** e **autonomia**.
- **Desafios:**

o **Preconceitos nos algoritmos:** Os sistemas de IA podem refletir ou mesmo amplificar os enviesamentos presentes nos dados em que são treinados, conduzindo a previsões imprecisas ou ao tratamento desigual de determinadas populações.
o **Transparência:** Os algoritmos de IA são frequentemente "caixas negras", o que significa que pode ser difícil compreender como as decisões são tomadas, o que levanta preocupações sobre a responsabilização.

- **Soluções:**

o Assegurar que os modelos de IA são **treinados em conjuntos de dados diversificados e representativos** para minimizar a parcialidade e melhorar a equidade.
o Desenvolver técnicas de **IA explicável** (XAI) que tornem o processo de tomada de decisões dos sistemas de IA mais transparente e interpretável.

7. Investigação de dupla utilização e biossegurança

- A investigação em bioinformática, especialmente em áreas como a edição do genoma (por exemplo, CRISPR) ou a biologia sintética, tem potencial para **dupla utilização**, em que os conhecimentos e as ferramentas podem ser utilizados tanto para fins benéficos como prejudiciais.
- **Desafios:**

o **Riscos de biossegurança:** Os avanços da bioinformática podem ser mal utilizados para criar agentes biológicos nocivos, como os agentes patogénicos artificiais.
o **Supervisão regulamentar:** Garantir que a investigação bioinformática é efectuada com uma supervisão adequada para evitar a utilização indevida ou a divulgação acidental de informações biológicas perigosas.

- **Soluções:**

o Implementação de **protocolos de biossegurança** e de diretrizes éticas que previnam a utilização indevida, incentivando simultaneamente a investigação responsável.
o Colaboração entre governos, instituições e investigadores para monitorizar e regulamentar a investigação de dupla utilização em bioinformática.

8. Armazenamento e utilização de dados a longo prazo

- Os dados genómicos devem ser armazenados durante longos períodos, uma vez que são frequentemente utilizados para investigação em curso. No entanto, o armazenamento a longo prazo desses dados suscita preocupações éticas e de segurança.
- **Desafios:**

o **Deterioração dos dados:** Com o tempo, os formatos e as tecnologias de armazenamento podem ficar desactualizados, colocando em risco a acessibilidade e a segurança dos dados genómicos armazenados.
o **Consentimento contínuo:** Os indivíduos podem consentir na utilização dos seus dados num determinado momento, mas as suas preferências podem mudar ao longo de um estudo.

- **Soluções:**

o Desenvolver sistemas de armazenamento de dados robustos e preparados para o futuro e atualizar regularmente as tecnologias de armazenamento de dados genómicos.
o Rever periodicamente os acordos de consentimento para garantir que reflectem os desejos actuais dos participantes relativamente à utilização dos seus dados.

9. Envolvimento do público e educação

- Os rápidos avanços da bioinformática e da genómica exigem a participação do público para garantir que as preocupações éticas sejam abordadas e que a confiança do público seja mantida.
- **Desafios:**

o Falta de conhecimento sobre a forma como a informação genética é utilizada, o que leva a receios ou ideias erradas.

o As decisões éticas em bioinformática têm frequentemente implicações sociais alargadas, como na edição de genes ou na medicina personalizada, em que o contributo do público é crucial.

- **Soluções:**

o Esforços de sensibilização e educação do público para explicar os benefícios e riscos das tecnologias bioinformáticas.

o Inclusão de perspectivas diversas, incluindo especialistas em ética, grupos de doentes e decisores políticos, nas decisões relacionadas com a investigação e as aplicações bioinformáticas.

A ética e a segurança dos dados são fundamentais para a utilização responsável da bioinformática. Proteger a privacidade e a autonomia dos indivíduos e, ao mesmo tempo, promover a inovação na investigação genómica e na bioinformática exige uma abordagem equilibrada. Os investigadores, os decisores políticos e as instituições devem trabalhar em conjunto para criar quadros éticos e medidas de segurança sólidas, a fim de garantir que o vasto potencial da bioinformática seja realizado de forma responsável e equitativa.

6.5. Privacidade dos dados na genómica

A privacidade dos dados em genómica é uma questão crítica, uma vez que os dados genómicos contêm informações altamente sensíveis e pessoais. Ao contrário de outras formas de dados de saúde, a informação genética é de identificação única e pode revelar informações pormenorizadas sobre a saúde de um indivíduo, a sua ascendência e até riscos futuros de doença. A proteção da privacidade destes dados é essencial para manter a confiança do público na investigação genómica, nas aplicações clínicas e nos serviços de testes genéticos pessoais. Seguem-se os principais desafios e estratégias relacionados com a privacidade dos dados na genómica

1. A singularidade e a sensibilidade dos dados genómicos

- **Singularidade**: Os dados genómicos são essencialmente uma impressão digital biológica. Mesmo as sequências parciais de ADN podem ser únicas para um indivíduo, tornando possível a reidentificação de alguém mesmo a partir de dados supostamente anónimos.
- **Carácter preditivo**: Os dados genéticos não só contêm informações sobre o estado de saúde atual de uma pessoa, mas também sobre riscos de saúde futuros, revelando potencialmente predisposições para doenças como o cancro, a doença de Alzheimer ou as doenças cardiovasculares.

- **Implicações para a família**: Os dados genómicos não afectam apenas o indivíduo, mas também os seus familiares, uma vez que os membros da família partilham partes significativas do seu ADN. Este facto torna o consentimento e a privacidade particularmente complexos quando se considera o potencial impacto nos familiares.

2. Desafios da privacidade dos dados genómicos

- **Riscos de reidentificação**: Os dados genómicos que foram tornados anónimos (removendo identificadores diretos, como nomes) podem, por vezes, ser reidentificados quando combinados com outros dados publicamente disponíveis, como bases de dados genealógicas ou registos de saúde.

o **Exemplo de caso**: Os investigadores demonstraram que podiam reidentificar os participantes em estudos genómicos através do cruzamento de dados anónimos com dados publicamente disponíveis, como perfis de redes sociais, registos de eleitores ou bases de dados genealógicas.

- **Armazenamento a longo prazo**: Os dados genómicos podem ter de ser armazenados durante muitos anos para investigação futura, o que suscita preocupações sobre a forma como a segurança e a privacidade a longo prazo serão mantidas. Os avanços tecnológicos podem também aumentar a probabilidade de reidentificação ao longo do tempo.
- **Partilha de dados**: A investigação genómica envolve frequentemente a partilha de dados entre instituições e fronteiras. Embora a partilha acelere a descoberta científica, introduz riscos relacionados com as diferentes normas de privacidade e práticas de segurança de dados entre regiões e organizações.
- **Complexidades do consentimento**: O consentimento informado para a utilização de dados genómicos pode ser difícil porque o âmbito total das futuras utilizações dos dados pode não ser conhecido no momento da recolha. Além disso, os dados genómicos podem revelar resultados inesperados, como descobertas sobre futuros riscos para a saúde ou relações familiares, o que pode ter implicações éticas.

3. Quadros jurídicos e éticos para a privacidade dos dados genómicos

- **Lei da Não Discriminação da Informação Genética (GINA)** (EUA): Protege os indivíduos contra a discriminação por parte das seguradoras de saúde e das entidades patronais com base em informações genéticas. No entanto, a GINA não abrange seguros de vida, seguros de invalidez ou seguros de cuidados prolongados, deixando algumas lacunas.

- **Health Insurance Portability and Accountability Act (HIPAA)** (EUA): Fornece protecções de privacidade para dados de saúde, incluindo informações genéticas, quando fazem parte de um registo médico. No entanto, a HIPAA pode não se aplicar a empresas de testes genéticos para consumidores (por exemplo, 23andMe, AncestryDNA).
- **Regulamento Geral sobre a Proteção de Dados (RGPD)** (UE): Proporciona uma ampla proteção dos dados pessoais, incluindo os dados genómicos, em toda a União Europeia. O RGPD dá aos indivíduos o controlo sobre os seus dados e o direito a serem esquecidos, mas a permanência dos dados genómicos torna a eliminação total complicada.
- **Privacidade dos dados na investigação**: As normas éticas, como a **Regra Comum** (para a investigação biomédica nos EUA), exigem o consentimento informado e a proteção da privacidade, mas continua a haver desafios para garantir que os indivíduos compreendam as implicações a longo prazo da partilha dos seus dados genómicos.

4. Privacidade nos testes genéticos diretos ao consumidor (DTC)

- Empresas como a 23andMe e a AncestryDNA fornecem serviços de testes genéticos pessoais aos consumidores, mas as suas práticas de proteção da privacidade dos dados têm suscitado preocupações.
- **Transparência na utilização dos dados**: Muitas empresas DTC têm termos de serviço que permitem a partilha de dados genéticos com terceiros, incluindo investigadores ou mesmo empresas farmacêuticas, muitas vezes sem uma comunicação clara ao consumidor.
- **Acesso para aplicação da lei**: As agências de aplicação da lei têm utilizado cada vez mais as bases de dados genéticos dos consumidores para resolver casos arquivados, identificando suspeitos através de parentes genéticos. Embora este facto tenha conduzido a avanços significativos nas investigações criminais (por exemplo, o caso do Golden State Killer), levanta questões sobre a privacidade dos indivíduos que não consentiram que os seus dados genéticos fossem utilizados para tais fins.
- **Direito à privacidade**: Os consumidores subestimam frequentemente a possibilidade de os seus dados serem acedidos, utilizados indevidamente ou combinados com outros conjuntos de dados, conduzindo a violações da privacidade.

5. Segurança e encriptação de dados em genómica

- **Encriptação**: A segurança dos dados genómicos utilizando técnicas de encriptação é essencial para os proteger de acessos não autorizados. A encriptação de ponta a ponta garante que os dados genómicos só são acessíveis a utilizadores autorizados, quer sejam armazenados, transmitidos ou analisados.
- **Aprendizagem federada e encriptação homomórfica**: Novos métodos, como a aprendizagem federada, permitem a análise de dados genómicos em diferentes instituições sem partilhar dados em bruto, o que pode reduzir os riscos associados à centralização de dados. A encriptação homomórfica, por sua vez, permite a computação em dados encriptados, preservando a privacidade durante a análise.
- **Controlos de acesso aos dados**: Limitar o acesso aos dados genómicos apenas aos investigadores ou clínicos que deles necessitam, e garantir que têm a autorização adequada, ajuda a reduzir o risco de violação ou utilização indevida dos dados.

6. Considerações éticas sobre a utilização de dados genómicos

- **Consentimento informado**: Quando os indivíduos participam na investigação genética, devem dar o seu consentimento informado, compreendendo como os seus dados serão utilizados, quem terá acesso aos mesmos e quais os riscos potenciais. No entanto, a natureza evolutiva e a longo prazo da utilização de dados genómicos complica o processo de consentimento.
  - **Consentimento dinâmico**: Uma solução proposta é o consentimento dinâmico, em que os participantes podem atualizar as suas preferências ao longo do tempo, à medida que tomam conhecimento de novas utilizações dos seus dados.
- **Devolução de resultados**: Na investigação genómica, há um debate sobre se e como devolver resultados significativos (por exemplo, riscos de doença) aos participantes. Alguns participantes podem não querer saber determinadas informações, enquanto outros esperam ser informados de resultados que possam ser objeto de ação médica.
- **Excepcionalismo genético**: É debatida a ideia de que a informação genética deve ser tratada de forma diferente de outros tipos de dados de saúde devido à sua natureza única de identificação e previsão. Alguns defendem uma maior proteção da privacidade dos dados genéticos, enquanto outros consideram que devem ser tratados de forma semelhante a outras informações médicas.

7. **Desafios e oportunidades futuros**

- **Interoperabilidade dos dados**: À medida que a investigação genómica se torna cada vez mais global, a harmonização dos regulamentos e normas de privacidade dos dados entre países e organizações será um desafio. Garantir que os dados genómicos possam ser utilizados eficazmente para investigação, respeitando as leis de privacidade, exigirá cooperação internacional.
- **IA e dados genómicos**: A utilização da IA para analisar dados genómicos levanta preocupações adicionais em matéria de privacidade, especialmente se os modelos de IA forem treinados em dados genómicos sensíveis. Os modelos de IA podem memorizar inadvertidamente informações sensíveis dos conjuntos de dados de treino, que podem ser extraídas ou reidentificadas.

- **Confiança e transparência do público**: Criar e manter a confiança do público é crucial para o futuro da genómica. Práticas de dados transparentes, comunicação clara sobre riscos e benefícios e medidas de segurança robustas ajudarão a garantir que as pessoas se sintam à vontade para partilhar a sua informação genética para fins de investigação ou cuidados de saúde.

A privacidade dos dados em genómica exige um equilíbrio entre o imenso potencial de descoberta científica e a necessidade de proteger a informação genética sensível dos indivíduos. Garantir a privacidade implica implementar métodos de encriptação fortes, manter a transparência na utilização dos dados e assegurar que o consentimento informado é continuamente atualizado. Com a crescente integração da genómica nos cuidados de saúde e na investigação, os quadros éticos e jurídicos devem evoluir para acompanhar os avanços tecnológicos, promovendo um futuro em que os benefícios da investigação genómica sejam plenamente realizados, respeitando a privacidade individual.

6.6. Considerações éticas sobre a genómica personalizada

As considerações éticas sobre a **genómica personalizada - em que** os dados genómicos são utilizados para adaptar os tratamentos médicos e as intervenções de saúde à constituição genética de um indivíduo - são complexas e multifacetadas. À medida que este domínio avança, levanta questões éticas, legais e sociais profundas. A promessa da genómica personalizada reside em cuidados de saúde mais precisos, mas também traz desafios em termos de privacidade, equidade, consentimento e acesso. Eis as principais considerações éticas:

1. **Consentimento informado**

- **Complexidade do consentimento**: Na genómica personalizada, os indivíduos devem dar o seu consentimento para a recolha e utilização dos seus dados genéticos. No entanto, o âmbito completo das futuras utilizações destes dados é frequentemente desconhecido no momento da recolha. Isto faz com que seja difícil para os indivíduos compreenderem plenamente os riscos e benefícios da participação em estudos ou tratamentos genómicos.
- **Consentimento dinâmico**: Dada a natureza em rápida evolução da genómica, os modelos tradicionais de consentimento podem não ser suficientes. **O consentimento dinâmico** permite que os indivíduos actualizem as suas preferências ao longo do tempo, garantindo que podem alterar o seu consentimento à medida que surgem novas utilizações para os seus dados.
- **Descobertas acidentais**: Os testes genómicos podem revelar informações inesperadas, como uma predisposição para uma doença grave que não era o objetivo inicial dos testes. A questão ética é saber se e como esta informação deve ser comunicada ao doente. Alguns indivíduos podem preferir não saber, enquanto outros podem querer toda a informação possível.

2. **Privacidade e confidencialidade**

- **Privacidade dos dados genómicos**: A genómica personalizada envolve o tratamento de informações genéticas altamente sensíveis que podem revelar não só riscos pessoais para a saúde, mas também informações sobre membros da família. A manutenção da privacidade destes dados é essencial para evitar a reidentificação ou a utilização incorrecta.
- **Segurança dos dados**: Os dados genéticos devem ser armazenados e transmitidos de forma segura para evitar o acesso não autorizado. As violações podem levar à **discriminação genética**, em que os indivíduos vêem negados serviços (como seguros) com base na sua composição genética.
- **Partilha com terceiros**: Em alguns casos, os dados genéticos podem ser partilhados com organizações de investigação ou entidades comerciais, o que suscita preocupações sobre se os participantes estão plenamente conscientes e consentiram essa partilha de dados.

3. **Discriminação genética**

- **Discriminação no emprego e nos seguros**: Uma das principais preocupações éticas da genómica personalizada é o potencial de **discriminação genética**. Os empregadores ou as seguradoras poderiam recusar empregos, promoções ou cobertura com base na predisposição genética de um indivíduo para determinadas doenças.

- **Legislação**: Leis como a **Genetic Information Nondiscrimination Act (GINA)** nos EUA visam proteger os indivíduos da discriminação genética por parte de empregadores e seguradoras de saúde, mas estas protecções não se estendem a outras formas de seguro, como o seguro de vida ou de invalidez.
- **Discriminação familiar**: Uma vez que a informação genética é partilhada entre os membros da família, existe a possibilidade de **discriminação familiar**, em que os membros da família podem sofrer consequências com base na informação genética dos seus familiares.

4. Equidade e acesso

- **Disparidades no acesso**: Nem toda a gente tem igual acesso aos serviços de genómica personalizada, como os testes genéticos e os tratamentos personalizados daí resultantes. Os indivíduos de comunidades com baixos rendimentos ou marginalizadas podem não ter os meios financeiros ou o acesso a cuidados de saúde para beneficiar destes avanços.
- **Disparidades globais**: A genómica personalizada está mais facilmente disponível nas nações mais ricas, criando um fosso entre países em termos de quem beneficia da medicina genómica. As considerações éticas em torno da equidade na saúde global são importantes à medida que o campo avança.
- **Custo dos tratamentos personalizados**: A medicina personalizada, que inclui tratamentos adaptados ao genoma de uma pessoa, pode ser muito cara. Este facto suscita preocupações sobre se estes avanços serão acessíveis a todos ou apenas àqueles que os podem pagar.

5. Inclusão e representação na investigação genómica

- **Sub-representação de populações diversas**: Muitos estudos genómicos centraram-se historicamente em populações de ascendência europeia, o que limita a aplicabilidade da genómica personalizada a pessoas de outras origens étnicas. Este facto levanta preocupações éticas sobre a equidade e a **generalização** dos resultados a diversas populações.
- **Medicina de precisão para todos**: Para evitar **disparidades nos cuidados de saúde**, é crucial incluir diversas populações na investigação genómica para garantir que os tratamentos personalizados são eficazes para todos os grupos étnicos e não apenas para os de ascendência europeia.
- **Sensibilidades culturais**: As diferentes culturas podem ter pontos de vista específicos sobre a utilização da informação genética, em particular os grupos indígenas ou minoritários, que podem ter receio de partilhar dados genéticos devido à exploração histórica ou à utilização indevida.

6. Autonomia e capacitação

- **Respeito pela autonomia**: A genómica personalizada dá poder aos indivíduos ao fornecer-lhes informação detalhada sobre os seus riscos de saúde e opções de tratamento. No entanto, surgem preocupações éticas quando os doentes não compreendem totalmente as implicações desta informação.
- **Literacia genómica**: Muitas pessoas não têm os conhecimentos necessários para compreender plenamente a informação sobre o risco genético ou a forma como esta deve ser utilizada para tomar decisões em matéria de cuidados de saúde. Os modelos de cuidados éticos devem incluir a educação e o aconselhamento genético para garantir que os doentes possam tomar decisões informadas.
- **Direito de não saber**: Alguns indivíduos podem não querer saber sobre os seus riscos genéticos, particularmente para doenças sem cura (por exemplo, a doença de Huntington). É importante respeitar o direito dos indivíduos de optarem por não receber certos tipos de informação.

7. Ética familiar e reprodutiva

- **Responsabilidade genética**: Quando uma pessoa numa família é submetida a um teste genético, os resultados podem ter implicações para outros membros da família, que podem estar em risco de sofrer das mesmas doenças genéticas. Este facto levanta questões éticas sobre **obrigações familiares** - a pessoa testada tem o dever de informar os membros da família?
- **Decisões reprodutivas**: A genómica personalizada pode fornecer aos pais informações sobre potenciais doenças genéticas que os seus filhos possam herdar. Isto levanta dilemas éticos em torno das escolhas reprodutivas, incluindo a possibilidade de reprodução selectiva com base no risco genético, o que pode cruzar-se com debates sobre **eugenia**.
- **Testes pré-natais e de pré-implantação**: Tecnologias como o **diagnóstico genético pré-implantação (PGD)** permitem aos pais selecionar embriões com base em informações genéticas antes da implantação durante a fertilização in vitro (FIV). Embora isto possa evitar a transmissão de doenças genéticas, também levanta preocupações éticas sobre os "bebés de design" e as implicações sociais da seleção de determinadas caraterísticas.

8. Devolução dos resultados e responsabilidade pelas constatações

- **Resultados acionáveis vs. não acionáveis**: Nem toda a informação genética é imediatamente acionável. Por exemplo, o conhecimento de uma predisposição genética para doenças sem opções de tratamento actuais (como a doença de Alzheimer) pode causar angústia psicológica sem oferecer benefícios médicos claros.
- **Dever de voltar a contactar**: Se novas investigações revelarem informações de saúde adicionais relacionadas com o genoma de um doente, existe um debate ético sobre se os prestadores de cuidados de saúde têm o dever de informar o doente. Este facto introduz desafios relacionados com o envolvimento contínuo do doente.
- **Achados secundários ou acidentais**: Quando o teste genómico é realizado para uma doença, pode por vezes revelar resultados não relacionados que podem ter implicações importantes para a saúde (por exemplo, encontrar uma predisposição para o cancro num teste para doenças cardiovasculares). O desafio ético consiste em saber como lidar e comunicar estes resultados acidentais aos doentes.

9. Comercialização e utilização de dados genómicos

- **Exploração comercial**: As empresas podem lucrar com a venda de dados genómicos ou com o desenvolvimento de tratamentos baseados nesses dados, o que levanta questões éticas sobre os direitos dos indivíduos que forneceram os dados. Os doentes não podem receber qualquer benefício financeiro das descobertas efectuadas utilizando a sua informação genómica.
- **Propriedade dos dados**: A questão de **quem detém a propriedade dos dados genéticos** é central nos debates éticos. Os indivíduos devem manter a propriedade dos seus dados genómicos, ou a empresa ou instituição que sequencia e analisa o genoma tem direito a eles? Esta questão afecta a partilha de dados, a comercialização e a distribuição de benefícios.
- **Partilha de lucros**: Quando os dados genómicos são utilizados para desenvolver tratamentos rentáveis, os indivíduos cujos dados contribuíram para a descoberta devem receber uma parte dos benefícios financeiros?

10. Utilização ética da IA e dos algoritmos na genómica personalizada

- **Viés nos modelos de IA**: Os algoritmos de inteligência artificial e de aprendizagem automática são cada vez mais utilizados para analisar dados genómicos e fazer previsões. No entanto, estes sistemas podem refletir e perpetuar preconceitos presentes nos dados de treino, conduzindo a disparidades nos resultados dos cuidados de saúde. Por exemplo, os modelos de IA treinados predominantemente em dados de determinados grupos étnicos podem produzir resultados menos exactos para outras populações.
- **Transparência e explicabilidade**: As previsões genómicas baseadas em IA têm de ser transparentes e explicáveis aos doentes e aos prestadores de cuidados de saúde. Se o processo de tomada de decisão for uma "caixa negra", levanta preocupações éticas sobre a responsabilidade e a confiança.
- **Autonomia e tomada de decisões**: À medida que os sistemas de IA se tornam mais integrados na medicina personalizada, é importante garantir que os doentes e os médicos mantêm a autoridade final na tomada de decisões, em vez de dependerem apenas de resultados algorítmicos.

A genómica personalizada oferece possibilidades transformadoras para a medicina, mas também levanta inúmeras questões éticas que exigem uma análise cuidadosa. É essencial equilibrar os benefícios dos cuidados de saúde personalizados com a proteção dos direitos individuais e o acesso equitativo. Quadros éticos sólidos, práticas de investigação inclusivas, proteção da privacidade dos dados e educação pública são fundamentais para garantir que a genómica personalizada é implementada de forma responsável e ética na sociedade.

APÊNDICES

Apêndices-I Glossário de termos-chave em bioinformática

1. **Bioinformática**: Um campo interdisciplinar que combina biologia, ciências da computação e matemática para analisar e interpretar dados biológicos, particularmente sequências genómicas.
2. **Genómica**: O estudo dos genomas, o conjunto completo de ADN, incluindo todos os seus genes e respectivas funções, em diferentes organismos.
3. **Sequenciação**: O processo de determinação da ordem exacta dos nucleótidos (A, T, C, G) numa molécula de ADN ou ARN, normalmente realizado com tecnologias de sequenciação de elevado rendimento.
4. **Sequenciação de nova geração (NGS)**: Um conjunto de tecnologias de sequenciação avançadas que permitem a sequenciação rápida e económica de grandes volumes de ADN, permitindo uma análise genómica abrangente.
5. **Montagem De Novo**: Um método para reconstruir um genoma a partir do zero utilizando leituras curtas de ADN sem um genoma de referência, útil para a sequenciação de novos organismos.
6. **Genoma de referência**: Uma base de dados digital de sequências de ácidos nucleicos que serve de exemplo representativo do genoma de uma determinada espécie, utilizada para alinhamento e comparação durante a análise de sequências.
7. **Anotação do genoma**: O processo de identificação e rotulagem de caraterísticas genómicas, tais como genes, elementos reguladores e regiões não codificantes, num genoma sequenciado.
8. **Chamada de variantes**: A identificação de variantes genéticas (por exemplo, SNPs, inserções, deleções) no DNA sequenciado, comparando as leituras sequenciadas com um genoma de referência.
9. **Polimorfismo de nucleotídeo único (SNP)**: Um tipo comum de variação genética em que um único nucleótido difere entre indivíduos numa população, frequentemente associado a caraterísticas ou doenças.
10. **Transcriptómica**: O estudo do conjunto completo de transcrições de ARN produzidas pelo genoma em circunstâncias específicas, fornecendo informações sobre a expressão e a regulação dos genes.
11. **Sequenciamento de RNA (RNA-seq)**: Uma técnica de sequenciação de alto rendimento utilizada para analisar o transcriptoma, permitindo a quantificação dos níveis de expressão dos genes e a identificação de novas transcrições.
12. **Proteómica**: O estudo em grande escala das proteínas, particularmente das suas funções, estruturas e interações nos sistemas biológicos.
13. **Metagenómica**: O estudo do material genético recuperado diretamente de amostras ambientais, permitindo a análise de comunidades microbianas sem necessidade de cultura.
14. **Aprendizagem automática**: Um ramo da inteligência artificial que envolve a formação de algoritmos para aprender e fazer previsões com base em dados, cada vez mais aplicados em bioinformática para tarefas como a classificação e o agrupamento.
15. **Extração de dados**: O processo de descoberta de padrões e extração de informações valiosas de grandes conjuntos de dados, utilizando frequentemente técnicas estatísticas e algoritmos de aprendizagem automática.
16. **Alinhamento**: O processo de organização de sequências de ADN, ARN ou proteína para identificar regiões de semelhança que possam indicar relações funcionais, estruturais ou evolutivas.
17. **Agrupamento**: Uma técnica estatística utilizada para agrupar pontos de dados semelhantes com base em critérios especificados, frequentemente utilizada na análise de dados genómicos para identificar genes coexpressos ou amostras semelhantes.
18. **Filogenética**: O estudo das relações evolutivas entre espécies biológicas com base na sua informação genética, muitas vezes representada como árvores filogenéticas.
19. **Anotação funcional**: O processo de atribuição de informação biológica (como a função de um gene) a caraterísticas genómicas com base em várias fontes de evidência, incluindo a semelhança de sequências e dados experimentais.
20. **Estudo de associação do genoma (GWAS)**: Um estudo que envolve a pesquisa no genoma de associações entre variantes genéticas e caraterísticas fenotípicas numa população, normalmente utilizado para identificar factores de risco genético para doenças.
21. **Ferramentas de bioinformática**: Aplicações de software e algoritmos utilizados para analisar dados biológicos, incluindo ferramentas para alinhamento de sequências (p. ex., BLAST, Bowtie), montagem de genomas (p. ex., SPAdes, Canu) e análise de variantes (p. ex., GATK).

22. **Computação em nuvem**: A utilização de servidores remotos alojados na Internet para armazenar, gerir e processar dados, permitindo uma análise bioinformática escalável e flexível.
23. **Visualização de dados**: A representação gráfica de dados para ajudar a compreender informações biológicas complexas, utilizando frequentemente ferramentas como R, Python ou software especializado como o Cytoscape.
24. **Biologia sintética**: Uma área interdisciplinar que combina a biologia e a engenharia para conceber e construir novas peças, dispositivos e sistemas biológicos, muitas vezes com base em dados genómicos.
25. **Considerações éticas**: Os princípios e questões relacionados com a conduta ética da investigação e as implicações da análise de dados genómicos, incluindo a privacidade, o consentimento e a partilha de dados.

Apêndices-II Legislação fundamental em matéria de genómica personalizada

Direito/RegulamentaçãoRegião	**Objetivo**	**Disposições principais**
Informação genética Unidos **Lei da não-discriminação** Estados 0	Protege i de discriminação e de empregadores com base em informações genéticas que solicitem, exijam ou utilizem informações de saúde seguro e emprego	indivíduos Proíbe as seguradoras de saúde para os actos discriminatórios objectivos.
Saúde Portabilidade Accountability Act **Seguros** e United States **(HIPAA)**	Protege os dados do hpollh 1ПГ.11Л1ПО informação por cuidados de saúde fornecedores e seguradoras.	Limita o acesso e a privacidade de partilha de dados genéticos informação genética
Geral Proteção **Dados** Europeu **Regulamento** **(RGPD)** União	Fornece um amplo privacidade protecções pessoal incluindo dados	Requer informação consentimento em matéria de para recolha, dá dados, controlo individual sobre dados genómicos e aplica regras estritas para o tratamento e a partilha de dados.
PersonalGenome Vários Regiões **da Lei da Privacidade** (Proposta)	Centra-se na definição de quem pode aceder, armazenar e partilhar dados genómicos, nrntpcti on ч pro ec	Propõe legislação para garantir tor onsor enfatizar a propriedade dos dados genómicos pessoais e consentimento.

Apêndice III: Definições de termos-chave

Prazo	**Definição**
Consentimento dinâmico	Um modelo de consentimento que permite que os indivíduos modifiquem as suas consentimento ao longo do tempo, com base na evolução dos conhecimentos sobre a utilização dos seus dados genómicos.
Constatações incidentais	Descobertas involuntárias feitas durante os testes genómicos que não estão relacionados com o objetivo original do teste, mas podem ter implicações para a saúde.
Discriminação genética	O tratamento injusto de indivíduos com base na sua informação genética, frequentemente em contextos de emprego ou de seguros.
Genética pré-implantação Diagnóstico (PGD)	Uma técnica utilizada na reprodução assistida para testar embriões para detetar condições genéticas antes da implantação.
Obrigação familiar	A questão ética relativa ao facto de um indivíduo responsabilidade de partilhar a informação sobre o risco genético com os

	membros da família que possam ser afectados.
Encriptação homomórfica	Uma forma de cifragem que permite o cálculo de dados cifrados sem revelar os dados subjacentes, utilizada na análise genómica com preservação da privacidade.
Aprendizagem federada	Uma técnica de aprendizagem automática que permite múltiplas instituições colaborem na análise de dados sem partilhar dados em bruto, preservando assim a privacidade.

Apêndices IV: Dilemas éticos na genómica personalizada

Dilema	Descrição
Direito de não saber	Deverão os indivíduos ter o direito de optar por não tomar conhecimento de determinados riscos genéticos, especialmente no caso de doenças para as quais não existe tratamento disponível?
Propriedade dos dados genéticos	A quem pertencem os dados genéticos: ao indivíduo, à empresa que efectua os testes ou aos investigadores?
Voltar a contactar os participantes	Os investigadores devem ter a obrigação de informar os participantes sobre novas descobertas que surjam dos seus dados genéticos após a análise inicial?
Custo vs. Acesso	Como pode a sociedade garantir um acesso equitativo a tratamentos genómicos personalizados dispendiosos, especialmente em sistemas de saúde subfinanciados?
Viés da IA na genómica	Como podem os enviesamentos presentes nos algoritmos de IA que analisam os dados genómicos ser atenuados para garantir resultados de saúde justos e precisos para todas as populações?

Appendix V: Orientações e quadros éticos para a genómica personalizada

1. **O Relatório Belmont (1979)**

o **Princípios**: Respeito pelas pessoas, beneficência e justiça. Estes princípios orientam a tomada de decisões éticas na investigação biomédica, incluindo a genómica.

o **Relevância**: Dá ênfase ao consentimento informado, ao tratamento ético dos participantes e à distribuição justa dos benefícios da investigação.

2. **A Declaração Universal sobre Bioética e Direitos Humanos (UNESCO, 2005)**

o **Princípios**: Respeito pela dignidade humana, autonomia e direitos humanos no contexto da bioética.

o **Relevância**: Aplicável à genómica personalizada em termos de garantia de respeito pelos indivíduos e de proteção dos seus dados genéticos.

3. **A Convenção de Oviedo (1997)**

o **Princípios**: Um tratado europeu que estabelece orientações para a proteção dos direitos humanos no contexto da biologia e da medicina.

o **Relevância**: Abrange os testes genéticos, exigindo o consentimento informado e proibindo a discriminação com base em dados genéticos.

Appendix VI: Principais estudos de casos éticos em genómica personalizada

Caso	Descrição
O caso Henrietta Lacks	As células de Henrietta Lacks foram utilizadas para investigação científica sem o seu conhecimento ou consentimento, levantando questões sobre o consentimento e a propriedade do material biológico.
O caso do assassino de Golden State	As forças da ordem utilizaram bases de dados genealógicas públicas para apanhar um suspeito de crime, suscitando debates sobre privacidade, partilha de dados e vigilância genética.
Os bebés CRISPR de He Jiankui	Um cientista chinês utilizou o CRISPR para modificar geneticamente embriões, o que deu origem a controvérsias éticas sobre a edição de genes e as suas consequências indesejadas.
23andMe e a genómica do consumidor	A prática da empresa de partilhar dados genéticos com empresas farmacêuticas levantou questões sobre a utilização comercial de dados genéticos pessoais sem consentimento claro.

Apêndice VII: Avanços tecnológicos relevantes para a genómica personalizada

Tecnologia	Descrição
CRISPR-Cas9	Uma tecnologia de edição do genoma que permite aos cientistas modificar Sequências de ADN com elevada precisão, utilizadas na medicina personalizada e na terapia genética.

Próxima geração Sequenciação (NGS)	Tecnologia de sequenciação rápida de ADN que permite uma análise de alto rendimento dos genomas, possibilitando uma medicina genómica personalizada.
Artificial Inteligência (IA)	Os algoritmos de aprendizagem automática são utilizados para analisar grandes conjuntos de dados genómicos, prever riscos para a saúde e identificar potenciais vias de tratamento.

Tecnologia	Descrição
Cadeia de blocos	A tecnologia Blockchain está a ser explorada para armazenar e gerir de forma segura os dados genómicos, oferecendo uma solução descentralizada e que preserva a privacidade.

A tecnologia Blockchain está a ser explorada para armazenar e gerir de forma segura os dados genómicos, oferecendo uma solução descentralizada e que preserva a privacidade.

Estes anexos fornecem um contexto adicional aos desafios éticos e aos avanços no campo da genómica personalizada, oferecendo uma visão aprofundada dos enquadramentos legais, das tecnologias e dos principais dilemas éticos que moldam o futuro desta área transformadora da medicina.

Apêndices VIII : Glossário de termos-chave de bioinformática

1. Algoritmo

Um procedimento ou fórmula passo-a-passo para resolver um problema. Em bioinformática, os algoritmos são utilizados para tarefas como o alinhamento de sequências, a análise de dados e o reconhecimento de padrões.

2. Anotação

O processo de identificação e marcação de genes, elementos reguladores ou outras caraterísticas funcionais numa sequência genómica. Isto inclui a atribuição de informações como nomes de genes, localizações e funções.

3. Inteligência Artificial (IA)

A simulação da inteligência humana por máquinas. Na bioinformática, a IA é utilizada para tarefas como a previsão de estruturas proteicas, a análise de conjuntos de dados complexos e a descoberta de padrões em dados biológicos.

4. Grandes volumes de dados

Conjuntos de dados extremamente grandes que são difíceis de gerir ou analisar com software tradicional de processamento de dados. Em bioinformática, os grandes volumes de dados referem-se à vasta quantidade de dados genómicos, proteómicos e metabolómicos gerados a partir de tecnologias de elevado rendimento.

5. Biomarcador

Uma molécula biológica presente no sangue, noutros fluidos corporais ou nos tecidos que pode ser um sinal de um processo normal ou anormal, ou de uma condição ou doença. A bioinformática é frequentemente utilizada para descobrir e validar biomarcadores.

6. BLAST (Ferramenta básica de pesquisa de alinhamento local)

Um algoritmo popular para comparar sequências biológicas, tais como sequências de nucleótidos ou de proteínas, para identificar regiões de semelhança. O BLAST ajuda os investigadores a encontrar sequências homólogas em diferentes organismos.

7. Agrupamento

Um método de agrupamento de um conjunto de objectos (genes, proteínas, etc.) de tal forma que os objectos do mesmo grupo são mais semelhantes entre si do que os de outros grupos. O agrupamento é utilizado na análise da expressão genética para identificar padrões semelhantes de atividade genética.

8. Genómica comparativa

O campo de estudo que envolve a comparação dos genomas de diferentes espécies para identificar semelhanças e diferenças. Isto ajuda a compreender as relações evolutivas e a identificar elementos genéticos conservados.

9. Biologia computacional

A aplicação de métodos analíticos e teóricos de dados, modelação matemática e técnicas de simulação computacional ao estudo de sistemas biológicos, comportamentais e sociais.

10. Sequência de consenso

Uma sequência que reflecte os nucleótidos ou aminoácidos mais comuns em cada posição de um conjunto de sequências alinhadas. As sequências de consenso são frequentemente utilizadas para representar a versão idealizada de um elemento funcional, como uma região reguladora ou um gene.

11. CRISPR (Repetições Palindrómicas Curtas Agrupadas Regularmente Interespaçadas)
Uma tecnologia de edição de genomas que permite a modificação de sequências de ADN em organismos. Na bioinformática, os dados CRISPR são analisados para prever efeitos fora do alvo e orientar a precisão da edição.

12. Extração de dados
O processo de descoberta de padrões e extração de informações úteis de grandes conjuntos de dados. Em bioinformática, a extração de dados é utilizada para encontrar informações significativas em dados biológicos, como a identificação de genes associados a doenças.

13. Microarray de ADN
Uma ferramenta utilizada para medir os níveis de expressão de muitos genes de uma só vez ou para genotipar várias regiões de um genoma. Consiste numa grelha de amostras de ADN que são hibridizadas com ADN complementar para estudar os padrões de expressão dos genes.

14. Programação dinâmica
Método computacional utilizado para resolver problemas complexos, decompondo-os em subproblemas mais simples. É frequentemente utilizado em bioinformática para tarefas como o alinhamento de sequências (por exemplo, os algoritmos Smith-Waterman e Needleman-Wunsch).

15. Epigenómica
O estudo do conjunto completo de modificações epigenéticas no material genético de uma célula. Estas modificações afectam a expressão genética sem alterar a própria sequência de ADN. As ferramentas bioinformáticas são utilizadas para analisar e interpretar os dados epigenómicos.

16. Formato FASTA
Um formato baseado em texto para representar sequências de nucleótidos ou de proteínas. É normalmente utilizado em bioinformática para armazenar e trocar dados de sequências.

17. Genómica funcional
O campo que procura compreender a função e a interação de genes e proteínas. A genómica funcional utiliza a bioinformática para analisar dados experimentais em grande escala, como a expressão genética ou as redes de interação de proteínas.

18. Ontologia genética (GO)
Uma estrutura para representar as funções e relações dos genes de uma forma normalizada. GO fornece descrições consistentes de produtos de genes em diferentes bases de dados e espécies, permitindo comparações entre espécies.

19. Genoma
O conjunto completo de ADN, incluindo todos os seus genes, num organismo. A bioinformática envolve o estudo e a análise de sequências genómicas para compreender a função biológica e a evolução.

20. Estudo de associação do genoma (GWAS)
Uma abordagem de estudo que envolve a análise de genomas inteiros de muitos indivíduos para identificar variações genéticas associadas a doenças ou caraterísticas específicas. As ferramentas bioinformáticas são essenciais para analisar os dados GWAS e identificar marcadores genéticos significativos.

21. Homologia
Refere-se à semelhança entre sequências biológicas devido à ancestralidade partilhada. As sequências homólogas podem ser ortólogas (em espécies diferentes) ou paralogas (dentro da mesma espécie). As ferramentas de bioinformática ajudam a identificar sequências homólogas para estudar as relações evolutivas.

22. In Silico
Refere-se a experiências ou simulações efectuadas utilizando métodos computacionais, por oposição a in vivo (em organismos vivos) ou in vitro (no laboratório). As abordagens in silico são amplamente utilizadas em bioinformática para modelar processos biológicos.

23. Aprendizagem automática
Um ramo da inteligência artificial centrado na construção de modelos que permitem aos computadores aprender e tomar decisões com base em dados. Na bioinformática, a aprendizagem automática é aplicada a tarefas como a previsão da estrutura das proteínas, a análise de dados de expressão genética e a classificação de subtipos de doenças.

24. Metagenómica
O estudo do material genético recuperado diretamente de amostras ambientais, como o solo ou a água. A metagenómica envolve a sequenciação dos genomas de vários organismos de uma amostra para estudar as comunidades microbianas.

25. Alinhamento de sequências múltiplas (MSA)
O alinhamento de três ou mais sequências biológicas (proteínas, ADN ou ARN). O MSA é utilizado para identificar regiões conservadas e relações evolutivas entre as sequências.
26. Sequenciação de nova geração (NGS)
Tecnologias de sequenciação de ADN de elevado rendimento que permitem a sequenciação rápida de genomas completos, transcriptomas ou regiões específicas. A NGS gera grandes conjuntos de dados, que são analisados utilizando ferramentas de bioinformática para extrair conhecimentos biológicos significativos.
27. Ortólogo
Genes em diferentes espécies que evoluíram a partir de um gene ancestral comum por especiação. Os ortólogos tendem a ter funções semelhantes em diferentes organismos. As ferramentas de bioinformática são utilizadas para identificar genes ortólogos entre espécies.
28. Filogenética
O estudo das relações evolutivas entre organismos ou genes. Os métodos bioinformáticos são utilizados para construir árvores filogenéticas que representam estas relações com base em dados genéticos.
29. Proteómica
O estudo em grande escala das proteínas, nomeadamente das suas estruturas e funções. A bioinformática desempenha um papel crucial na análise dos dados proteómicos, como a identificação das interações proteína-proteína e a previsão da função das proteínas.
30. RNA-Seq
Uma técnica de sequenciação utilizada para analisar o transcriptoma (todas as moléculas de ARN numa amostra) e quantificar os níveis de expressão dos genes. As ferramentas de bioinformática são utilizadas para processar e interpretar os dados de RNA-Seq.
31. Alinhamento de sequências
O processo de organização de sequências de ADN, ARN ou proteínas para identificar regiões de semelhança. O alinhamento de sequências é utilizado para comparar informação genética de diferentes espécies, estudar relações evolutivas e identificar elementos conservados.
32. Polimorfismo de nucleótido único (SNP)
Uma variação num único nucleótido que ocorre numa posição específica do genoma. Os SNP são o tipo mais comum de variação genética entre indivíduos, e as ferramentas de bioinformática são utilizadas para analisar os SNP em relação ao risco de doença e a outras caraterísticas.
33. Biologia de sistemas
Um domínio interdisciplinar que se centra em interações complexas nos sistemas biológicos, com o objetivo de compreender o modo como os processos biológicos funcionam em conjunto. A bioinformática é fundamental na biologia de sistemas para integrar e analisar dados multiómicos.
34. Transcriptómica
O estudo do conjunto completo de transcrições de ARN produzidas pelo genoma em circunstâncias específicas ou numa célula específica. As ferramentas de bioinformática são utilizadas para analisar dados transcriptómicos para compreender os padrões de expressão dos genes e as redes de regulação.
35. Chamada de variante
O processo de identificação de variações na sequência de ADN a partir de dados de sequenciação. As ferramentas bioinformáticas são utilizadas para detetar variantes, como SNPs e inserções/deleções (indels), que podem estar associadas a doenças ou caraterísticas.
Este glossário inclui termos essenciais de bioinformática que são frequentemente encontrados na investigação genómica, na análise de dados e na biologia computacional. A compreensão destes conceitos é crucial para navegar no domínio da bioinformática e aplicar as suas ferramentas para resolver problemas biológicos complexos.

Apêndices IX Lista de ferramentas e recursos bioinformáticos

1. **BLAST (Ferramenta básica de pesquisa de alinhamento local)**
- **Objetivo**: Alinhamento de sequências
- **Descrição**: Compara sequências de nucleótidos ou proteínas com bases de dados para encontrar regiões de semelhança.
- **Sítio Web**: BLAST

2. **Clustal Omega**
- **Objetivo**: Alinhamento de sequências múltiplas
- **Descrição**: Alinha múltiplas sequências para identificar regiões conservadas e inferir relações

evolutivas.

- **Sítio** Web: Clustal Omega

3. **Galáxia**

- **Objetivo**: Sistema de gestão do fluxo de trabalho
- **Descrição**: Uma plataforma para investigação biológica computacional acessível, reprodutível e transparente.
- **Sítio** Web: Galáxia

4. **Ontologia genética (GO)**

- **Objetivo**: Anotação da função dos genes
- **Descrição**: Fornece uma estrutura padronizada para anotar produtos de genes com suas funções em todas as espécies.
- **Sítio** Web: Ontologia dos genes

5. **GROMACS**

- **Objetivo**: Simulação de dinâmica molecular
- **Descrição**: Um pacote de software para realizar dinâmica molecular, usado para simular interações biomoleculares.
- **Sítio Web**: GROMACS

6. **InterPro**

- **Objetivo**: Análise da sequência de proteínas
- **Descrição**: Classifica as proteínas em famílias e prevê a presença de domínios e sítios funcionais.
- **Sítio** Web: InterPro

7. **STRING**

- **Objetivo**: Redes de interação proteína-proteína
- **Descrição**: Base de dados e ferramenta para prever interações proteína-proteína com base em associações conhecidas e previstas.
- **Sítio Web**: STRING

8. **PyMOL**

- **Objetivo**: Visualização molecular 3D
- **Descrição**: Um sistema de visualização molecular usado para renderizar imagens 3D de alta qualidade de proteínas, DNA e outras biomoléculas.
- **Sítio** Web: PyMOL

9. **Navegador de genomas da UCSC**

- **Objetivo**: Visualização de dados genómicos
- **Descrição**: Uma interface gráfica para explorar sequências de genomas de vários organismos e anotar regiões genómicas.
- **Sítio** Web: Navegador de Genoma UCSC

10. **KEGG (Enciclopédia de Genes e Genomas de Quioto)**

- **Objetivo**: Base de dados de vias de comunicação
- **Descrição**: Um recurso para compreender as funções e utilidades de alto nível do sistema biológico, como células, organismos e ecossistemas, através de informações a nível molecular.
- **Sítio Web**: KEGG

11. **Ensembl**

- **Objetivo**: Análise de dados genómicos
- **Descrição**: Um navegador de genoma para genomas de vertebrados que fornece ferramentas de anotação e visualização para genómica comparativa.
- **Sítio Web**: Ensembl

12. **EMBOSS (Conjunto Europeu de Software Aberto para Biologia Molecular)**

- **Objetivo**: Análise de sequências
- **Descrição**: Um pacote de software de bioinformática de alta qualidade para alinhamento de sequências, pesquisa de motivos e previsão da estrutura de proteínas.
- **Sítio Web**: EMBOSS

13. **Bioconductor**

- **Objetivo**: Software de bioinformática para R
- **Descrição**: Fornece ferramentas para a análise e compreensão de dados genómicos de alto rendimento.
- **Sítio** Web: Bioconductor

14. **RAST (Anotações rápidas utilizando tecnologia de subsistemas)**
- **Objetivo**: Anotação de genomas
- **Descrição**: Uma ferramenta para anotar genomas microbianos, prever genes e identificar vias metabólicas.
- **Sítio Web**: RAST

15. **MEGA (Análise Genética Evolutiva Molecular)**
- **Objetivo**: Análise filogenética
- **Descrição**: Um pacote de software para efetuar análises estatísticas da evolução molecular e construir árvores filogenéticas.
- **Sítio Web**: MEGA

16. **Laço**
- **Objetivo**: Alinhamento de leitura curta
- **Descrição**: Um alinhador rápido e eficiente em termos de memória para alinhar sequências curtas de DNA (leituras) a grandes genomas.
- **Sítio Web**: Laço

17. **T-Café**
- **Objetivo**: Alinhamento de sequências múltiplas
- **Descrição**: Uma ferramenta versátil para alinhamento de sequências múltiplas de proteínas, RNA ou sequências de DNA.
- **Sítio** Web: T-Coffee

18. **PLINK**
- **Objetivo**: Estudos de associação do genoma (GWAS)
- **Descrição**: Um conjunto de ferramentas de análise de associação de todo o genoma concebido para efetuar uma série de análises genéticas em dados SNP.
- **Sítio Web**: PLINK

19. **HMMER**
- **Objetivo**: Alinhamento de sequências utilizando modelos ocultos de Markov
- **Descrição**: Uma ferramenta para procurar sequências homólogas em bases de dados de sequências e fazer alinhamentos de sequências de proteínas usando modelos probabilísticos.
- **Sítio Web**: HMMER

20. **Botões de punho**
- **Objetivo**: Montagem e quantificação do transcriptoma
- **Descrição**: Monta transcrições, estima as suas abundâncias e testa a expressão diferencial em amostras de RNA-Seq.
- **Sítio** Web: Botões de punho

21. **IGV (Visualizador de Genómica Integrativa)**
- **Objetivo**: Visualização de dados genómicos
- **Descrição**: Uma ferramenta de visualização de alto desempenho para a exploração interactiva de grandes conjuntos de dados genómicos integrados.
- **Sítio Web**: IGV

22. **Phyre2**
- **Objetivo**: Previsão da estrutura das proteínas
- **Descrição**: Uma ferramenta baseada na Web para prever a estrutura 3D de proteínas com base nas suas sequências de aminoácidos.
- **Sítio Web**: Phyre2

23. **VCFtools**
- **Objetivo**: Análise de variantes
- **Descrição**: Um conjunto de ferramentas utilizadas para trabalhar com ficheiros VCF (Variant Call Format), utilizados para armazenar variações de sequências genéticas.
- **Sítio** Web: VCFtools

24. **Prokka**
- **Objetivo**: Anotação do genoma bacteriano
- **Descrição**: Uma ferramenta de software para a anotação rápida de genomas procarióticos.
- **Sítio Web**: Prokka

25. **Banco de dados de proteínas do RCSB (PDB)**
- **Objetivo**: Base de dados de estruturas de proteínas

- **Descrição**: Uma base de dados de dados estruturais 3D de grandes moléculas biológicas, tais como proteínas e ácidos nucleicos.
- **Sítio Web**: APO

Estas ferramentas e recursos são amplamente utilizados em bioinformática para tarefas como o alinhamento de sequências, a previsão estrutural, a anotação funcional e a análise do genoma. Representam plataformas fundamentais que facilitam a investigação e a análise de dados no domínio da biologia computacional.

Apêndices X: Exemplos de conjuntos de dados e exercícios práticos em bioinformática

Conjuntos de dados de amostra

1. **GenBank do NCBI**
   - o **Descrição**: Uma base de dados abrangente de sequências de nucleótidos e respectivas traduções de proteínas.
   - o **Acesso**: NCBI GenBank
   - o **Utilização**: Descarregar sequências de genes específicos ou genomas inteiros para análise.
2. **O Projeto 1000 Genomas**
   - o **Descrição**: Um recurso que fornece um catálogo abrangente da variação genética humana.
   - o **Acesso**: 1000 Genomas
   - o **Utilização**: Analisar variações em populações humanas, efetuar estudos GWAS.
3. **Navegador de genomas Ensembl**
   - o **Descrição**: Uma base de dados de genomas que dá acesso a informação genómica de várias espécies.
   - o **Acesso**: Ensembl
   - o **Utilização**: Recuperar sequências genómicas, anotações de genes e dados de genómica comparativa.
4. **Atlas de proteínas humanas**
   - o **Descrição**: Um recurso que fornece informações sobre a expressão e a localização de proteínas humanas.
   - o **Acesso**: Atlas de Proteínas Humanas
   - o **Utilização**: Analisar a expressão de proteínas em diferentes tecidos e células.
5. **TCGA (Atlas do Genoma do Cancro)**
   - o **Descrição**: Um recurso abrangente de dados genómicos sobre o cancro, incluindo informações genómicas, transcriptómicas e clínicas.
   - o **Acesso**: TCGA
   - o **Utilização**: Investigar mutações genéticas associadas a vários tipos de cancro.
6. **Navegador de genomas da UCSC**
   - o **Descrição**: Uma ferramenta para visualizar dados genómicos de várias espécies.
   - o **Acesso**: Navegador de Genoma UCSC
   - o **Utilização**: Explorar caraterísticas e anotações genómicas.
7. **GEO (Gene Expression Omnibus)**
   - o **Descrição**: Uma base de dados pública de dados de expressão genética de alto rendimento.
   - O **Acesso**: GEO
   - o **Utilização**: Analisar conjuntos de dados de expressão de genes de várias experiências.
8. **Servidor Proteómico ExPASy**
   - o **Descrição**: Uma plataforma que permite o acesso a ferramentas e bases de dados para a investigação proteómica.
   - o **Acesso**: ExPASy
   - o **Utilização**: Recuperar sequências de proteínas, estruturas e informações funcionais.

Exercícios práticos

1. **Alinhamento de sequências**
   - o **Conjunto de dados**: Descarregar um conjunto de sequências de nucleótidos do GenBank.
   - o **Tarefa**: Utilizar o BLAST para encontrar sequências homólogas e efetuar o alinhamento de sequências múltiplas utilizando o Clustal Omega.
   - o **Objetivo**: Identificar regiões conservadas entre as sequências.
2. **Anotação de genes**
   - o **Conjunto de dados**: Utilizar uma sequência de genoma bacteriano do NCBI.
   - o **Tarefa**: Anotar o genoma usando Prokka e gerar um relatório resumido dos genes previstos.
   - o **Objetivo**: Compreender a previsão de genes e a anotação funcional.
3. **Análise de variantes**
   - o **Conjunto de dados**: Obter ficheiros VCF do Projeto 1000 Genomas.

o **Tarefa**: Utilizar o VCFtools para filtrar variantes e analisar frequências de alelos.

o **Objetivo**: Identificar variantes comuns e raras em populações específicas.

4. **Análise filogenética**

o **Conjunto de dados**: Selecionar um grupo de sequências de proteínas homólogas da base de dados UniProt.

o **Tarefa**: Efetuar um alinhamento de sequências múltiplas utilizando o T-Coffee e construir uma árvore filogenética utilizando o MEGA.

o **Objetivo**: Investigar as relações evolutivas entre as sequências de proteínas.

5. **Análise de dados de RNA-Seq**

o **Conjunto de dados**: Descarregar um conjunto de dados RNA-Seq do GEO.

o **Tarefa**: Utilizar a ferramenta Cufflinks para analisar o conjunto de dados e identificar genes diferencialmente expressos.

o **Objetivo**: Compreender o fluxo de trabalho da análise de dados de RNA-Seq.

6. **Previsão da estrutura de proteínas**

o **Conjunto de dados**: Obter uma sequência de proteínas do UniProt.

o **Tarefa**: Utilizar o Phyre2 para prever a estrutura 3D da proteína e analisar os seus domínios funcionais.

o **Objetivo**: Familiarizar-se com as ferramentas de previsão da estrutura das proteínas.

7. **Análise metagenómica**

o **Conjunto de dados**: Descarregar um conjunto de dados metagenómicos de um repositório público.

o **Tarefa**: Analisar o conjunto de dados utilizando uma ferramenta como o QIIME ou o RAST para identificar as comunidades microbianas presentes na amostra.

o **Objetivo**: Compreender a aplicação da bioinformática na genómica ambiental.

8. **Análise de caminhos**

o **Conjunto de dados**: Obter dados de expressão génica do TCGA.

o **Tarefa**: Utilizar o KEGG para analisar as vias afectadas num determinado tipo de cancro com base em perfis de expressão genética.

o **Objetivo**: Investigar as vias biológicas relevantes para o cancro.

9. **Visualização de dados**

o **Conjunto de dados**: Utilizar dados de RNA-Seq ou SNP.

o **Tarefa**: Visualizar os dados utilizando o IGV ou o R (ggplot2) para representar os níveis de expressão dos genes ou as distribuições dos genótipos.

o **Objetivo**: Ganhar proficiência em técnicas de visualização de dados em bioinformática.

10. **Genómica comparativa**

o **Conjunto de dados**: Utilizar dados genómicos de várias espécies disponíveis no Ensembl.

o **Tarefa**: Efetuar uma análise comparativa da sintenia genética e identificar genes conservados nas espécies.

o **Objetivo**: Compreender a conservação evolutiva e a divergência entre espécies.

Estes conjuntos de dados e exercícios foram concebidos para proporcionar experiência prática com ferramentas e metodologias de bioinformática. Abrangem uma série de tópicos em genómica, transcriptómica, proteómica e biologia evolutiva, permitindo aos utilizadores desenvolver as suas competências em análise e interpretação de dados no contexto da investigação biológica.

MIX
Papier aus verantwortungsvollen Quellen
Paper from responsible sources
FSC® C105338

Printed by Books on Demand GmbH, Norderstedt / Germany